国家林业和草原局研究生教育"十四五"规划教材

高等农林院校林业硕士研究生系列教材

林业科技论文写作

李 泽 主编

中国林业出版社
China Forestry Publishing House

内 容 简 介

本教材针对林业研究生培养需求，系统阐述了林业科技论文写作规范与技巧。其内容体系从基础知识切入，第 1 章阐释科技论文概念与特点，帮助学生建立写作基本框架；第 2 至 6 章依次介绍材料收集与文献检索、文体类型与语言规范、符号单位公式使用规则、图表制作要点等核心内容，涵盖学术写作中文字与非文字表达的关键要素；第 7 章聚焦学位论文写作，详细讲解摘要、引言、结果分析等各部分写作方法；第 8 章介绍期刊论文类型、投稿流程及注意事项；第 9 章介绍了学术道德规范及学术不端行为。

本教材创新之处：一是以案例教学为导向，通过对比林业领域典型正误示例，传授实用技巧；二是融入课程思政，结合林业学术道德案例，培养研究生学术操守与职业素养，助其掌握规范写作技能，树立正确学术价值观。

本教材可作为高等农林院校林学、生态学、园艺和农学等相关专业的研究生教材和本科生参考用书。

图书在版编目（CIP）数据

林业科技论文写作 / 李泽主编 . —北京：中国林业出版社，2025.3. —（国家林业和草原局研究生教育"十四五"规划教材）（高等农林院校林业硕士研究生系列教材）. —ISBN 978-7-5219-3060-3

Ⅰ. S7

中国国家版本馆 CIP 数据核字第 2025KK9304 号

责任编辑：曹漾文
封面设计：睿思视界视觉设计

───────────────

出版发行：中国林业出版社
　　　　　（100009，北京市西城区刘海胡同 7 号，电话 83143531）
电子邮箱：jiaocaipublic@163.com
网址：https://www.cfph.net
印刷：北京盛通印刷股份有限公司
版次：2025 年 3 月第 1 版
印次：2025 年 3 月第 1 次印刷
开本：787mm×1092mm　1/16
印张：15
字数：350 千字
定价：49.00 元

编写委员会

主 编　李　泽

副主编　包文泉　陈　肃

编 者　（按姓氏拼音排序）
　　　　包文泉（内蒙古农业大学）
　　　　陈　肃（东北林业大学）
　　　　葛省波（南京林业大学）
　　　　李　泽（中南林业科技大学）
　　　　马艳萍（西北农林科技大学）
　　　　史　毅（甘肃农业大学）
　　　　王　芳（西南林业大学）
　　　　王　淋（中国林业科学研究院经济林研究所）
　　　　吴玲利（中南林业科技大学）
　　　　张　婷（中国林业科学研究院亚热带林业实验中心）
　　　　周小红（浙江农林大学）

主 审　谭晓风（中南林业科技大学）
　　　　李建安（中南林业科技大学）

序

    党的二十大报告指出："教育、科技、人才是全面建设社会主义现代化国家的基础性、战略性支撑。必须坚持科技是第一生产力、人才是第一资源、创新是第一动力，深入实施科教兴国战略、人才强国战略、创新驱动发展战略，开辟发展新领域新赛道，不断塑造发展新动能新优势。"研究生作为科技创新的主力军，是科学研究的强大后备力量，在科教兴国、乡村振兴等国家战略的实施中具有不可替代的作用，尤其是林学类专业研究生和本科生的培养在生态文明、乡村振兴、粮油安全等国家战略中发挥了重要作用。林学类专业研究生培养的关键环节包括学位论文的撰写和期刊论文的发表，要求学生能够熟练运用科技论文的格式和结构，根据理论学习将实验、实践过程中研究或调查的数据准确表达，形成研究结果和结论。论文写作能够培养学生独立思考和创新的能力，为我国科技创新、科技成果交流作贡献。

    目前，研究生招生规模逐年扩大，全国农林类研究生培养过程中科技论文撰写基本是讲座形式，缺乏针对林学类研究生培养科技论文写作的专用教材，导致研究生在学位论文开题、论文中期检查、预答辩及答辩过程中容易出现写作格式规范问题和撰写错误，研究生学位论文抽检不合格率呈现逐年上升的趋势。为适应新形势下林学类专业和学科发展的需要，编写《林业科技论文写作》这本教材非常有必要。该教材的正式出版将为提高林学类专业研究生科技论文写作质量起到重要的推动作用。

    《林业科技论文写作》被列入国家林业和草原局研究生教育"十四五"规划教材，这是林学类专业发展的重要杠杆！我相信：该教材的出版发行，必将有力地提高我国林学类研究生培养质量，是践行习近平生态文明思想的必然要求，满足国家乡村振兴、产业发展对林学类专业人才的需要。特此作序。

湖南省人民政府参事　中南林业科技大学教授谭晓风

2024 年 9 月

前　言

　　《林业科技论文写作》是国家林业和草原局研究生教育"十四五"规划教材。本教材是为适应新时代林业高层次人才培养需求，立足于林学专业研究生的实际需求，针对当前林业科技写作课程缺乏专门的研究生教材及林业科技论文写作中存在的普遍问题，联合具有林业专硕学位授权点的全国主要农林院校的教师共同编写而成。本教材的编写旨在解决农林院校林业专业硕士研究生在科技论文写作教材上选择难的问题，着力提高研究生的学术写作能力、培养质量及科技创新水平。作为研究生攻读学位期间完成学位论文的参考教材，故在章节编排上十分注重实用性和可操作性，力求既满足研究生在学位论文撰写过程的实际需求，又兼顾课堂教学的易懂性和易用性。通过系统学习本教材，研究生将有效提升科技论文写作能力，为顺利完成学位论文奠定坚实基础。

　　本教材可作为高等农林院校林学、生态学、园艺和农学等相关专业的研究生教材和本科生参考用书。教材编写充分体现新农科教学计划特色，按照卓越林学人才的培养目标，坚持"五性"（思想性、科学性、先进性、启发性、适应性），强调"三基"（基本理论、基本知识、基本技能），整合10余所涉林高校的优秀教学资源，实现教学资源与教学内容的有效对接，融"教、学、做"为一体，以提高林学专业研究生创新思维能力、逻辑思维能力、实践操作能力、团队协作能力、自主学习能力、信息检索和分析能力等，为深入实施科教兴国战略注入强劲动力。教材具有以下3个突出特色：

　　1. 权威性强

　　本教材作者由国内10所涉林知名高校院所的林业科技论文写作研究生课程骨干教师组成，均为长期从事科研和教学的工作者，具有多年讲授林学专业研究生科技论文写作课程的经验；教材中的许多内容曾在《林业科学》《生态学报》等知名刊物上发表，相关知识与技巧经多所高校和科研院所讲授、打磨与提炼，具备真实可靠、实用可验的特点，权威性显著。

　　2. 针对性强

　　本教材面向林学专业研究生，从书面上与研究生倾心交谈，循循善诱地讲述怎样撰写科技论文，怎样发表科技论文；所筛选的示例涵盖森林培育、林业遗传育种、经济林、林木病理学、水土保持学、森林生态学和森林经理等学科方向，具有典型性和代表性。同时，教材紧密结合SCI、EI等国际权威数据库对科技论文的撰写要求，故所述内容专业性强、视角宽、起点高，适应了当前高校和社会对林学专业研究生教育目标的要求。

　　3. 实用性强

　　本教材力避泛泛的议论，在科技论文撰写、计量单位、图表设计、数字用法、公式编排、标点使用和语言运用等重点章节，都配有林业领域正反两方面典型示例分析，以详细说明规范表达，以及怎样表述是欠妥甚至是错误的；在选题、搜集材料、设计结构和联系投稿等操作层面，也注重传授技巧，突出操作性，使研究生系统掌握林业科技论文写作的过程和要点，全面提升学术写作能力。

本教材第 1 章和第 6 章由李泽编写；第 2 章由王芳编写，周小红补充完善；第 3 章和第 4 章的第 1、2 节由陈肃编写；第 4 章的第 3 节由王淋编写，马艳萍补充完善；第 5 章由史毅编写；第 7 章和第 8 章由包文泉编写；第 9 章由葛省波编写。李泽、包文泉对所有章节进行了修改完善，吴玲利和张婷对教材也进行了多次校稿补充完善。中国林学会经济林分会主任委员谭晓风教授、中南林业科技大学李建安教授进行审定。

本教材在编写过程中得到了中国林业出版社的支持和中南林业科技大学研究生院、林学学科的资助，并得到中南林业科技大学谭晓风教授的鼓励，以及山西农业大学王升级副教授、河南农业大学张党权教授等同行的帮助，在此深表诚挚谢意！

由于编者水平有限，难免存在疏漏之处，恳请读者赐教，以便今后改进。

李泽

2024 年 9 月

目　录

第1章 绪论

【本章提要】

本章介绍了林业科技论文的定义、特点、作用、意义、种类、要求，阐述了科技论文中易出现的问题，以及如何写好科技论文；要求重点掌握科技论文写作的目的意义、科技论文特点与写作要求等内容。

科技论文的写作与发表是科技工作者相互联系、交流和借鉴的主要形式之一。科技论文写作也是研究生学术能力培养的核心环节，部分高校和科研院所要求攻读研究生期间发表1至2篇期刊论文才能授予学位，可见科技论文写作会直接影响学位获取与科研贡献。学位论文的撰写有严格的写作要求和技巧，只有熟练掌握科技论文的撰写要求和规则，才能顺利地高质量完成个人学位论文和期刊论文，从而顺利毕业，以实现学术产出与林业科技创新的有效衔接。

1.1 科技论文的定义和特点

1.1.1 什么是科技写作

从字面上看，是关于科技作品的写作学的一个分支。

$$\frac{科技作品}{（范围）} + \frac{写作学}{（隶属）} = 科技写作$$

写作学：以文章为对象，研究文章写作规律和表达技巧的学科，亦称"文章学"或"文章写作学"。

写作学有两大研究范畴：首先，要了解写作规律，即文章表现形式上的特点，通过分析各种不同类型的文体，找出各种文体在确定主题、遣词造句、组织结构等方面的共性基本规律。其次，在上述基础上，再谈文章思想内容的表达技巧问题，即如何利用基本的写作规律指导具体的文章写作。以上也是写作学的两大任务。

写作学具有不同的文体特点，例如，记叙文——六要素：时间、地点、人物、原因、经过、结果(以时间为线索)；说明文——次序：远→近、总→分、整体→局部、结构→功能、原因→结果(以客观逻辑次序为线索)；议论文三要素(三段论)——论点、论据、论证(以思维逻辑次序为线索)。照搬写作学定义，这样很容易理解科技写作：它是以科技作品为对象，研究科技作品写作规律和表达技巧的学科。但这一定义并不准确，这也是多数作者对科技写作片面理解的症结所在。科技写作是写作学的一个分支，但绝不等于作文。虽然科技写作也是建立在语言文字基础之上，要遵循写作学的基本规律，但它还有自己的特点和要求。

例如，写作课中，尤其写文艺体作品，要求使用的词汇丰富，要有想象力。不同词汇具有不同的修辞效果，在一篇文章的不同场合要选择恰当的词汇，不能千篇一律，要追求变化、生动，反对生硬、单调。如自古至今有关"月亮"的名称有十几种甚至更多种：

> 月亮　月牙　玉盘　天镜　白兔　桂魄　婵娟　月光
>
> 月宫　月轮　玉环　明镜　玉兔　桂宫　蟾蜍　月华

以上每个词表示的都是"月亮"，不过每个词的来历不同（词源不同），在修辞上有细微的差别，如"玉兔东升"比"月亮东升"更形象、更生动，月亮肉眼看是静止的，而兔子是灵动的。"千里共婵娟"比"千里共月亮"更亲切、更有人情味，月亮高高在上、冷冷清清，而"婵娟"本意指女性姿态美好，无疑是近在眼前的一道风景线。月亮远在天边，而婵娟近在眼前。

常说中国文化博大精深，从汉语词汇上就体现了这一点。中华民族创造了丰富多彩的民族语言，使汉语极富表现力、感染力。然而，在要尽力打破国界、地区界的科技写作中，却出现了一道难题。不能这篇讲"月亮"，另一篇用"月宫"；一会儿"玉盘"、一会儿"玉兔"。在科技作品中使用的词汇要"千篇一律"，即月亮的科学名词——月球。在林业科技论文写作中，现实的例子比比皆是（破折号后为专业术语）：

> 白果树、公孙树——银杏　　　　楠竹、竹子——毛竹
>
> 接穗、接枝、枝条——穗条　　　冠径——冠幅
>
> 抱子怀胎——花果同期　　　　　疏密程度、林木密集度——林分密度

因此，在学习林业科技写作之前，首先要调整思维，不能先入为主。要从写作学，特别是从文学创作中摆脱出来，不能错误地以为诗歌、散文，甚至小说都会写，科技论文自然也会写。

科技写作≠写作学≠文学创作

前期所接触的写作知识可为科技写作提供重要基础，但要学会调整。调整得好，就会有促进作用；调整得不好，甚至会有反作用。因此，再给科技写作作一个比较确切的定义：科技写作是以科技作品为对象，研究科技作品写作规范和表达技术的学科。

虽然仅两字之差，词义上也只有微小的差别，但对于正确理解科技写作的含义，准确掌握科技写作的特点，具有关键性意义。将"规律"改为"规范"，并未表示科技写作没有规律可循；相反，科技写作中的规律性比其他任何专业写作的规律性都要强，这种强烈的规律性，已经逐步形成了一种应当共同遵守的规范（即规定的标准）。例如，林业科技论文的总体框架结构通常表现为"标题—作者（单位）—摘要—关键词—引言—材料和方法—结果与分析—讨论与结论—参考文献"，这就是规定的标准，如果试图打破这种结构模式，那就"犯规"了，除非今后找到更加理想的结构模式。

术语规范化进程遵循由描述性向标准化的演进规律（descriptive→standardized），技术概念发展则呈现由经验性向系统化的转变路径（empirical→systematic）。这种双向演进在词性维度上表现为：前者通过强化术语约束力实现规范化升级，后者借助方法论提炼完成技术体系构建。

以科技论文写作规范为例，"标题—作者（单位）—摘要—关键词—引言—材料和方法—结果与分析—讨论与结论—参考文献"的结构框架，本质上体现了科研方法论的系统

集成。对于初级研究者而言，掌握该框架需要经历技巧层面的适应性训练；但对具有科技写作经历的人们来说，已是常规技术，只要参照使用即可，从而实现写作流程的标准化运作。这种从操作技巧（skill）向技术体系（technique）的转化，正是学术写作能力进阶的核心机制。

在科技写作方面，国内颁布有专门的技术标准，如：《学术论文编写规则》（GB/T 7713.2—2022）、《学位论文编写规则》（GB/T 7713.1—2006）、《信息与文献 参考文献著录规则》（GB/T 7714—2015）、《文摘编写规则》（GB 6447—1986）……

这些标准通过量化指标等技术标准形式，将文体写作格式固定下来，形成统一的写作规范。如标题在25字以内，摘要200至400字，关键词3至8个，这些规范都应严格遵循。

综上所述，在进行林业科技写作时，不必像写其他文章一样，刻意讲究技巧。如果追求花样、玩弄文字，反而会弄巧成拙。例如："我国油桐产业备受青睐，油桐种植面积逐渐增加。"应改为："我国油桐产业发展持续向好，边远山区林农种植油桐的积极性逐渐增强，油桐种植面积逐年增加。"文学创作与写作学是分开的，而一些具有文学性质、色彩的表现方法，在林业科技写作中是不允许使用的。林业科技写作的目的是简单明确地表达林业相关科技信息，作品的内容是主要的，作品的形式是次要的，一定要做到表述简洁、准确，句子完整，句意清晰。

1.1.2　科技论文的定义

科技论文在情报学中又称为原始论文或一次文献，它是科学技术人员或其他研究人员在科学实验（或试验）的基础上，对自然科学、工程技术科学以及人文艺术研究领域的现象（或问题）进行科学分析、综合的研究和阐述，进一步对一些现象和问题进行研究，总结并创新性地提出其他结果和结论，并按照各个科技期刊的要求进行电子和书面的表达。林业科技论文写作，其实质是讲述一个完整的科研故事，主要包括作者做了什么事，为什么做这个事，在哪里做了这个事，用了什么材料和方法，获得了什么样的数据，数据分析总结中发现了什么结果，得到了什么结论。同时，讨论在研究中的优势、不足及想法等，并在论文最后一部分加上研究过程中引用的参考文献。作者通过以上内容把故事讲清晰、讲完整，能够首尾呼应，在格式规范的前提下，才能形成一篇高质量的林业科技论文。

1.1.3　科技论文的特点

（1）科学性

科学性是科技论文在方法论上的特征，是作为一篇科技论文最基本的要求。该特点是指论文研究的概念、原理、定义和论证等内容的叙述必须清晰且确切，实验方法准确、可复核验证，图表要清晰，数据准确可信，公式、符号和单位要明确、规范，专业术语和参考文献需准确，以确保其方法和结论的可信度和有效性。

（2）创新性

创新性是科技论文的灵魂和价值，是衡量论文学术水平的重要标志。它要求论文所揭示的现象、属性、特征、规律或某种规律的运用是作者首次发现或提出，而非模仿、复制或是抄袭，论文的创新点要对知识前沿有所贡献，有利于对社会实际问题的解决。在实际科学研究中，有很多课题是通过引进、消化、移植国内外已有先进科学技术、理论来解决本地区、行业或系统的实际问题，这类成果若能有效丰富理论、促进生产发展、推动科技进步，其相关论文应被视为有一定程度的创新性。

（3）逻辑性

逻辑性主要是指论文表达观点和推理过程中的合理性和连贯性，也指论文架构设计、写作条例及论证论据要保持一定的因果关系。架构的逻辑性主要指论文的一级标题、二级标题和三级标题是否都贴近主题，段落前后内容之间是否有一条研究的主线连接各个部分；科技论文写作中，通常由几章内容组成，章与章之间要有紧密的逻辑关系，不能是与主题无关的章节。此外，科技论文撰写中有句与句之间的关系，包括短句、标点符号、整句与整句之间的关系，一般要使用连接词加强论文前后的逻辑性。通常，逻辑性严密的论文能够增加论文的可读性和说服力。在科技论文评审中，逻辑性是衡量一篇论文质量的重要指标之一。

（4）规范性

规范性是指论文符合学术界和学科领域的共同标准和结构要求，其符号单位、标题、图表设计、排版格式和参考文献等都应符合相应的格式要求，以方便传阅，使论文具有更好的可读性。论文的规范性是评价科学研究是否细致、认真和可信度的重要指标，也是审阅论文质量的基本要求。

（5）有效性

有效性是指论文的发表方式及其被学术界认可的程度。科技论文经相关专业同行专家审阅合格后在学术期刊上发表，在一定级别的学术会议上宣读报道，或在一定规格的学术评议会上通过答辩，才能得到学术界的认可。只有这样论文才具备有效性，其表达的观点能为他人接受，成为人类知识宝库中的重要组成部分。

1.2　科技论文的作用和意义

我国开设"科技论文写作"课程较晚。1982 年 9 月中国科技大学首先开设，比美国晚了近 80 年，但后期发展较快。目前，全国大部分专业都将它列入了培养方案，在农林院校研究生教育中，"科技论文写作"基本上是一门必修课，该课程的学习对今后研究生学位论文和学术论文撰写打下了基础。同时，用人单位对毕业生的写作能力非常重视，绝大多数同学也认识到这门课的重要性。因此，学习科技论文写作无论是对本科生还是研究生学位论文和学术论文的撰写，以及后期顺利就业都具有重要的意义。

1.2.1　科技论文的作用

科技论文在科研和学术界中扮演着至关重要的角色，其作用主要体现在以下几个方面。

（1）记录和总结科技创新成果

科技论文是科研成果的书面记录，是科研工作进程中的重要环节。它总结了研究过程中的发现、方法、分析和结论，为后续的研究打下基础并提供参考。

（2）促进学术交流和科技进步

科技论文的发表促进了科研人员之间的学术交流，不仅提供了科研进展的展示平台，通过分享研究成果能够激发新的研究思路和方法，也加快研究成果向生产实践的转化，推动科学技术的进步。

（3）加快人才培养和绩效考核

科技论文的写作和发表是衡量科研人员学术水平和业务能力的重要指标，同时也是发现和培养人才的重要途径。目前，科技论文的发表与质量的高低是衡量研究生水平的最核心评价指标。

（4）推动科技发展及科学积累

通过科技论文的写作和发表，信息得以书面存储，超越时空限制，为同时代人和后人提供科学技术知识，有利于推动科技发展和科学积累，引领人类社会进步。

总之，科技论文不仅是科研成果的记录和总结，也是学术交流、科技进步、人才培养和科学积累的重要工具。对于科研人员而言，撰写和发表科技论文是科研工作的重要组成部分，有助于个人成长和职业发展。对于科技部门领导，可根据论文数量和质量来评估科技发展水平，作为制定政策和规划的重要依据。同时，科技论文也是衡量科研人员能力和科研机构实力的标准，高质量的科技论文反映了科研人员的科研素养和科研单位的科研实力。因此，科技论文在科技界扮演着不可或缺的角色，它不仅记录了科学探索的历程，也推动了科技进步和创新，是科技进步和人才培养的重要标志。

1.2.2 科技论文写作的意义

学习科技论文写作，具有如下实际意义。

（1）发表学术观点、交流研究成果的重要途径

作者形成了一定学术观点，获得了某项研究成果，通过科技写作的途径公之于众，更能被别人所了解，被社会所认可。否则只能是作者脑海里的想法，或者是一些杂乱无章的原始材料。历史上和现实中都有过不少因为写作不好而埋没发明创造、埋没人才的例子，例如，尼古拉·特斯拉在与托马斯·爱迪生的直流电系统竞争中，由于缺乏有效的宣传手段（如文稿宣传）、较强的公众演讲能力和其他原因，他的许多其他发明和构想未能得到及时的认可和应用，而是在漫长的斗争与挑战过后，特斯拉的交流电系统才最终赢得胜利。因此，优先发表论文（论文投稿之后可以申请专利，但专利申请日应当在论文发表日之前；同一成果在申请专利后可以发表论文）是作者具有该研究成果优先权的主要依据，在知识产权愈加受重视的今天更为重要。

（2）科学研究的最后一道工序

科技写作是科研成果转化为理论体系的关键环节。在林业科学研究中，完成内外业实验（试验）调查分析，不能说完成了一项研究，还必须从理论上对结果进行观察，对各种数据进行分析，再进行归纳，使科学实践上升为科学理论，这就必须借助于科技写作的逻辑思维过程。因此，撰写科技论文、科技报告，可以说是科学研究中最后一道工序，也是最复杂、最关键的工序之一。

（3）推介自己重要的方式

研究生毕业后一些人从事科技工作，几乎时时处处要涉及写科技论文。申请课题要写课题申请书，课题结题要写结题报告或科技报告，完成了某项或某阶段工作要写工作总结，考察调研要写调查报告，召开会议要写会议纪要，还有公文、新闻等。在科学研究和实际工作中，申报职称和考核晋升也均依据申报者所发表的科技论文的质量和数量。文字表达是一个人的"第二门面"，是表现自己的重要手段，口头表达的不足，可以用文字表达来弥补。

1.3　林业科技论文的种类和要求

1.3.1　林业科技论文的种类

根据林业科技论文的撰写目的、发表场合以及内容特点不同，可将其分为学术论文、学位论文和技术报告。

1.3.1.1　学术论文

学术论文（又叫期刊论文）指研究人员发表在一定级别的学术期刊上，或提交给学术会议用于汇报、交流和讨论的科技论文，以报道林业方面的学术研究成果为主要内容。学术论文反映了林业学科领域最新的、最前沿的科学水平和发展动向，对林业行业的发展起到重要推动作用，具有新的理论观点、新的分析方法和新的数据或结论，并具有科学性。学术性论文按照期刊的栏目可以分为：综述性论文、研究报道、研究简报等。

1.3.1.2　学位论文

学位论文是指学位申请者为获得相应学位提交评审用的科技论文。按照学位层次可分为学士学位论文、硕士学位论文和博士学位论文。

这三类科技论文的撰写，研究生尤其是博士生可能都会遇到。学位论文的最核心、最有价值的成果会提前以期刊论文的形式发表在国内外学术期刊上；学位论文的内容可以包括作者以第一作者身份在学术期刊上已发表的论文，有些高校或科研院所，会要求博士研究生或硕士研究生必须在一定级别的学术期刊上，以第一作者正式发表学术论文后方可申请学位。学位论文要经过专家评阅和学位申请者答辩。因此，在学位论文中，无论是论述文献综述，还是介绍实验（试验）材料与方法都更为详尽，而学术论文或技术报告一般力求简洁凝练。除此之外，学位论文与学术论文和技术报告之间并无其他严格的区别。

1.3.1.3　技术报告

技术报告指研究人员为报道林业应用技术研究成果而提交的报告材料，侧重于技术领域的创新和应用，主要是运用已有的理论来解决技术方法、设计原理、工艺、器材和材料等具体问题。它对解决林业实际问题、发明或改进应用技术和提高生产力起到直接的推动作用，具有先进性、实用性和科学性。

此外，根据林业科技论文的研究内容、研究方法和论述方式的不同，还可分为实验型论文、理论型论文、发现发明型论文、专题论述型论文、综合论述型论文和新品种报道型论文。

（1）实验型论文

实验型论文主要针对林业领域的某专题，有目的地进行实验与分析、调查与考察，或进行相应的模拟试验，得到系统的实验数据或效果、观测现象等较为重要的原始资料和分析结论。准确与齐全的原始资料通常是进一步深入研究的依据与基础。实验型论文不同于一般的实验报告，其重点在研究上，需要可靠的理论依据、先进完善的实验方案、适配的研究方法、系统的数据处理和严密的分析论证。这类论文在林业领域最为常见。

（2）理论型论文

理论型论文主要是对林业方向新的设想、原理、模型、方程等进行理论分析，对过去的理论分析加以完善、补充或修正。其论证分析需严谨，数学运算要正确，资料数据要可靠、有代表性，结论上既要正确，也须经过实验（试验）验证。

（3）发现发明型论文

发现型论文，是指阐述林业领域新发现的物种、现象、本质、特性、规律和应用前景的论文。发明型论文，是指阐述新发明的技术、设备、工具、材料、系统或方法的原理、使用条件、性能和特点的论文。

（4）专题论述型论文

专题论述型论文是指对林业领域某一产业、某一学科或某一工作发表议论（包括立论和驳论），通过分析论证，对它们的发展战略决策、发展方向和道路，以及最新方针政策等提出新的见解。

（5）综合论述型论文

综合论述型论文即为综述性论文，是作者在阅读大量文献的基础上，总结、分析并评述该学科（专业）在一定时期范围内的国内外的研究成果，对未来趋势进行预测和展望，并提出中肯的建议和意见。它不要求研究内容具有创新性，但要有指导性，资料新而全面，立足点高，问题综合、恰当，分析在理，对科技发展起到承前启后的作用。

（6）新品种报道型论文

林业新品种是提升良种生产供应能力的重要体现，也是林业生产的"芯片"。具有推广价值的新品种通常会以简报的形式在期刊论文上发表，简要报道该新品种的培育过程、生物学和形态学特性及重要经济性状指标等。如《园艺学报》会报道经济林和园艺果树相关的新品种；《林业科学》自2024年7月恢复"植物新品种与良种"栏目，以封面论文的形式发表了中南林业科技大学谭晓风教授撰写的《"三华油茶"的选育与推广应用》。

1.3.2　林业科技论文的基本要求

（1）语言严格规范，格式基本固定

林业科技论文的语言规范严格，需做到句子之间合乎逻辑，要求作者思维严谨。写作时，还应在用词、语序和句子成分等方面做到规范，不生造词语，不滥用简缩词语，使用正确的专业术语，语序需流畅，成分要完整。为使论文方便传阅，提高读者对论文的理解速度，林业科技论文的排版格式、图表设计、符号单位和参考文献等都必须符合《学术论文编写规则》（GB/T 7713.2—2022）的规定。

（2）实验材料完整，测试方法准确

林业科技论文撰写一定要描述清楚材料和方法，试验材料有缺陷或方法不准确，其结果和结论均不可信。因此，完整的试验材料和准确的方法是林业科技论文写作质量的重要部分。

（3）图表清晰美观，章节层次分明

图表是林业科技论文正文的核心内容，规范的图表制作是林业科技论文写作必备技能，也是提高论文质量的核心要素。图表的制作在本教材第6章单独说明。

（4）论文论述严谨，需有明确结论

林业科技论文论述的严谨性取决于作者对待科学的态度。例如，在介绍研究背景时，不能将某一方面的研究"有所欠缺"写成"完全空白"，不要动辄就写"本研究会对某产业起到重要的推动作用"，应实事求是，对客观事物的性质、程度、范围、影响和关系有充分的理解和准确的判断再落笔。一篇科技论文是否能凝练出明确的研究结论也十分重要，在实际的写作过程中通常会出现3种问题：一是研究结果与研究结论混淆不清；二是作者自己都无法根据前文分析得出最终的准确结论；三是结论过于冗长，不够简洁明了。一个明确的结论是科技论文的重要价值所在，因此也很考验作者的科研思维和写作水平。

（5）语言精练准确，内容新颖完整

语言表达是林业科技论文写作的基础，即便论文具有较高的研究意义和学术水平，若出现文段重复、不精练、文字口语化、语句过于造作、学术观点表述不清晰等问题，将大大影响论文的表达质量。因此，建议林业科技论文作者加强自身语言水平，培养逻辑思维能力，能够主次分明、简明扼要地用语言表述观点。内容的新颖性指的是论文内容所具有的创新性和独创性，也是研究的价值所在，科技论文报道的是科学研究的最新成果，是前人所未发明或发现的事物，倘若无新意就不能称其为科技论文，在写作时不必连篇累牍地大讲众所周知的原理或方法，而应着重突出作者自己研究的创新之处或个人独到见解。

1.3.3 提高科技写作能力的途径

科技写作首先要建立在对专业知识熟悉精通的基础上，否则就成了无米之炊，写出来也是空发议论，无实际意义，甚至论点错误。因此，首先是加强专业学习，提高自己的专业水平。除此之外，可以从以下两个方面入手，一个是课程之外的，一个是课堂之内的。

（1）提高逻辑思维能力

科技写作的构思过程，究其本质而言，是一个逻辑思维的过程，有概念、有判断、有推理、有前提、有结论。因此，逻辑思维能力的高低，很大程度上决定作者写作能力的高低。在科技写作中，要运用逻辑思维对结构进行安排、对材料进行取舍、对主题进行提炼、对结果进行讨论。如果逻辑思维运用不当，就会出现科学问题不明确、材料杂乱无章、层次混乱等现象。而逻辑思维能力的培养在课堂上无法完成，要依靠学习和工作慢慢培养和提高。

示例：间伐修剪增产不明显，其树高和冠幅比对照仅增加不到2.4%，表明间伐修剪后的时间短，树体生长还未扩展开来，因此，增产的效果还未充分体现出来。

示例是典型的论据不足。试验并不能说明"增产不明显"是"时间短"引起的。结论并不见得错误，但科学必须实事求是，要有充分的论据来论证。这里也有可能就是间伐修剪没有明显作用，在科学研究中，在充分论证的前提下，就算没有作用也是一种结论。发表稿如下："间伐修剪增产效果不明显，（注：因前文和表中已表明论据，故删）可能是因为改造后时间短，树体生长还未充分扩展开来。"

（2）学习科技写作知识

学习好科技写作专业知识，可充分地发挥作者在科技写作方面具备的潜在能力。科技写作的形式规范和表达技术都是围绕着如何方便、有效地进行逻辑思维。所以，通过课堂学习了解科技作品形式特点，充分掌握科技写作的表达技术，对于提高自己的写作水平会有很大帮助。

目前，科技写作已经形成了一系列应当共同遵守的规范、标准和写作格式，熟练地掌握这些知识，有助于充分高效地表达作者思想观点。当然，写作不只是讲理论和要求，还要勤实践，也要培养动手能力。课堂主要起引导作用，在课堂讲解之外，要多阅读高质量文献、多练习模仿、多写，假以时日，一定能写出严谨、得体的科技论文。

思考题

1. 什么是科技写作，科技写作与写作学有什么区别？
2. 科技论文的分类有哪些？
3. 作为一名研究生，怎样提高自己撰写学术论文的能力？

第2章 科技文献资源检索和管理

【本章提要】

本章探讨了科技文献的定义、类型、特点及其在科研活动中的重要性，系统地介绍了科技文献检索的方法、步骤及主要数据库资源，并以 Mendeley 为例，阐述了科技文献管理软件的应用，分析了期刊的评价指标、遴选收录标准及分区情况。重点掌握科技文献检索和管理的方法，理解期刊评价体系，优化科研成果，掌握科技论文的发表策略。

在当今快速发展的科技时代，科技文献作为科技知识的重要载体，承载着发布科研成果、推动学术交流、支撑情报决策、促进科技评价、体现科研诚信、保存人类知识的重要使命，是开展科技创新活动的重要物质技术基础，在科研创新生态中扮演着关键角色。深入理解和有效掌握科技文献的定义、类型、特点及其在科研活动中的重要性，对于每一位科研人员是必不可少的技能。然而，面对浩如烟海的科技文献资源，如何高效、准确地检索到所需信息，成为科研人员面临的一大挑战。为此，掌握科技文献检索的方法和步骤，熟悉主要数据库资源，成为提升科研效率的关键。此外，科技文献的管理同样不容忽视，一个良好的管理系统能够帮助科研人员更好地整理、分析和利用文献资源，为科研工作提供有力支持。此外，期刊作为科技文献发表的主要平台，其评价指标、遴选收录情况对于科研成果的发表具有重要影响。了解并熟悉期刊评价体系，有助于科研人员选择合适的期刊发表自己的研究成果，从而提升科研成果的影响力和传播力。

2.1 科技文献概述

2.1.1 科技文献的定义

"文献"一词最早见于《论语·八佾》。南宋学者朱熹在其《四书章句集注》中解释，"文"指的是典籍文章，"献"则指的是古代先贤的见闻、言论以及他们熟悉的各种礼仪和个人经历。随着社会的不断发展，文献的概念经历了显著的变化，其定义也多种多样。在《辞海》(1999 年)中，文献被定义为原指典籍与宿贤，后来则专指具有历史价值的图书文物资料，如科技文献、历史文献等。国际标准化组织在《文献情报术语国际标准》(ISO/DIS 5217)中将文献定义为：在存储、检索、利用或传递记录信息的过程中，可作为一个单元处理的，在载体内、载体上或依附载体而存储有信息或数据的载体。而在《信息与文献 资源描述》(GB/T 3792—2021)中，文献被定义为记录有知识或信息的一切载体，其中"知识或信息"是文献的核心内容，"载体"则是知识或信息得以保存的物理或数字介质，即可以通过文字、图形、符号、音频、视频及数字化编码技术记录内容的物质或数字化载体，如纸张、胶片、电子存储设备、云数据库等。

从上述对文献的各种解释来看，它们都强调了文献的 3 个基本属性：知识性（或信息性）、记录性和物质性。因此，文献的范围相当广泛，不仅涵盖了古代的甲骨文、碑刻、竹简、帛书，也包括现代的图书、期刊、专利、报纸，乃至机读资料、缩微制品、电子出版物、音视频文件及数据库等。综上所述，文献是通过特定符号或技术手段记录知识或信息，并依附于物理或数字载体的一切资源的总称。文献主要包括科技文献、社会科学文献、人文文献、产品技术资料等。其中，科技文献专注于记录科学技术领域的研究活动、研究成果、研究进展，以及与之相关的理论、方法和数据，涵盖了自然科学、工程技术、农业科学、医学等多个领域，是科研人员获取信息、交流思想、推动科技进步的重要载体。

2.1.2 科技文献的类型

在我们的学习、工作、科研及日常生活中，科技文献信息扮演着不可或缺的角色。不同的人员对科技文献信息的需求各异，因此，掌握科技文献信息类型的划分标准对于有针对性地查找科技文献信息至关重要。

科技文献信息的划分存在多种标准，包括出版形式、载体形式等。此处将重点介绍以出版形式为划分标准的科技文献信息类型。

（1）图书

图书又称为书籍。联合国教科文组织对图书的定义是：凡由出版社（商）出版的，不包括封面和封底在内的 49 页以上的印刷品，具有特定的书名和著者名，编有国际标准书号（ISBN），有定价并取得版权保护的出版物称为图书。

科技类图书通常是对已发表的科研成果、生产技术或经验，或某一知识领域进行系统性的论述或概括，主要包括专著、文集、教科书、科普读物以及一些参考工具书等。这类图书的特点是内容系统、全面、成熟、可靠，但其编辑出版周期较长，因此相比期刊而言时效性较差。科技类图书不适合用于了解最新的学术动态，但对要获取某一专题较全面的、系统的知识，参阅图书是行之有效的方法。

正式出版的图书均配备有国际标准书号（International Standard Book Number，ISBN）。ISBN 是国际标准化组织于 1972 年公布的一项国际通用的出版物统一编号方法。ISBN 具有唯一性，指的是一种图书，如果装帧不同、版本不同，就会有不同的 ISBN。1972 年首次发布的 ISBN 标准中，ISBN 由 10 位数字组成，前 9 个数字分成 3 组，分别表示组号（国家、地区、语言的代号）、出版社号和书序号，最后一个数字是校验码，如《生物进化》书号为"ISBN 7-301-03645-0"。然而，随着全球出版物数量的急剧增加，原有的 10 位 ISBN 编号资源逐渐枯竭。为了应对这一挑战，国际标准化组织（ISO）决定将 ISBN 由 10 位制升级为 13 位制。自 2007 年 1 月 1 日起，新版 ISBN 标准开始实施，它由 13 位数字组成，并分为 5 段。具体而言，在原来的 10 位数字前加上了 3 位欧洲商品编号（EAN）图书产品代码"978"，并重新计算了最后一位校验码，从而使 ISBN 与 13 位 EAN 实现了统一，如《普通植物病理学》书号为"ISBN 978-7-030-77812-3"。在文献数据库中，ISBN 作为一个重要的检索字段，为用户提供了额外的检索途径。

（2）期刊

期刊，也被称为杂志，通常是指定期或不定期出版的连续出版物。其特征包括：拥有固定的名称、统一的版式和外观，每期内容汇集了多位作者分别撰写的多篇文章，并附有连续的卷、期号或年、月顺序号进行编排。此外，期刊还具有固定的篇幅和开本，由专门的编辑机构负责编辑和出版。

期刊具有出版周期短、内容新颖、报道速度快、信息含量大等特点。科技型期刊还能及时反映国内外最新科技成果以及专业学科发展的最新动向，是人们进行科学研究、交流学术思想时主要利用的文献信息资源。许多新的研究成果、研究方法、仪器装置以及问题探讨等都优先在期刊上发表。科技人员通过阅读期刊，可以了解行业动态、吸取研究成果、开拓思路。

正式出版的期刊具有国际标准连续出版物编号（International Standard Serial Number, ISSN），该编号依据国际标准 ISO 3297 制定。一个国际标准刊号由 ISSN 前缀和 8 位数字组成，这 8 位数字分为两段，每段 4 位，中间以连字符"-"连接。例如，《林业科学》ISSN 为"1001-7488"，其中前 7 位代表期刊的顺序号，而最后一位是校验码。在我国，正式出版的期刊还使用国内统一刊号，该刊号以 GB/T 2659 所规定的中国国别代码 CN 为识别标志。国内统一刊号的结构形式为：CN 地区号-报刊登记号/分类号。例如，《林业科学》的国内统一刊号为："CN 11-1908/S"。其中，地区号依据《中华人民共和国行政区划代码》（GB/T 2260—2007）分配（如"11"代表北京）；分类号参照《中国图书馆分类法》确定（如"S"代表农业科学）。

（3）专利文献

专利文献是一种受到法律保护的特殊文献，它广泛涵盖了与专利相关的各种资料。从广义的角度来看，专利文献包括了专利说明书、专利公报、专利文摘、与专利相关的法律文件以及诉讼资料等多种内容。而在狭义上，专利文献特指专利说明书，它是专利文献的主体部分。根据专利的不同种类，专利文献还可以进一步细分为多种类型，如发明专利说明书、实用新型专利说明书、外观设计专利说明书等。专利说明书是指个人或机构为了获得某项发明的专利权，在申请专利时必须向专利局提交的一份详尽的书面技术文件，它全面而深入地阐述了发明的目的、用途、特点、效果以及所采用的原理或方法。这份说明书内容新颖、实用、可靠，往往还附有发明示意图，是了解及掌握世界发明创造和新技术发展趋势的最佳文献信息源。其内容涉及范围广泛，几乎涵盖了全部的技术领域，不仅详细记录了发明的具体内容，还明确了该发明受法律保护的技术范围，对于科研人员了解某一技术领域的最新动态和发展趋势，避免重复性研究具有极高的价值。此外，在专利诉讼过程中，它也是证明专利权归属和侵权事实的重要依据。

（4）科技报告

科技报告，又称为研究报告或技术报告，是反映科研工作成果的重要正式文件，也是对科研和试验过程中各个阶段进展情况的实际记录。作为科研活动的直接产物，科技报告承载着大量的科研数据、发现、分析和结论，是科研人员向外界展示其研究成果的主要途径。科技报告在形式上自成一体，每份独立成册，便于保存、查阅和引用。在内容上，科技报告的题目通常专深具体，往往涉及尖端学科的新研究课题，因此具有较高的学术价值和实用性。科技报告的发展历程可以追溯到第二次世界大战期间及战后，最初主要是为了满足军事需求而编写的。随着科技的进步和科研活动的日益频繁，科技报告逐渐成为一种重要的信息源，广泛应用于学术交流、技术转移、政策制定等领域。目前，全球每年出版的科技报告数量庞大，其中既有公开发表的，也有保密的，涵盖了各个学科和领域的研究成果，是推动科技进步和社会发展的重要力量。

（5）会议文献

会议文献是对各专业学术会议上发表的论文、报告、讨论稿等文献资料的统称。会议文献具有论题集中、内容新颖、专业性强、学术水平高以及富有创造性等特点，是探索科技发展方向和获取重要科技情报的宝贵信息源。会议文献一般以论文集的形式出版或发表，其中收录的论文和报告往往涵盖了会议的各个议题，代表了与会者在各自研究领域内的最新思考和探索。这些文献对于科研人员了解最新研究成果、把握学科发展趋势、促进学术交流具有重要的价值。

（6）学位论文

学位论文是高等院校和研究机构的毕业生或其他人员为申请学士、硕士、博士学位资格而撰写的学术性较强的研究论文。学位论文在撰写过程中，需要遵循严格的科学规范及要求，并接受导师的监督指导。它具有原始性与独创性，内容理论性强、系统且专一，阐述详尽，对科研有一定的参考价值，属于难得的文献资料。早期学位论文一般不公开出版，仅由学位授予单位和国家指定单位收藏，但现在越来越多的学位论文被收录在学位论文数据库中，为广泛的学术交流和研究使用。

（7）标准文献

标准文献特指按规定程序申报，并经公认权威机构(相关主管部门)批准后制定的一整套在特定范围内必须执行的规格、规则、技术要求等技术文件所构成的一种规范形式的技术文献体系。标准文献具有一定的法律约束力，尤其是强制性标准，必须严格执行，不符合标准的产品将面临生产、销售和进口的禁止；标准文献具有时效性，基于特定时间阶段的科技发展水平，并随经济发展和科学技术进步而不断修订、补充、替代或废止；标准文献自成体系，拥有独立的文献体制、固定的标准代号和专属的检索系统，同时有明确的适用范围和用途，不同种类和级别的标准在不同领域内得到贯彻执行。标准文献是标准化工作的产物，按照使用范围包括国际标准、国家标准、地方标准、部颁标准、行业标准、团体标准、企业标准等，如油桐地方标准(图2-1)。

标准文献在科学技术、经济发展和社会生活中发挥着重要作用。它不仅是了解各国经济政策、技术政策、生产水平、资源情况和标准化水平的重要途径，还在科研、工程设计、工业生产、企业管理、技术转让、商品流通等多个领域发挥作用，通过采用标准化的概念、术语、符号等，有效克服了技术交流的障碍。先进的标准可供研制新产品、改造老产品，改进工艺和提高操作水平时借鉴。此外，标准文献也是鉴定工程质量、校验产品、控制指标和统一试验方法的技术依据，有助于简化设计流程、缩短时间、节省人力、减少不必要的试验和计算，从而降低成本并保证质量。一个国家的标准文献反映着该国的生产工艺水平和技术经济政策，而国际现行标准则代表了当前世界水平。国际标准和工业先进

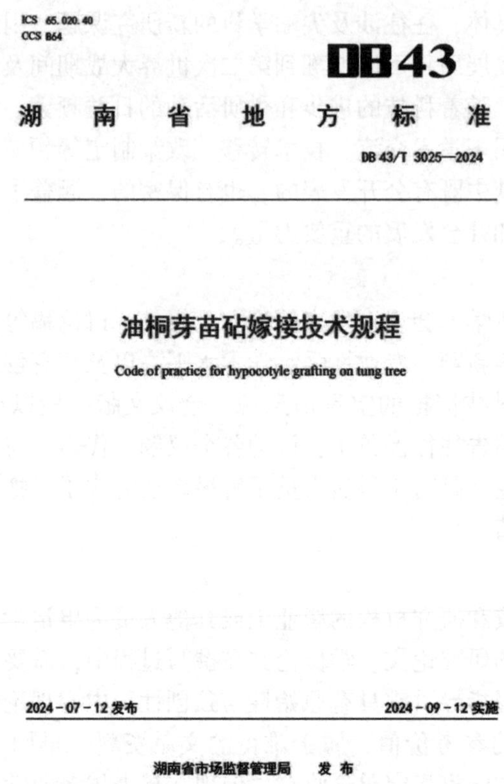

ICS 65.020.40
CCS B64

DB43

湖 南 省 地 方 标 准

DB 43/T 3025—2024

油桐芽苗砧嫁接技术规程

Code of practice for hypocotyle grafting on tung tree

2024 - 07 - 12 发布　　　　　　　2024 - 09 - 12 实施

湖南省市场监督管理局　　发 布

图 2-1　油桐地方标准

国家的标准常常是科技生产活动的重要依据和情报来源。

（8）其他类型

科技文献除了上述列出的几种主要类型外，还有许多其他类型，包括报纸、科技档案、产品技术资料、声像资料、科技档案等。

2.1.3　科技文献的特点

随着科学技术的迅猛发展，科技文献作为记录和传播科学技术知识和信息的重要载体，具有一系列新的特点，这些特点主要体现在以下几个方面。

（1）数量庞大且增速迅猛

科技的持续进步导致科研成果如雨后春笋般涌现，同时科技交流的广泛开展也进一步推动了科技文献数量的急剧攀升。

（2）科技文献载体及语种增多

随着信息技术的发展，科技文献的载体形式越来越多样化，除了传统的纸质文献外，还包括电子文献、网络文献等多种形式。同时，由于国际交流的日益频繁，科技文献的语种也日益增多，涵盖了英文、中文、日文、法文等多种语言。这种多语种的特点为国际科技交流与合作提供了便利条件。

(3)科技文献内容交叉重复

由于学科之间的相互渗透和交叉融合，科技文献的内容往往存在交叉重复的现象。同一研究成果可能在不同领域或不同角度的科技文献中都有所体现，这种交叉重复在一定程度上丰富了科技文献的内容，但同时也增加了科技文献检索和阅读的难度。

(4)科技文献时效性增强

随着科学技术的迅猛发展，新的研究成果和技术不断涌现，科技文献的更新速度也随之加快。这种快速更新的趋势不仅要求科技工作者及时关注最新的科技文献，以获取最新的科研动态和技术信息，还体现在科技文献的"文献寿命"上。现代科学技术的飞速发展使得新技术从理论到生产应用、推广的时间越来越短，这也进一步加剧了科技文献的"新陈代谢"现象。

(5)科技文献信息污染严重

在科技文献数量急剧增长的同时，也伴随着文献信息污染的问题。一些低质量、重复性或无关紧要的文献充斥于文献资源之中，给科技文献检索和利用带来了困扰。这种信息污染现象导致科技文献的总体质量下降，使得信息的选择与获取变得更加困难。因此，提高文献资源的质量和利用效率，成为当前科技文献工作面临的重要挑战之一。

(6)科技文献分布集中又分散

科技文献在学科领域和地域分布上呈现出集中与分散并存的特点。一方面，某些热门或前沿领域的研究文献数量众多，形成了明显的集中趋势；另一方面，由于科学研究的广泛性和多样性，科技文献又分散于各个学科领域和不同的研究机构之中。

2.2 科技文献检索

2.2.1 科技文献检索定义

科技文献检索是指根据特定需求，运用一定的方法，从已组织好的大量文献集合中查找并获取相关科技文献的过程。包括文献的存储与检索两个环节，其中文献的存储旨在为后续的检索提供基础，而文献的检索则必须依赖于先前的存储工作，存储与检索之间相互依存，构成了一个不可分割的整体。

2.2.2 科技文献检索的作用和意义

(1)拓展知识视野与信息获取，了解研究现状，辅助课题选择与设计

科技文献检索在学术研究和科技活动中扮演着关键角色，它是获取与研究主题紧密相关知识和信息的主要途径。通过系统而深入的检索，研究者能够迅速定位到所需领域的经典科技文献、最新研究成果及前沿动态，全面了解研究领域的研究现状、热点问题和未解决难题，为自己的研究奠定坚实的理论基础，并提供实践参考。同时，它帮助研究人员识别当前研究中的空白和不足，发现新的研究方向和课题，为后续研究提供灵感。综合辅助研究者课题的选择与设计，以确保所选课题更具创新性和实用价值，且其设计更加科学合理，紧密贴近实际研究需求。

（2）获取数据和资源，推动研究进程，支持论文写作与发表

科技文献检索不仅提供理论依据，还为研究过程中的数据、实验材料和技术支持提供来源。研究过程中遇到难题或瓶颈时，研究人员可通过科技文献检索借鉴前人解决问题的思路和方案，获得启示，推动研究深入。同时，研究人员在论文写作时，通过参考和引用相关文献，不仅增强其研究的可信度和学术价值，还能有效提高研究质量，为论文的成功发表提供坚实支撑。

（3）避免重复劳动，提高研究效率，促进学术交流

通过科技文献检索，研究者能快速、准确地获取相关领域的文献和信息，避免在已知领域进行重复研究，节省时间和资源，使研究更高效。同时，科技文献检索作为信息交流枢纽，为研究者提供广阔的学术交流空间，促进学术交流与合作，共同推动学术界的繁荣与发展。

（4）培养信息素养和批判性思维，奠定学术与职业发展基础

科技文献检索有利于培养研究者的信息素养，通过科技文献检索，研究者学会高效筛选、评估和利用信息，信息意识和处理能力显著提升。这些素养的提升，使他们在学术资源中能迅速定位所需信息，为深入研究提供支持，也为未来的学术研究和职业发展打下坚实的基础。

2.2.3　科技文献检索的步骤

（1）分析研究课题，明确检索需求

研究课题确定后，首先，对该课题的核心内容及所涉及的学科领域及其相互间的联系进行全面而深入的分析研究，明确所需检索的科技文献的具体内容、性质以及相关的研究范畴。其次，根据课题研究的关键要点，提炼能精准反映课题核心主旨的主题概念，并清晰界定主要概念与次要概念，初步构建起它们之间的逻辑组合关系。在此过程中，提炼的主题概念越精确、具体、细致，它们作为检索的关键词或短语检索的效果会越好，从而确保检索目的、检索策略与检索效果之间的高度一致性。最后，根据研究课题的检索目标与具体要求，确定检索的时间范围、语言种类以及科技文献类型等关键参数。

（2）选择检索工具

选择恰当的检索工具是提高检索效率的必备条件之一。检索工具的选择，首先，要根据检索需求来确定，包括所需文献的类型、学科领域、时间范围以及研究主题或关键词。其次，考虑检索工具的覆盖范围，即其是否涵盖了所需文献的主要来源。对于自然科学领域的研究，可以选择 Web of Science 和 Scopus 等综合性数据库，因为它们提供了广泛的学科覆盖和高质量的科技文献索引。而对于特定学科或领域，如生物医学，则可以选择专门的数据库，如 PubMed，以确保能够获取到该领域的权威科技文献。此外，更新频率也是选择检索工具时不可忽视的一个因素，特别是对于需要获取最新研究成果的检索，应选择更新频率较高的工具，以便及时跟踪研究前沿。同时，还要考虑易用性，一个用户界面友好、易于操作的检索工具能够显著提高检索效率，并降低学习成本。最后，在选择检索工具时，还可考虑其他特性，如是否提供全文访问、是否支持高级搜索功能以及是否提供引文分析工具等。

（3）确定检索途径

检索工具确定后，需要确定合适的检索途径。常见的检索途径有分类途径、题名途

径、著者途径、主题途径和序号途径等。其中分类途径适用于按照学科分类体系来系统地查找科技文献；题名途径则适用于根据科技文献的具体名称，如书名、刊名或篇名，来直接查找所需资料；著者途径适用于按照科技文献的作者来进行检索，特别适用于查找某位作者的全部作品或特定作品；主题途径则是以文献资料中的关键词或主题词作为检索标志，适用于查找与特定主题相关的所有科技文献；序号途径则是利用科技文献的特定序号，如专利号、报告号等，进行精确检索，适用于查找具有唯一标识号的特定科技文献。在实际检索过程中，当有多个检索途径可供选择时，应考虑综合应用这些途径，相互补充，以避免单一检索途径可能存在的不足，从而更全面地获取所需科技文献信息。选择哪种检索途径或途径组合，需根据具体检索需求和所选检索工具的特点来决定。

(4) 制定检索策略

在检索工具和检索途径确定后，需要制定一种可执行的方案，也就是检索策略。制定检索策略是一个综合考虑检索途径、检索词、检索表达式和检索时间范围等多个因素的过程。检索词是能够表达文献信息需求的基本元素，具有代表性、专指性和准确性，能够帮助我们在大量的科技文献中快速定位到相关内容。检索表达式是检索策略的表达，能将检索词之间的逻辑关系、位置关系等用检索系统规定的运算符(如 AND、OR、NOT)连接起来，构造出更加精确、复杂的检索表达式，以更好地反映检索意图，提高检索结果的准确性。但检索表达式并不是一成不变，在实际应用过程中，需要不断地将检索结果与实际的检索需求进行比较和判断后，对检索表达式中的逻辑关系进行相应的修改和调整，以达到更加理想的检索效果。此外，确定检索的时间范围也是制定检索策略时需要考虑的因素，根据研究需求，可以选择特定的时间段进行检索，以获取最新或最相关的科技文献。

(5) 筛选和获取文献信息

通过检索工具实施文献信息检索，获得大量相关科技文献后，浏览文献的标题、摘要和关键词等信息，快速筛选出与研究主题最为相关的科技文献，对于特别感兴趣的科技文献，可直接通过数据库提供的下载链接在线进行下载获取其全文。对于需要购买的科技文献资源，可利用图书馆提供的购买服务或自行购买。如果所在机构或图书馆未收藏所需科技文献，还可以借助馆际互借系统向其他图书馆借阅，以拓宽文献资源的获取渠道。对于一些特殊或难以获取的科技文献信息，尝试联系科技文献的作者或相关研究机构寻求帮助，从而顺利完成整个科技文献检索过程。

2.2.4 引文索引检索

引文索引检索是一种基于文献引用关系的检索方法，它允许研究者追踪特定文献的引用情况，发现文献之间的相互关系，并评估文献的影响力。这种索引不仅提供了文献的直接信息，还揭示了文献间的相互引用关系，形成了一个知识网络。

(1) 引文索引检索的作用

① 发现研究趋势　通过分析引文模式，研究者可以识别特定领域的研究趋势和热点问题。

② 评估文献影响力　高被引文献通常被认为是该领域的重要文献，引文索引可以帮助识别这些文献。

③追溯研究发展　引文索引使研究者能够追溯一个领域的研究发展历史，从早期的工作到最新的研究成果。

(2)引文索引检索的步骤

①选择数据库　使用如 Web of Science、Scopus 等引文索引数据库。

②关键词检索　根据研究主题输入相关关键词，找到相关文献。

③分析引用　查看文献的引用信息，包括被引用次数、引用来源等。

④建立引用网络　追踪引用关系，找到重要的前沿文献和相应领域的研究热点。

目前，市面上涌现了多种支持引文分析、文献发现和可视化服务的引文分析工具，如 Connected Papers 和 Research Rabbit。Connected Papers(https：//www. connectedpapers. com) 是一个在线平台，它通过构建文献间的引用网络，助力用户发掘与特定研究紧密相关的文献并可视化其关系；Research Rabbit(https：//www. researchrabbitapp. com/)是一款强大的引文分析工具，兼具文献发现与引文分析功能，让研究人员能够轻松追踪研究趋势并精准识别关键文献。这些工具能够有效帮助研究人员更深入地挖掘学术文献的价值。

2.2.5　国内外主要期刊源数据库

2.2.5.1　中国知网

中国知网是指中国知识基础设施工程(China National Knowledge Infrastructure, CNKI) 资源系统，由清华大学、清华同方发起，是以实现全社会知识资源传播共享与增值利用为目标的信息化建设项目。中国知网是全球最大的中文知识门户，与全球 73 个国家及地区的 800 余家海外机构建立合作，收录英、法、德、日等语种的期刊、图书、会议、学位论文等资源的题录摘要信息。科技文献内容 1.2 亿余条，涵盖理、工、农、医、人文社科、经管等学科领域。用户遍及全国和欧美、东南亚、澳大利亚等各个国家和地区，实现了我国知识信息资源在互联网条件下的社会化共享与国际化传播，使我国各级各类教育、科研、政府、企业、医院等各行各业获取与交流知识信息的能力达到了国际先进水平。中国知网的检索网址：https：//www. cnki. net/，检索操作如下。

(1)选择检索资源类型

中国知网有两种方式选择跨库资源类型，可以通过在首页勾选相应的资源类型，还可以通过在一框式检索或高级检索页面右侧的检索设置菜单里删除或添加资源类型。如果只想检索某种资源类型的文献，可以只在该单库检索，如可以点击搜首页的"学术期刊"进入学术期刊单库。

打开检索设置后，默认显示参与总库统一检索的资源类型，鼠标放至资源名称上，出现叉号如 [学位论文] ，点击右上角"×"号删除该资源类型，则总库检索时不包含此资源类型。点击最后的"+"，在打开的资源列表中添加需要参与跨库检索的资源类型。拖动各资源类型模块，可以调整检索资源顺序，检索结果页按所做的设置显示。

(2)文献检索方式

①一框式检索　将检索功能浓缩至"一框"中，在平台首页检索词条的检索框左侧，下拉选择检索字段，在检索框内输入检索词，点击检索按钮或键盘回车，执行检索见

图 2-2。总库提供的检索字段有：主题、篇关摘、关键词、篇名、全文、作者、第一作者、通讯作者、作者单位、基金、摘要、小标题、参考文献、分类号、文献来源、DOI。

一框式检索支持运算符 * 、+、-、' '、""、( )进行同一检索项内多个检索词的组合运算，检索框内输入的内容不得超过 120 个字符。输入运算符 *（与）、+（或）、-（非）时，前后要空一个字符，优先级需用英文半角括号确定。若检索词本身含空格或 * 、+、-、( )、╱、%、=等特殊符号，进行多词组合运算时，为避免歧义，须将检索词用英文半角单引号或英文半角双引号引起来。例如：

a. 篇名检索字段后输入"林业病虫害 * 生物防治"，可以检索到篇名包含"林业病虫害"及"生物防治"的文献。

b. 主题检索字段后输入"（锻造 + 自由锻）* 裂纹"，可以检索到主题为"锻造"或"自由锻"，且有关"裂纹"的文献。

c. 如果需检索篇名包含"digital library"和"information service"的文献，在篇名检索字段输入：' digital library ' * ' information service '。

d. 如果需检索篇名包含"2+3"和"人才培养"的文献，在篇名检索字段后输入：' 2+3 ' * 人才培养。

图 2-2　一框式检索操作方式

中国知网及其他很多数据库的不同检索方式一般都支持以运算符连接的多个检索词组合在同一检索项进行检索，且各个数据库网站均有相应运算符的使用说明。

②高级检索　支持多字段逻辑组合，并可通过选择精确或模糊的匹配方式、检索控制等方法完成较复杂的检索，得到符合需求的检索结果。高级检索共有两种方式，可以通过在首页点击"高级检索"进入高级检索页或在页头检索下拉框点击"高级检索"进入高级检索页。高级检索页点击标签可切换至高级检索、专业检索、作者发文检索、句子检索。在高级检索页中可以把检索区分为两部分，上半部分为检索条件输入区，下半部分为检索控制区。检索条件输入区默认显示主题、作者、文献来源 3 个检索框，可自由选择检索项、检索项之间的逻

辑关系及检索词匹配方式等(图 2-3);点击检索框后的"+"或"-"按钮可添加或删除检索项,最多支持 10 个检索项的组合检索。检索控制区的主要作用是通过条件筛选、时间选择等,对检索结果进行范围控制。控制条件包括:出版模式、基金文献、时间范围、检索扩展。高级检索页面下方为切库区,点击库名,可切至某单库高级检索。

图 2-3　高级检索——检索条件输入区

③专业检索　在高级检索页切换"专业检索"标签,或在页头检索下拉框选择"专业检索"可进行专业检索。专业检索用于图书情报专业人员查新、信息分析等工作,是一种相对比较复杂的检索方式,需要使用运算符和检索词构造检索式进行检索,并且需要确保所输入的检索式语法正确,这样才能检索到所需要的结果。每个库的专业检索中右侧都有检索使用方法说明,其中包括了检索式语法说明及示例。

④作者发文检索　在高级检索页切换"作者发文检索"标签,或在页头检索下拉框选择"作者发文检索"可进行作者发文检索。作者发文检索通过输入作者姓名及其单位信息,检索某作者发表的文献,功能及操作与高级检索基本相同,可以通过"+"或"-"按钮增加或删除检索项。

⑤句子检索　在高级检索页切换"句子检索"标签,或在页头检索下拉框选择"句子检索"可进行句子检索。句子检索是通过输入两个检索词,在全文范围内查找同时包含这两个词的句子、段落,找到有关事实的问题答案,句子检索不支持空检。

(3)科技文献检索结果

总库检索后,检索结果如图 2-4 所示,显示符合检索条件的各资源类型下的科技文献量,如总库、学术期刊和学位论文等,尤其突显总库的科技文献分布情况,可点击查看任一资源类型下的科技文献。同时,点击"中文"或"外文",查看检索结果中的中文文献或外文文献,点击"总库"回到中外文混检结果。检索结果区左上方显示检索范围和检索条件,并提供查看检索历史、检索表达式的定制功能。点击"检索历史",在检索历史页点击

"检索条件"，可以按历史记录的检索条件查看检索结果；点击"主题定制"，可以将当前的检索表达式制定到我的 CNKI 中，通过该定制功能，可了解所关注领域的最新成果及进展，但这两个功能均需要登录个人账号。检索结果区左侧为分组筛选区，提供多层面的筛选角度，并支持多个条件的组合筛选，以快速、精准地从检索结果中筛选出所需的优质文献。检索结果右上方显示筛选结果，并提供结果排序及显示模式功能。

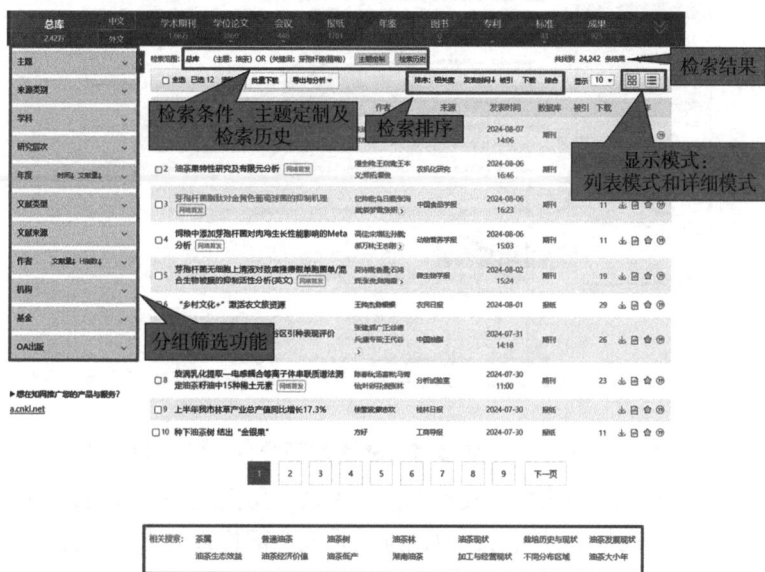

图 2-4 检索结果

(4)文献管理与分析

检索结束后，可以对选定的科技文献进行相关处理，包括：导出文献、生成检索报告、可视化分析和在线阅读等功能。从检索结果页面"导出与分析"入口，进入对应的操作界面，包括导出文献和可视化分析界面(图 2-5)。

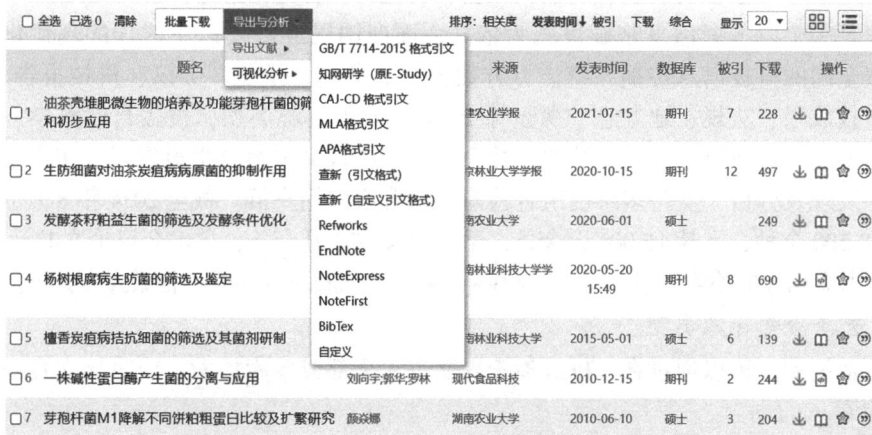

图 2-5 导出与分析功能入口

进入导出文献页面，包括多种文献导出格式(图2-6)。默认显示为《信息与文献 参考文献著录规则》(GB/T 7714—2015)格式题录，可以对选择的文献进行批量下载，并导出文献列表。

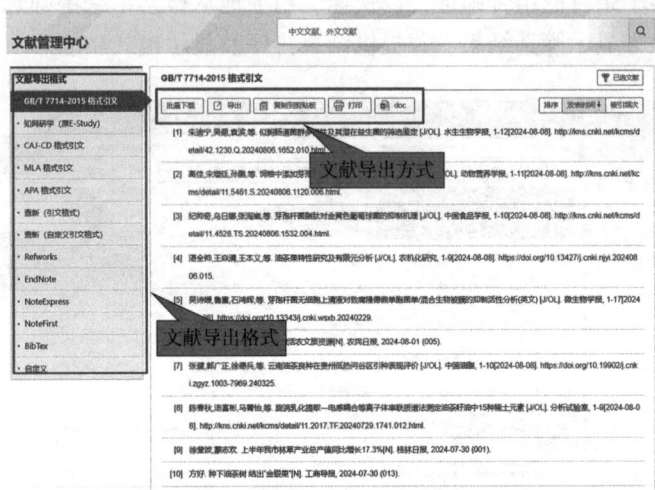

图2-6　导出文献——《信息与文献 参考文献著录规则》(GB/T 7714—2015)格式引文

可视化功能是基于文献的元数据及参考引证关系，用图表的形式直观展示文献的数量与关系特征。进入可视化分析界面可以对已选结果或全部检索结果进行分析(图2-7)。

(5)期刊检索

可以通过中国知网首页点击"学术期刊"后，进入学术期刊单库，点击左侧的"期刊导航"，或出版来源下拉菜单中的"期刊"，进入期刊检索，之后可以通过一框式检索筛选期刊并查看期刊信息。

2.2.5.2　万方数据知识服务平台

万方数据知识服务平台是北京万方数据股份有限公司推出的科技信息服务网站。它是一个以科技信息为主，集经济、金融、社会、文化、教育等信息于一体的综合性信息服务系统，也是一个以国家信息基础设施为依托，面向国民经济建设主战场的现代化、网络化、覆盖全国的科技信息传播系统。万方数据集成期刊、学位、会议、科技报告、专利、标准、科技成果、法规、地方志、视频等10余种知识资源类型，覆盖自然科学、工程技术、医药卫生、农业科学、哲学政法、社会科学、科教文艺等全学科领域，实现海量学术文献统一发现及分析，支持多维度组合检索，适合不同用户群。截至2024年8月收录国内外期刊48 500余种，文献16 004万余条，学位论文670万余条，学术会议论文共计1100万篇等。万方数据库的检索网址：https：//www.wanfangdata.com.cn/，检索操作如下。

(1)选择检索资源类型

万方数据库，可以通过在一框式检索界面进入全部或单库检索，或直接在资源导航选择单库检索。

(2)文献检索方式

①一框式检索　平台首页的"一框式检索"区提供快速检索，系统默认在全部资源类型

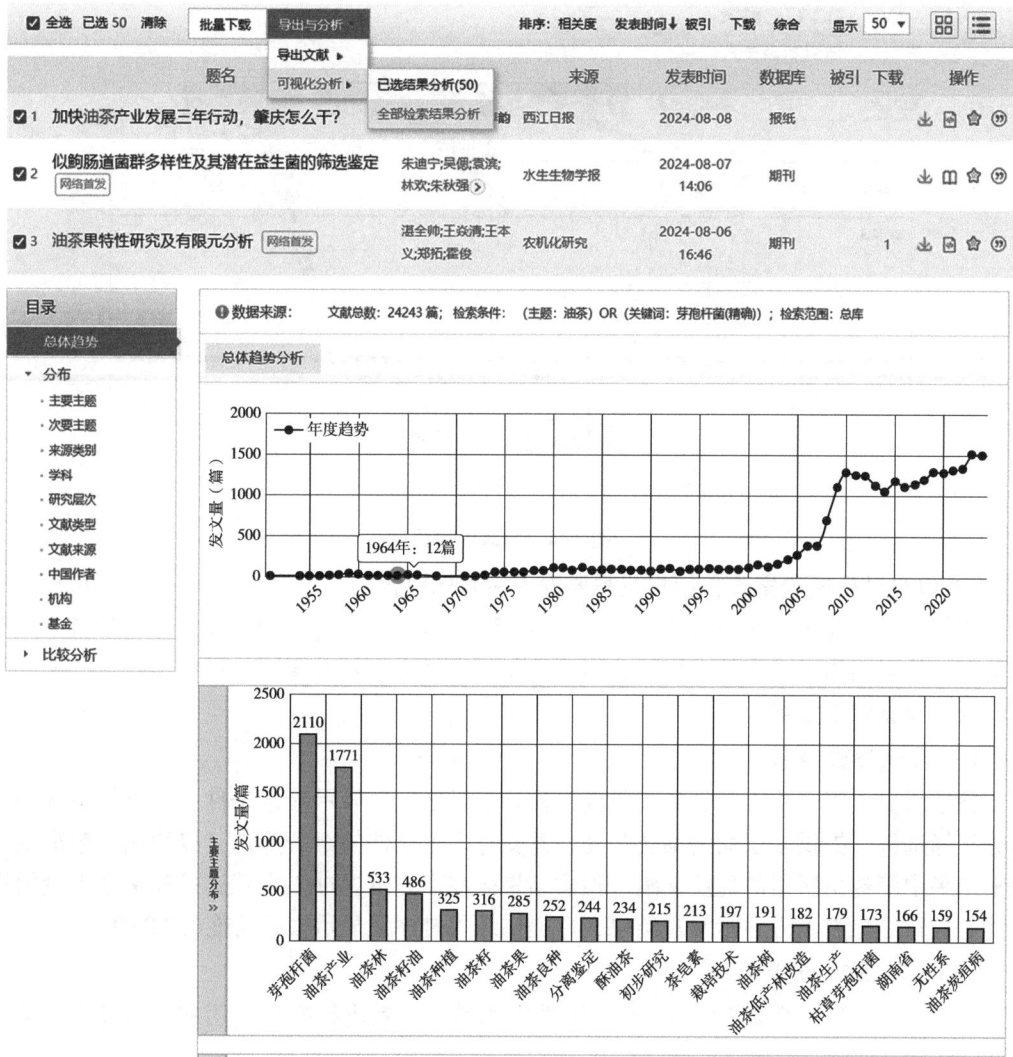

图 2-7　可视化分析入口及结果

数据库进行检索，也可以选择某个单库的名称在单库内进行快速检索。

②高级检索　单击"一框式检索"区检索框右侧的"高级检索"即可进入高级检索、专业检索和作者发文检索页面(图 2-8)。高级检索功能是指在指定的范围内，通过增加检索条件满足用户更加复杂的要求，实现精准检索。实施检索时，用户可选择所需要的文献类型数据库资源，限定检索条件，通过多个检索条件运算符("与""或""非")进行限定，点击检索框后的"+"或"–"按钮可添加检索项，最多支持 6 个检索项的组合检索，还可以限定检索条件匹配方式(模糊或精确)和日期范围。

③专业检索　在高级检索页切换"专业检索"标签。专业检索比高级检索功能更强大，需要检索人员根据系统的检索语法编制检索式进行检索。实施检索时，用户可选择所需要的文献类型数据库资源。检索条件输入时，点击"通用"检索字段，再点击相应的"逻辑关

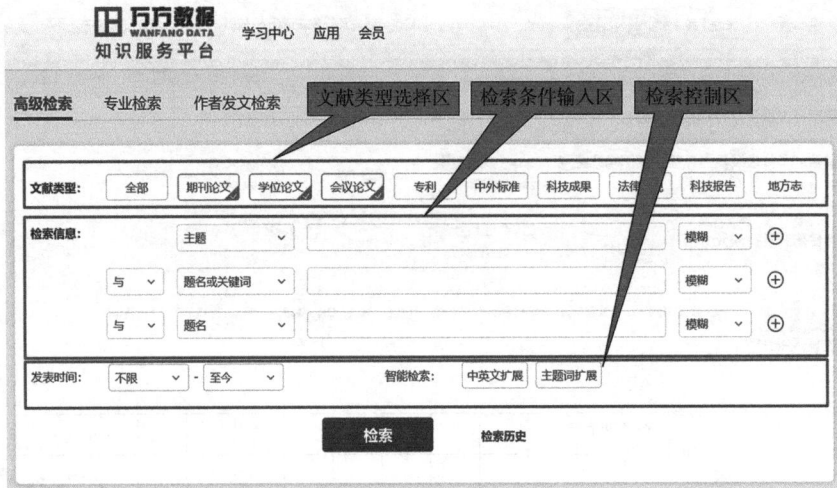

图 2-8 高级检索页

系"连接以自动生成检索式，用户只需要输入检索标识就可以了。

④作者发文检索 在高级检索页切换"作者发文检索"标签，通过输入作者姓名及其单位信息，检索某作者发表的文献，功能及操作与高级检索基本相同，可以通过"+"或"-"按钮增加或删除检索项。

（3）文献检索结果

检索后显示符合检索条件的文献量，检索结果区上部显示检索条件，检索结果区左侧为分组筛选区，提供多层面的筛选角度，并支持多个条件的组合筛选，以快速、精准地从检索结果中筛选出所需的优质文献。检索结果区左上方可以进入文献选择和文献批量引用功能。检索结果右上方显示筛选结果，并提供结果排序及显示模式功能（图 2-9）。

（4）文献管理与分析

与 CNKI 相似，检索结束后，可以对选定的科技文献进行批量引用和导出处理。从检

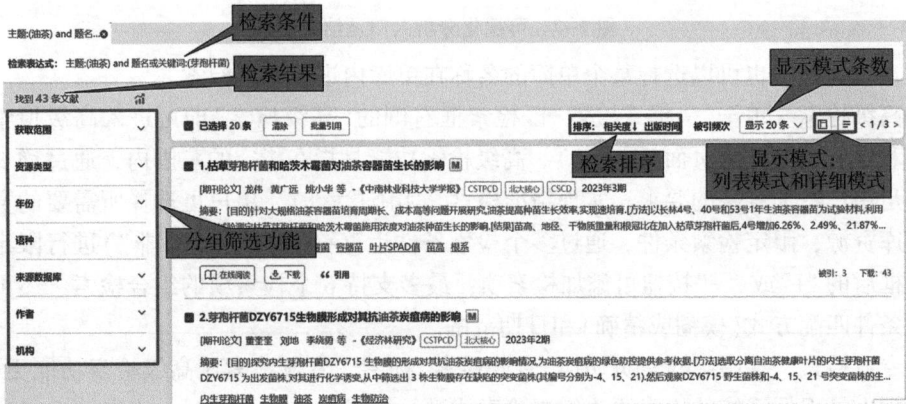

图 2-9 检索结果

索结果页面，点击"批量引用"功能，进入对应的操作界面。进入批量引用页面，包括多种文献导出格式，可以对选择的文献进行批量下载，并导出文献列表。

2.2.5.3 Web of Science 平台

Web of Science 平台(WOS)是全球领先、覆盖学科最广泛的综合性学术信息资源平台，由科睿唯安公司开发和维护。该平台起源于 20 世纪 60 年代的科学引文索引(Science Citation Index, SCI)，经过多次整合与扩展，现已发展成为集自然科学、社会科学、艺术与人文科学等多领域学术资源于一体的庞大数据库。WOS 不仅为研究人员提供了便捷、高效的文献检索服务，还通过其强大的引文分析功能，深度挖掘文献之间的引用关系，成为评估科研成果影响力的重要工具。

(1)Web of Science 文献数据库

①选择检索资源类型　Web of Science(https：//webofscience. clarivate. cn/wos/)文献数据库资源有 7 种，分别为：Web of Science Core Collection、Chinese Science Citation Database[SM](CSCD)、KCI-Korean Journal Database、MEDLINE ©、Preprint Citation Index、ProQuestTM Dissertations & Theses Citation Index、SciELO Citation Index，其中 Web of Science Core Collection 称为 Web of Science 核心集，它收录了包括 Science Citation Index-Expanded (科学引文索引，SCI-E)、Emerging Sources Citation Index[TM](ESCI)、Social Sciences Citation Index(社会科学引文索引，SSCI)、Arts & Humanities Citation Index[TM](艺术与人文科学引文索引，AHCI)和 Conference Proceedings Citation Index[TM](会议论文引文索引，CPCI)等数据库。可以通过点击"Collections"下拉菜单中选择相应的数据库资源类型。

②文献检索方式

a. 基本检索：选择检索数据库资源类型后，在平台首页的"基本检索"区输入检索词进行快速检索，检索项可以通过"+Add row"或"–"按钮添加或删除，可以无限添加，检索项中的检索字段可以在下拉菜单中选择，此外，还可以通过"+Add date range"控制检索年限(图 2-10)。

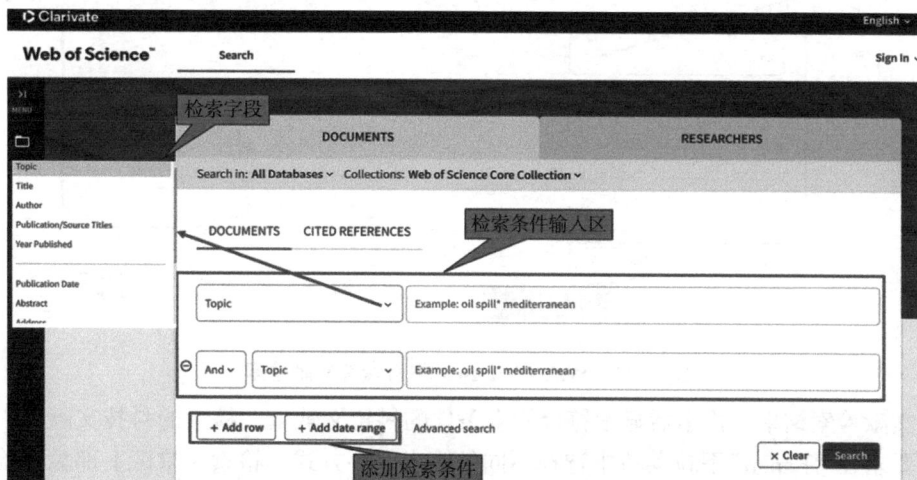

图 2-10　Web of Science 数据库基本检索

b. 高级检索：单击"基本检索"区添加检索条件后的"Advanced search"，进入高级检索页面，实施检索时，用户需要使用运算符、字段标识符、括号和检索词构造检索式进行检索，并且确保所输入的检索式语法正确，才能检索到所需要的结果。高级检索页右下侧提供了运算符号、字段标识说明及检索式示例(图2-11)。

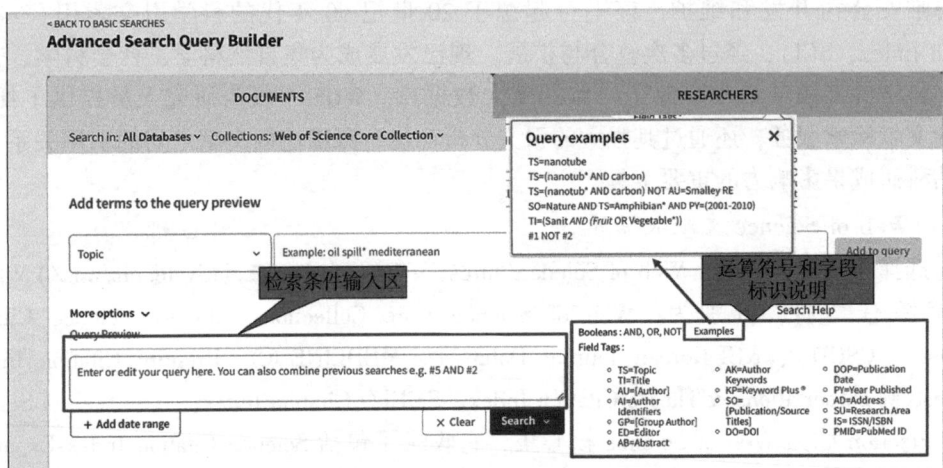

图 2-11　Web of Science 数据库高级检索

c. 被引参考文献检索：系统提供被引作者、被引著作和被引年份等检索字段，检索项可以通过"+Add row"或"-"按钮添加或删除，可以无限添加，检索项中的检索字段可以在下拉菜单中选择，此外，还可以通过"+Add date range"控制检索年限(图2-12)。

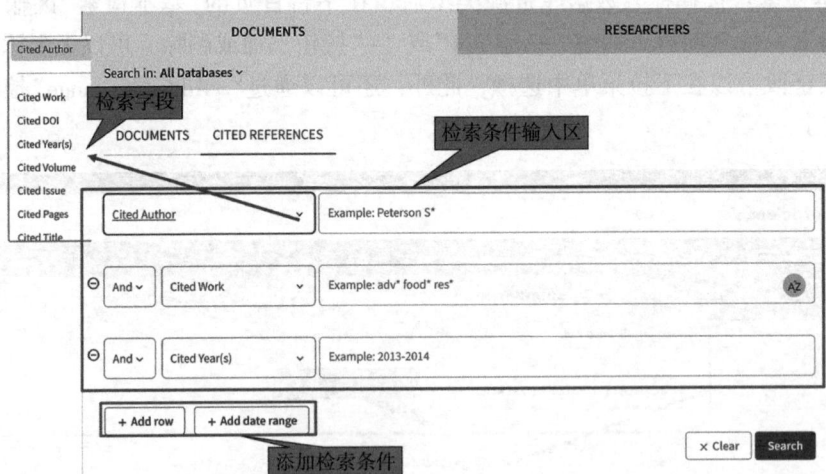

图 2-12　Web of Science 被引参考文献检索

③文献检索结果　检索后显示符合检索条件的科技文献量，检索的科技文献可以根据自己的要求在"Export"下拉菜单中选择不同的输出保存方式。检索结果区上部显示检索条件，检索结果区左侧为分组筛选区，提供多层面的筛选角度，并支持多个条件的组合筛

选，以快速、精准地从检索结果中筛选并精练出所需的优质文献。检索条件下方可以继续添加关键词，以进行二次检索(图2-13)。

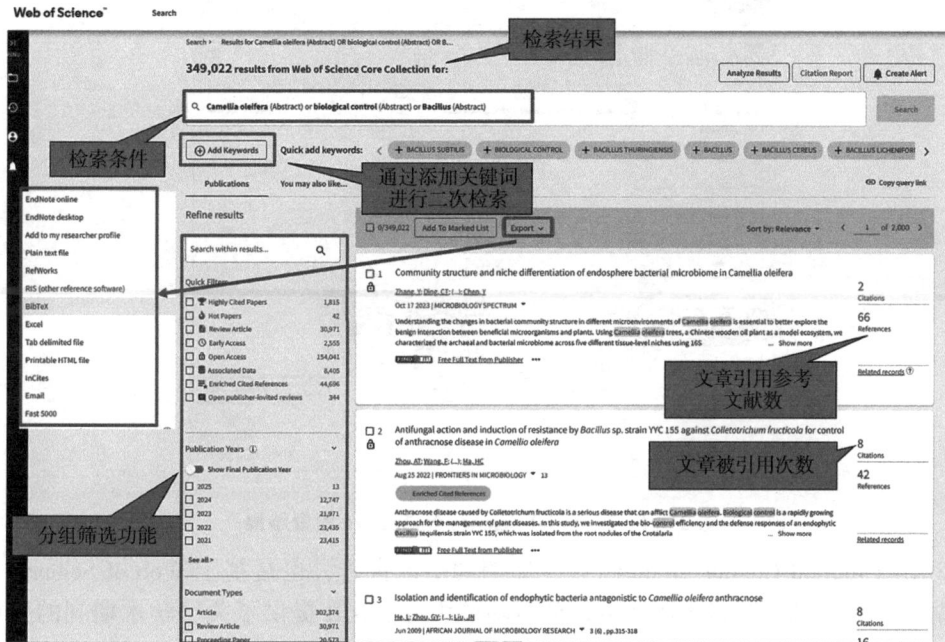

图 2-13　Web of Science 文献检索结果

（2）Web of Science 平台科研成果分析工具

①ESI(Essential Science Indicators)　即基本科学指标数据库，是基于 Web of Science 平台所收录的全球 12 000 多种学术期刊的 1200 多万条文献记录而建立的计量分析数据库。ESI 数据每两个月更新一次，统计 10 年的 Article 和 Review 两种文献类型的滚动数据。按照被引次数的高低在 22 个学科领域内排出全球前 1% 的科研机构（大学）、研究人员、期刊，以及全球前 50% 的国家（地区）、研究论文和前 0.1% 的论文。在这里涉及两个常用的名词，ESI 高被引论文(highly cited paper)和热点论文(hot paper)。ESI 高被引论文是指在过去 10 年内被引次数位于该学科世界前 1% 的论文；热点论文是指近两年内发表的且在近两个月内被引次数排在相应学科领域位于世界前 0.1% 以内的论文。ESI 可以通过 Web of Science 主页右上的"Products"下拉菜单进入，也可以通过其网址(https://esi.clarivate.com/)链接进入。在"Indicators"选项下可以检索不同研究领域的不同类型的文章，同时，可以把检索的文章按作者、机构、国家等进行筛选。以检索西南林业大学(Southwest Forestry University)的 highly cited paper 为例，可以在"Indicators"界面中"Add Filter"下拉中选择"Institution"后，填写 Southwest Forestry University，在"Include Result For"下拉中选择 highly cited paper 检索，结果如图 2-14 所示，点击对话框右侧 highly cited paper 下方的蓝条可以看到所有 highly cited paper 论文的详细信息。ESI 的"Citation Threshold"中可以查看并下载最新以被引频率表示的 ESI Threshold、Highly Cited Threshold 和 Hot Papers Threshold 的最小阈值。

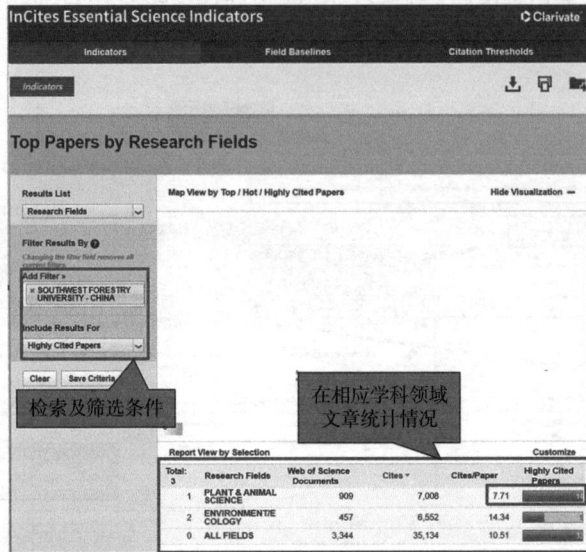

图 2-14　Essential Science Indicators 检索结果

②JCR(Journal Citation Reports™)　即期刊引证报告,也是基于 Web of Science 平台的数据库资源推出的期刊评估和引证分析功能服务。JCR 提供了关于学术期刊的引用和影响力的详细数据,包括各学科的期刊列表、期刊的影响因子、即年指标,以及期刊的排名信息等,并进一步从学科领域、出版商及国家(地区)维度进行了细化。这些数据有助于研究人员、图书馆员、出版商了解不同期刊的学术影响力和研究质量。JCR 每年 6 月都会进行数据更新,以确保信息的时效性与准确性,相关数据可以通过官方网站 https: //jcr. clarivate. com 进行查询和浏览。

③Master Journal List　与 WOS、JCR 和 ESI 同属一个家族。但与这些收费产品不同的是,Master Journal List 是免费的。它是 Web of Science 收录期刊的总列表,每 2 个月更新一次 SCIE、ESCI、SSCI、AHCI 等数据库的来源期刊。每次更新都会有新刊被收录、老刊被剔除。Master Journal List 可以通过 Web of Science 主页进入,也可以通过其网址(https: //mjl. clarivate. com/home)进入。如果知道期刊名称或者期刊的 ISSN,可以直接在首页的检索框中搜索,输入期刊信息,点击"Search Journals"(图 2-15)。如果论文已经写好了,但不知道选择投递哪个期刊,可点击"Match Manuscript"按钮,系统会弹出一个新的界面,在相应的地方输入论文的标题和摘要(图 2-16),再点击"Find Journals"按钮,系统会自动匹配,进入期刊主页可以看到更详细的期刊数据,此功能的使用需要先注册。注意按钮左边信息——使用手稿匹配器对 Web of Science 核心合集中收录的数千万引文链接进行分析,筛选与研究工作相关的声誉良好的期刊,以发表研究成果(Find relevant, reputable journals for potential publication of your research based on an analysis of tens of millions of citation connections in Web of Science Core Collection using Manuscript Matcher)。

2.2.5.4　ScienceDirect

ScienceDirect 数据库(曾用名 Elsevier Science,https: //www. sciencedirect. com/)是

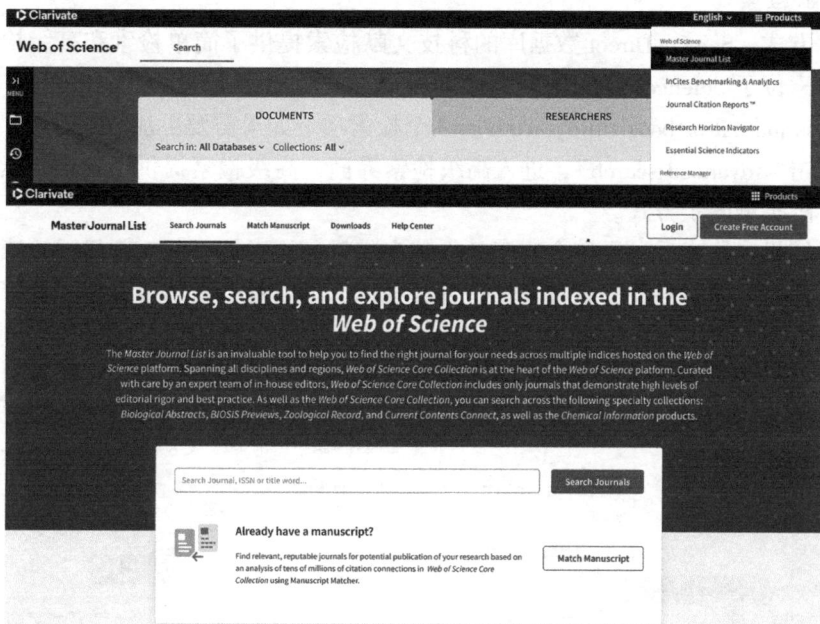

图 2-15　Master Journal List 入口及首页

图 2-16　Master Journal List 手稿匹配器页面

荷兰爱思唯尔（Elsevier）出版集团生产的世界著名的科技文献全文数据库之一。ScienceDirect 数据库平台上的资源分为四大学科领域：Physical Sciences and Engineering、Life Sciences、Health Sciences 和 Social Sciences and Humanities，涵盖了 24 个学科，如 Agricultural and Biological Sciences、Biochemistry、Genetics and Molecular Biology、Environmental Science、Immunology and Microbiology 和 Neuroscience 等。通过一个简单直观的界面，研究人员可以浏览 5000 余种期刊，35 万余本书目，3300 多万篇 HTML 格式和 PDF 格式的文章全文。

（1）文献检索

①检索方式　ScienceDirect 数据库的科技文献检索提供了简单检索和高级检索两种方式，简单检索位于 ScienceDirect 首页页面的顶部。简单检索提供了 Find articles with these terms、In this journal or book title、Authors 3 个检索项。如果需要更加详细的结果，可以在简单界面单击"Advanced search"，进入高级检索界面，高级检索提供了更多检索项，还提供了科技文献类型限定方式。

②检索结果　检索后显示符合检索条件的文献量，检索结果区上部显示检索条件，检索结果区左侧查看检索科技文献量及进行分组筛选，可以对检索结果进行二次筛选，以精练检索结果。检索结果区左侧显示检索文献的基本信息，包括篇名、作者、期刊名及发表时间，文章信息的下方提供了全文、图表及被引用格式的链接（图 2-17）。

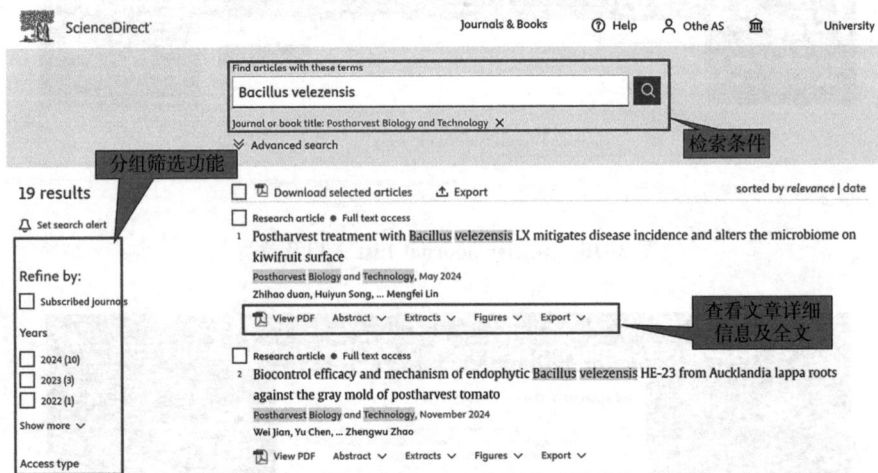

图 2-17　ScienceDirect 文献检索结果

（2）期刊检索

在 ScienceDirect 首页点击"Journals & Books"选项进入期刊检索页面，输入检索的期刊名获得相应的期刊，点击期刊链接可以进入相应期刊页（图 2-18）。

2.2.6　开放存取资源

随着网络技术的发展，开放存取资源（Open Access，OA）在全球范围内迎来了前所未有的繁荣。OA 期刊打破传统出版模式的壁垒，使得学术成果能够迅速、广泛地传播，为研究人员获取免费的学术资源提供了一条新途径。

2.2.6.1　Socolar 检索平台

Socolar 平台（https：//www.socolar.com/）是由中国教育图书进出口公司建立的 OA 资源的一站式检索服务平台，旨在为用户提供 OA 资源检索和全文链接服务的公共服务，属于非营利性项目。Socolar 平台在世界范围内收集和整理学术界重要的 OA 资源。目前，Socolar 平台共收录 OA 期刊种类 11 430 种，外文付费期刊种类 18 215 种；收录 OA 文章 1700 万余篇，收录外文付费文章 5657 万余篇。Socolar 平台提供的检索方式主要有文章检索和期刊检索。

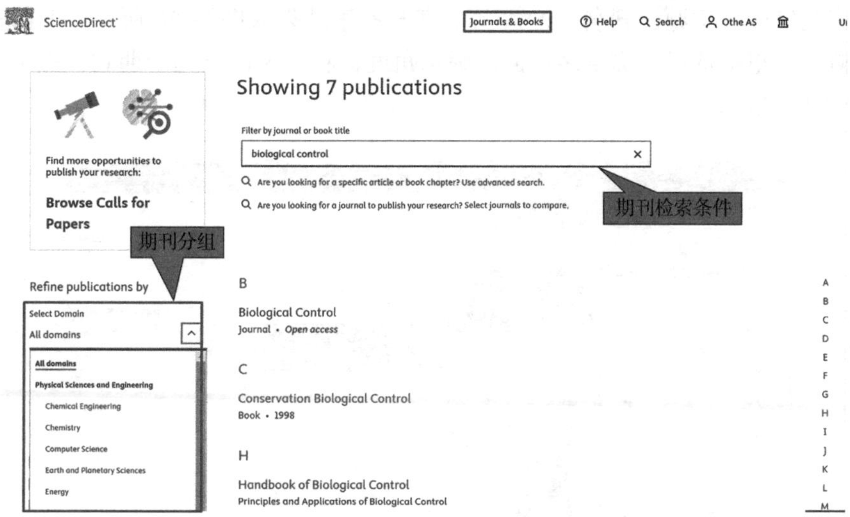

图 2-18　ScienceDirect 期刊检索结果

（1）文章检索

文章检索分为简单检索和高级检索两种方式。Socolar 平台主页默认的是文章的简单检索，简单检索提供了相应的检索字段，包括全部字段、标题、作者、摘要和关键词等10 个字段。高级检索提供多字段组合检索，可检索的字段与简单检索相同，同时用户还可以对出版年代范围进行限定。执行高级检索后，检索结果页面显示文献的基本信息，包括篇名、作者、期刊名、卷期号及相应的出版社等，单击"开放获取"按钮链接获取文章原文（图 2-19）。

（2）期刊检索

在 Socolar 平台，单击左上方导航栏上的"期刊"按钮即可进入期刊检索页面。期刊检

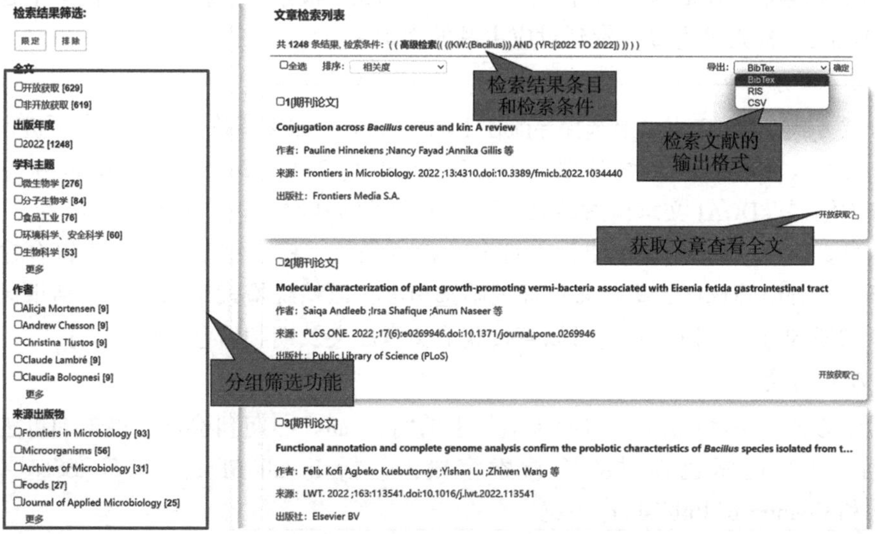

图 2-19　Socolar 平台文章检索结果页面

索可供检索的字段有主题、刊名、ISSN等。期刊检索结果如图2-20所示，上部显示检索条件，左侧为分组筛选区，提供多层面的筛选角度，右侧为检索到的期刊，点击期刊可以查看相应的期刊信息。

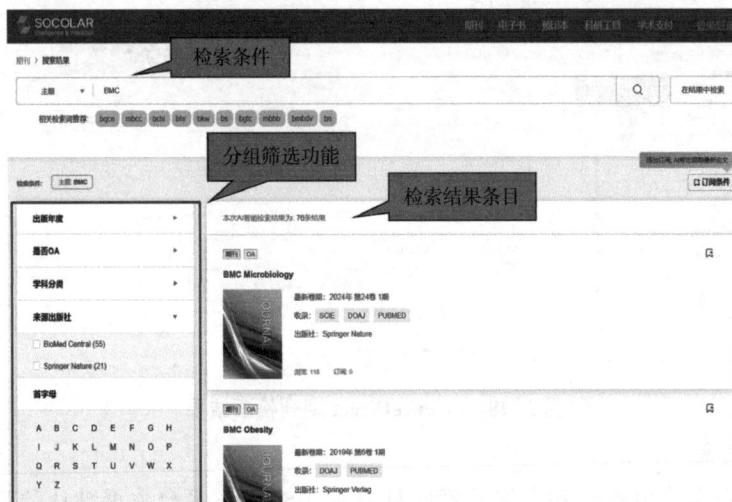

图2-20　Socolar 期刊检索结果页面

2.2.6.2　DOAJ检索平台

DOAJ(Directory of Open Access Journals，https：//www.doaj.org/)是由瑞典隆德大学(Lund University)图书馆推出的开放存取期刊目录检索系统，收录的均为学术性、研究性期刊。截至2024年6月，该网站已经收录13 687种开放获取期刊，1039万余篇开放获取论文，涵盖农业、化学、技术、科学、医学、语言和文学等20个学科主题领域。DOAJ提供"Journals"检索和"Articles"检索两种方式。"Journals"检索能够检索到与检索主题相关的期刊，"Articles"检索可直接检索到对应主题的文献。

(1)文章检索

①检索方式　DOAJ主页上选择导航栏上的"Articles"即文章检索，点击即可进入文章检索页面。文章检索提供5个检索字段，包括In all filed、Title、Abstract、Subject和Author。

②检索结果　DOAJ文章检索结果页面显示文献的基本信息，如题名、作者、关键词、摘要等信息。DOAJ文章检索结果区上部显示检索条件，检索结果区左侧为符合检索条件的文献条目及分组筛选区，提供多层面的筛选角度，以精练检索结果，检索结果区右侧提供了文章和期刊链接按钮，点击可以直接获取文章原文及期刊信息(图2-21)。

(2)期刊检索

①检索方式　DOAJ主页上选择导航栏上的"Journals"即期刊检索，点击即可进入期刊检索页面。期刊检索也提供6个检索字段，包括In all filed、Title、ISSN、Subject、Publisher和Country of Publisher。

②检索结果　DOAJ期刊检索结果页面显示期刊的基本信息，如期刊名、出版国家、出版语言等信息。DOAJ期刊检索结果区上部显示检索条件，检索结果区右侧提供了期刊

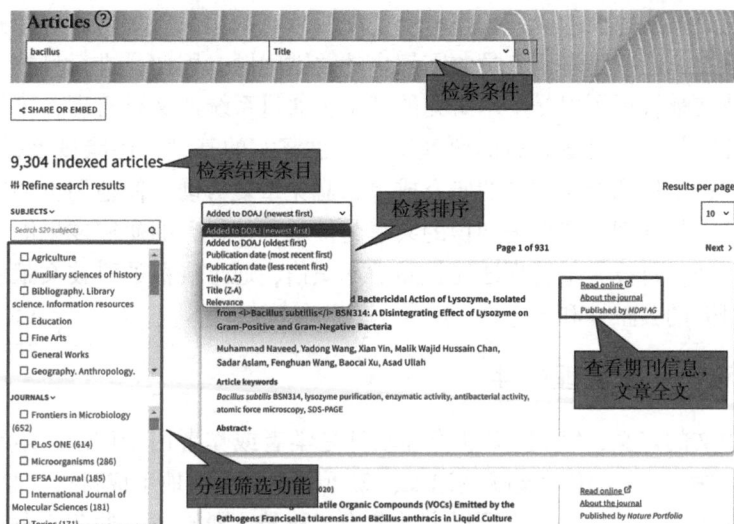

图 2-21 DOAJ 文章检索结果页面

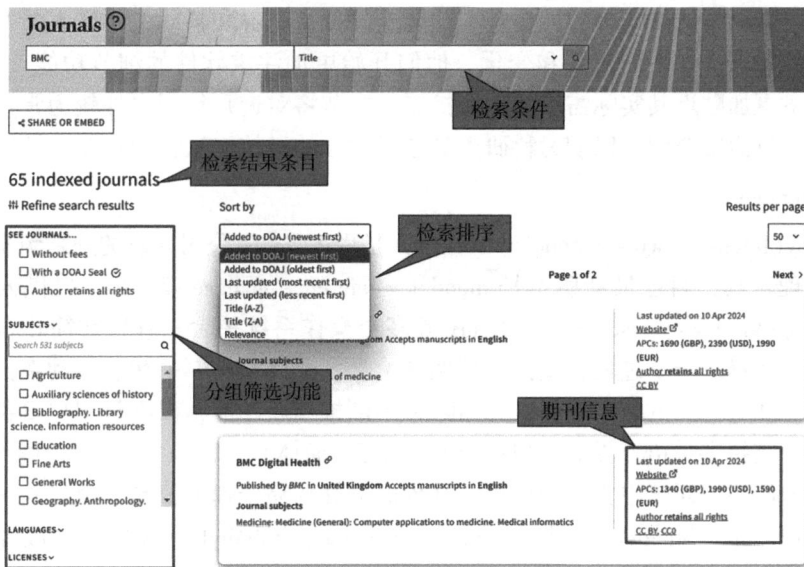

图 2-22 DOAJ 期刊检索结果页面

信息，检索结果区左侧为符合检索条件的期刊条目及分组筛选区，提供多层面的筛选角度，以精练检索结果(图 2-22)。

2.3 科技文献管理

2.3.1 科技文献管理的目的

随着科技文献数量的迅猛增长和电子期刊的飞速发展，科研人员所面临的文献信息数量日益庞大，这无疑给他们的研究工作带来了前所未有的挑战。如何高效地查阅、整理和分析海量文献信息，已成为科研人员急需解决的关键问题。因此，进行科技文献管理显得尤为重要。科技文献管理不仅是学术研究的基础，通过系统的文献管理，可以更加便捷地获取所需的研究资料，为科研人员的研究工作提供坚实的基础，还能显著提高研究效率，帮助科研人员快速定位到相关领域的研究成果，避免重复劳动，使他们更加专注于研究本身。同时，科技文献管理还能促进知识的共享与传承，使优秀的研究成果能够被更广泛地传播和应用。此外，科技文献管理还能保障学术诚信，通过规范的科技文献引用和文献著录，维护学术研究的公正性和严谨性。

2.3.2　常用科技文献管理软件

根据维基中文的定义，"科技文献管理软件是学者或作者用于记录、组织、调阅引用文献的计算机程序"。一旦引用文献被记录，就可以重复多次地生成科技文献引用目录。

通过科技文献管理软件，用户可以高效地完成科技文献检索、收集、整理、归纳、分析，进行引文标注，以及与办公软件交互，自动按格式生成参考文献列表等一系列任务。目前，已有多种与论文写作紧密相关的科技文献管理软件被科研工作者广泛接受并使用。然而，随着主流科技文献管理软件在基本功能上的日益完善和趋同，科研人员对科技文献和知识管理的需求却在不断发展和变化。他们开始更加注重软件的细节功能、使用体验，以及是否具备更加贴近其实际需求的功能扩展。本节将对近几年国内外较为常用的科技文献管理软件进行简要介绍，以期为科研人员选择适合的科技文献管理软件提供参考。

2.3.2.1　Mendeley

Mendeley(https://www.mendeley.com/)，是由 Elsevier 公司开发的一款免费且功能强大的文献管理工具，目前最新版本是 mendeley-reference-manager-2.120，提供云端同步在线版本，支持 Windows、macOS 以及 Linux 等多个操作系统平台。它旨在简化科技文献的收集、组织、注释及分享过程，支持包括期刊论文、会议论文、书籍、专利在内的多种科技文献类型。随着持续的技术更新，Mendeley 不断推出新功能，以满足用户日益增长的需求。Mendeley 支持多种语言界面，包括英文、中文(简体)、日文、韩文等，确保全球用户都能无障碍地使用。对于中文用户而言，其界面友好且易于理解，能够很好地满足中文科技文献的管理需求。Mendeley 可以与 Web of Science、PubMed 等众多学术数据库紧密集成，允许用户一键导入文献，快速构建个人科技文献库。此外，它还支持从浏览器插件、PDF 阅读器等多种途径导入科技文献，极大地提高了科技文献收集的效率。Mendeley 的科技文献分类和标签系统灵活多样，用户可以根据研究主题、作者、年份等自定义分类和标签，轻松实现文献的整理和检索。同时，它还支持科技文献的注释和笔记功能，帮助用户记录阅读心得和关键信息。在学术写作方面，Mendeley 与 Microsoft Word、Google Docs 等主流办公软件无缝集成。用户可以通过 Mendeley 的引用插件在文档中直接插入引用，并自动生成符合多种期刊格式(如 APA、MLA、Chicago 等)的参考文献列表。这一功能不仅简化了引用过程，还确保了引用的准确性和规范性。此外，Mendeley 还具备强大的社交功能，用户可以在平台上关注同行、加入研究小组，分享和讨论学术资源，促进学术交流与合作。同时，软件支持将个人科技文献库同步至云端，实现跨设备访问和自动备份，提供的免费云端存储空间一般为 2GB。

2.3.2.2 EndNote

EndNote(https：//access. clarivate. com/login？ app＝endnote)，是由科睿唯安(Clarivate Analytics)公司开发的一款收费文献检索和管理工具，提供云端同步的 EndNote Web 在线服务以及丰富的桌面应用版本。EndNote 广泛支持 Windows、macOS 和 Linux 等多个操作系统平台，确保用户在不同设备上的无缝使用体验。随着软件的不断更新，EndNote 已经推出了多个版本，目前最新版本为 EndNote 21。EndNote 支持多种语言，包括英文、中文(繁体/简体)、日文、韩文等，确保了全球不同地区的用户都能轻松上手。对于中文用户而言，尽管其中文支持可能相较于英文略显不足，但已足够满足大多数中文文献管理的需求。EndNote 软件与 Web of Science 平台紧密集成，使得用户能够直接将 PubMed 等数据库的科技文献导入，轻松创建个人文献库，从而大大提高了科技文献获取的效率。此外，EndNote 还提供了丰富的文献分类和标签功能，允许用户根据自己的研究需求对文献进行灵活的分类和整理。在学术写作中，EndNote 与 Microsoft Word 等主流办公软件实现了良好的兼容性。用户可以通过 EndNote 的插件(如 Cite While You Write)在 Word 中方便地插入引用和生成参考文献列表。这些插件支持多种期刊引用格式(如 APA、MLA、Chicago 等)，并与 Word 的编辑功能无缝集成，使得学术写作变得更加轻松和高效。

2.3.2.3 Zotero

Zotero(https：//www. zotero. org/)，是由乔治梅森大学开发的一款免费开源文献管理软件，提供云同步的在线版本与桌面应用，最新版本为 Zotero-7.0，适用于多个平台，包括 Windows、macOS 和 Linux。Zotero 支持广泛的文献类型，包括期刊论文、书籍、会议论文、网页内容等，满足用户多样化的学术需求。Zotero 以其多语言支持著称，包括英文、中文(简体)、日文、法文等多种语言，确保全球用户都能无障碍地使用这款工具。对于中文用户而言，Zotero 的界面友好，且随着版本的更新，中文支持也日益完善，能够很好地满足中文文献的管理需求。可以与众多学术数据库和搜索引擎无缝集成，如 PubMed、Web of Science、Google Scholar 等，Zotero 允许用户一键导入文献记录，快速构建个人文献库。此外，它还支持从浏览器扩展、PDF 阅读器等途径捕获文献信息，极大地方便了文献的收集与整理。Zotero 的文献分类和标签系统灵活且强大，用户可以根据个人习惯，自定义分类体系和标签，实现文献的高效组织与检索。同时，Zotero 还支持为文献添加笔记、高亮和评论，帮助用户记录阅读过程中的重要信息和思考。在学术写作方面，Zotero 与 Microsoft Word、LibreOffice Writer、Google Docs 等主流办公软件紧密集成。通过 Zotero 的 Word 插件(如"Zotero for Word")或浏览器扩展，用户可以在文档中直接插入引用，并自动生成符合多种学术期刊格式(如 APA、MLA、Chicago 等)的参考文献列表。此外，Zotero 还具备强大的社区功能和共享能力。用户可以在 Zotero 平台上创建和加入群组，与同行分享文献、笔记和研究成果，促进学术交流和合作。同时，Zotero 还支持将个人文献库同步到云端，实现跨设备访问和备份，但其官方提供的免费云端存储空间一般为 300MB，如需要额外空间，需要付费升级。

2.3.2.4 NoteFirst

NoteFirst(https：// www. Notefirst. com/)，是一款由西安知先信息技术有限公司开发的

文献管理软件，其提供基础功能免费使用，高级功能用户需要付费解锁。NoteFirst 支持跨平台使用，包括 Windows、macOS 及 Linux 系统。NoteFirst 广泛支持各类文献类型，涵盖了期刊论文、书籍、学位论文、会议论文、专利、网页资源等，为用户提供了全面的文献收集与管理解决方案。软件特别注重中文文献的支持，不仅界面设计符合中文用户习惯，还内置了丰富的中文文献数据库接口，方便用户快速检索和导入中文文献。NoteFirst 与国内外众多学术数据库和搜索引擎实现了无缝对接，如中国知网、万方、维普、PubMed、Web of Science 等，用户可通过软件内嵌的检索工具或一键导入功能，轻松将文献记录添加到个人文献库中。在文献组织方面，NoteFirst 提供了灵活的分类和标签系统，允许用户根据个人研究需求，自定义分类目录和标签体系，实现文献的高效分类与检索。同时，软件还支持为文献添加笔记、高亮、评论等，帮助用户记录阅读过程中的重要信息和思考，提升学术研究的效率和质量。在学术写作过程中，NoteFirst 与 Microsoft Word、WPS Office 等主流办公软件紧密集成，通过其专用的 Word 插件或浏览器扩展，用户可以在文档中直接插入引用，并自动生成参考文献列表。

2.3.2.5 NoteExpress

NoteExpress（http：//www. inoteexpress. com/aegean/），是由北京爱琴海乐之技术有限公司开发的文献管理软件，其最新版本为 NoteExpress v4. 1. 0. 10133。该软件支持 Windows 操作系统，具有强大的中文文献处理能力。NoteExpress 不仅支持期刊论文、会议论文、书籍等常见文献类型，还优化了中文文献的识别与管理，包括学位论文、专利、标准等，满足用户多样化的文献管理需求。NoteExpress 与中国知网、万方、维普等国内主流学术数据库深度集成，用户可轻松实现一键导入文献，快速构建个人文献库。同时，NoteExpress 也支持从浏览器插件、PDF 文件等多种途径导入文献。在文献组织方面，NoteExpress 提供多样化的文献分类和标签功能，用户可根据研究主题、作者、年份等自定义分类体系，快速定位所需文献。同时，它还支持文献的星标、颜色标记等个性化管理方式。阅读过程中，NoteExpress 内置注释和笔记功能，支持 PDF 内嵌笔记，帮助用户在阅读过程中记录心得、标注重点，提升文献研读效率。在学术写作过程中，NoteExpress 与 Microsoft Word 和 WPS Office 办公软件无缝集成，内置近 5000 种国内外期刊、学位论文及国家、协会标准的参考文献格式，用户通过简单的操作，即可在文档中直接插入引用，并自动生成符合多种期刊格式的参考文献列表。此外，NoteExpress 还注重学术社交与分享，用户可以通过软件内置的论坛、群组等功能，与同行交流学术心得、分享文献资源，促进学术合作与共同进步。

除了上述提及的文献管理软件外，文献管理领域还蕴藏着众多各具特色的管理工具，它们各自在文献整理、分析与应用方面展现出了独到的优势。如：中国知网 E-Study（http：//elearning. cnki. net/）、JabRef（https：//www. jabref. org/）和 ReadCube（https：//www. readcube. com/）、SnowyOwl（https：//snowyowl. app/）、Citavi（https：//www. citavi. com/）、TagSpaces（https：//www. tagspaces. org/）和 IvySci（包括 IvyCite）（https：//www. ivysci. com/）等，各软件的官方网站提供了详尽的使用说明书或视频可供学习。

2.3.3 科技文献管理软件的应用实例——Mendeley

2.3.3.1 Mendeley 软件的下载安装

登录 Mendeley 官方网站的主页(https://www.mendeley.com/)即可免费下载和使用最新的 Mendeley,注意安装的 Mendeley 版本需要与 Word 版本匹配,此处介绍的版本为 Mendeley1.19.8。

在下载的软件安装包里,单击安装文件 setup.exe 进行安装。在安装之前,关闭打开的所有 Word 文件。如果计算机中安装了杀毒软件、防火墙等实时防护软件,在安装或登录时会进行提醒。此时请选择"允许"或"解除阻止",否则 Mendeley 将无法正常运行。

2.3.3.2 Mendeley 软件的注册登录

Mendeley 软件安装完成后,计算机桌面上自动生成"Mendeley"快捷方式,双击进入登录界面。使用之前,需要先注册账号。在登录界面点击左下角"Register",或者进入 Mendeley 网站的主页 https://www.mendeley.com/进行注册。注册成功后,登录进入 Mendeley 客户端的主界面(图 2-23)。

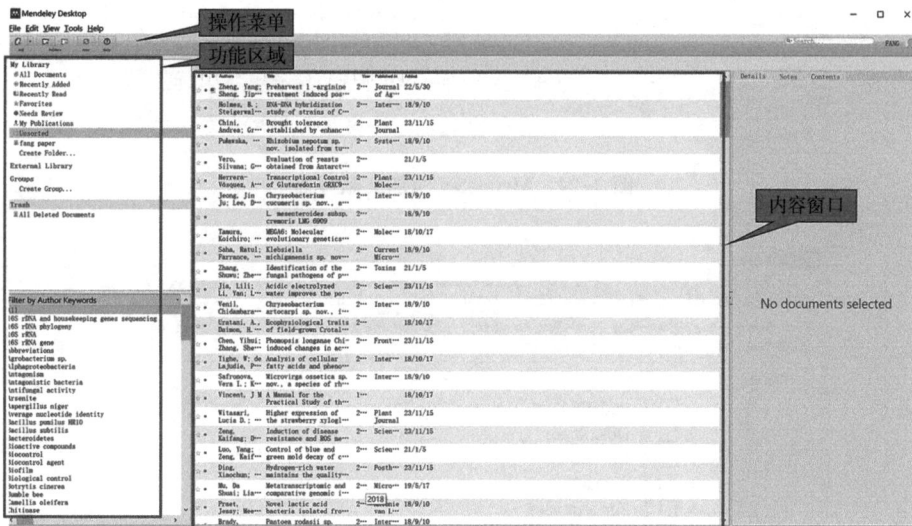

图 2-23 Mendeley 客户端主界面

2.3.3.3 文献的导入

(1)步骤一

点击左上方"Add"按钮,将下载到本地的 PDF 文献资料添加到 Mendeley,其中"Add Files"是添加单个文件,"Add Folder"可添加文件夹里所有文件,或者直接将 PDF 拖到文献内容窗格(图 2-24)。还可通过在本地新建一个文件夹,例如,文件名为"我的数据库",通过"Watch Folder"进行监控,只要在"我的数据库"文件夹中存入 PDF,这些新存入的 PDF 就被自动添加到 Mendeley 中(图 2-25)。对于导入的文献,如果遇到无法下载 PDF 或没有 PDF 版本的情况(如书籍),Mendeley 会自动添加相应的文献信息,自动识别 Title、Authors、Publication、Year 等,识别结果如图2-26所示,这些识别的信息可以编辑,如果有误进行改正,如果缺失补充完整,便于日后引用。

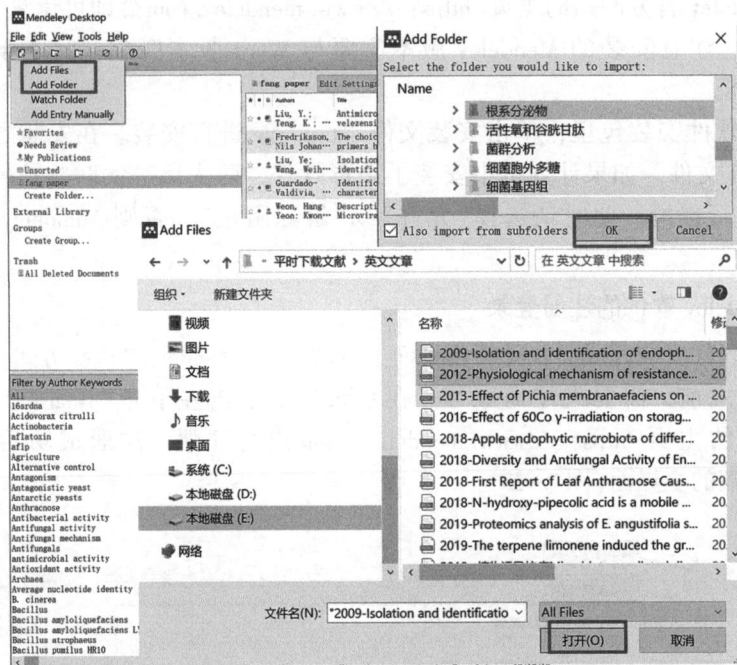

图 2-24　Mendeley 添加文献界面

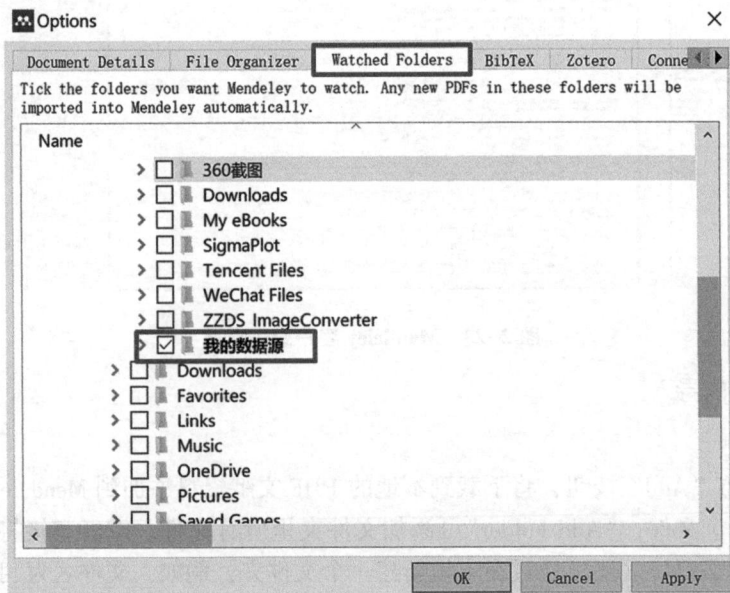

图 2-25　Mendeley Watch Folder 界面

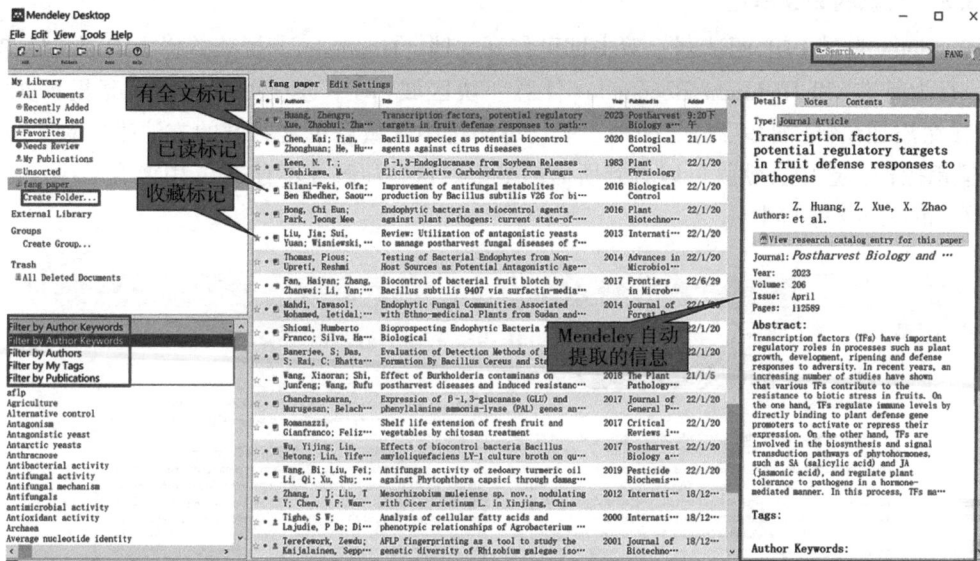

图 2-26　Mendeley 文献识别界面

(2)步骤二

Mendeley 本身也提供了 Literature Search 功能，输入想查找的 key words 即可查找，右侧点击"Save Reference"保存到 Mendeley。

(3)步骤三

通过点击菜单栏"Tools→Install Web Importer"实现 Web 网页导入文献 Mendeley 中。

2.3.3.4　文献的管理

第一，可以通过"Create Folder"选项在 Mendeley 新建不同文件夹，并将相应的文献添加到不同的文件夹中，以实现对添加文献的分类管理。

第二，可以将重点关注的文献用星形图标标记，标记后的文献会自动添加到 Favorites 中，同时内容窗口的星形图标会有灰色变量。

第三，绿点表明文献未读，点击绿点切换已读和未读。

第四，可以把自己发表的文献添加到 My Publications。

第五，可以通过左下方的 Filter 选项，根据作者关键词、作者、笔记和出版杂志对所有文献或分组内文献进行筛选。

第六，在 Search 中输入需要搜索的信息，即可在 Mendeley 中找到对应的文献。

第七，点击菜单"Tools→Options→File Organizer"，通过 Organize my files(将所有文献复制到一个文件夹中)、Sort files into subfolders(创建一个基于所选文献信息的文件夹组织结构)、Rename document files(将文献名更改为可包含作者姓名、期刊名、年份和文献标题的更有意义的文档名)3 步处理，Mendeley 的文档管理工具可以自动重命名 PDF 文献并将它们归入具有清晰结构的文件夹当中，方便在 Mendeley 之外文献的查找。

2.3.3.5　文献的阅读笔记

　　Mendeley 自带 PDF 阅读器，双击即可打开文档。Highlight 下拉菜单栏中 Highlight Text（以一行为基准）和 Highlight Rectangle（任意一块区域）两个选项可以实现高亮显示文字，Note 按钮添加注释（图 2-27）。两项功能均可用选中区域后单击右键的方法来实现。Ctrl+Z 可撤销操作，选中文献就可以看到所做的笔记。这些注解并不存储在 PDF 文档中，而是存储在 Mendeley 账户中。

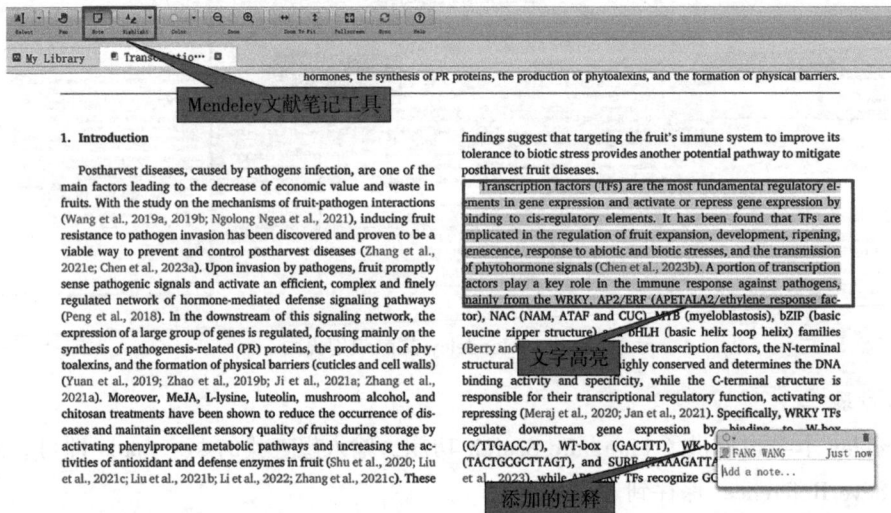

图 2-27　Mendeley 文献阅读笔记界面

2.3.3.6　文献的插入

　　第一，安装 Mendeley 后，会在 Word 中引用菜单栏下自动生成一个 Word 插件，来实现参考文献的自动生成功能。

　　第二，在 Word 中把光标放在要插入的引文处，点击 Word 菜单引用下面的"Insert Citation"，此时会弹出一个 Mendeley 对话框，点击"Go To Mendeley"，再进入 Mendeley 界面，通过搜索功能找到想引用的文献后，点击 Mendeley 菜单中的"按钮"即可，如图 2-28 所示。

　　第三，点击 Word 菜单引用下面的"Insert Bibliography"生成引文。

　　第四，引文格式选择及变更，点击"Style"下拉菜单，选择要投稿期刊的格式。

　　第五，引文格式更新及去除 Mendeley 链接，当引文格式发生变更后，如果 Word 文本中的格式未发生变化，可以选择 Word 菜单引用下的"Refresh"对 Word 全文的引文格式进行更新。此外，还可以去除 Word 文本中的选择要投稿期刊的引文格式，若文本中所有插入文献的引文格式不需要再变动，点击引用下的"Export as→Without Mendeley Fields"，就会生成一个新的 Word 文件，这个时候就失去了 Word 与 Mendeley 的链接，可以任意修改 Word 文本及 Reference 列表的参考文献格式，如图 2-29 所示。

图 2-28　Mendeley 在 Word 插入引用参考文献

图 2-29　Mendeley 引文格式的更新及去除 Mendeley 链接界面

2.4　期刊的评价指标、遴选收录及分区

2.4.1　期刊的主要评价指标

　　科技期刊作为记录、传播、交流科技知识的重要载体，在体现科学技术产出水平方面扮演着关键角色。其数量和质量不仅能够反映一个国家、地区或部门的科技发展状况和水平，还是衡量科技创新能力和学术影响力的重要指标。期刊评价则是伴随着期刊的发展而逐渐成熟的一种学术性评价活动，旨在通过综合分析与评价期刊的学术质量、使用状况、发展特点等各个方面，促进科研成果的传播和交流，实现科学价值和社会效用的最大化。为了全面、客观地反映期刊的综合实力和学术影响力，期刊评价活动建立了一系列的定量评价指标，下面介绍目前被学术界普遍认可使用的评价指标。

2.4.1.1　WOS平台的期刊评价指标

WOS平台的JCR是评估期刊的重要资源，具有极高的权威性，它能够提供客观、可计量的统计信息，用以衡量期刊在学术文献领域中的地位，并深入分析包括引用数据、影响力在内的多项评价指标。以下是对期刊引证报告中部分评价指标的详细介绍。

（1）总被引频次（Total Cites）

总被引频次是指期刊自创刊以来所刊登的全部论文在当年统计的刊源中被引用的总次数。这一指标反映了期刊总体被使用和受重视的程度及其在科学发展和学术交流中的重要作用和地位。该指标的数值越大，表明期刊的学术影响力和受认可程度越高。

（2）即时指数（Immediacy Index）

即时指数是指某期刊当年发表的论文被引用次数与该期刊同年发表文章论文总数之比。它反映期刊发表的文章在短期内的受关注程度和即时影响力。一般来说，该指数越高，说明期刊发表的文章越新颖、热门，越容易引起学术界的关注和引用。

例如，某期刊于2023年共出版100篇文章，同年这些文章总共被引用了200次，那么该期刊2023年的即时指数就是2.0。

（3）被引半衰期（Cited Half-life）

被引半衰期是指某期刊从当前年度向前推算引用数占截至当前年度被引用期刊总引用数50%的年数，是测定期刊老化速度的一种指标，反映出期刊影响力的持续性和深远性。

（4）他引率（Citation Rate）

他引率即他引总引比，是指该期刊的总被引频次中，被其他期刊引用次数所占的比例，反映期刊的整体学术水平和影响力，其比例越高，说明期刊被外界引用的次数越多，其学术影响力也越大。

（5）期刊影响因子（Impact Factor，IF）

期刊影响因子是指某期刊前两年发表的论文在统计当年被引用的总次数除以该期刊在前两年内发表论文的总数。1972年由E·加菲尔德提出，现已成为国际上通用的期刊评价指标，它不仅是一种评价期刊有用性和显示度的指标，而且也是评价期刊的学术水平，乃至论文质量的重要指标。它是国际上通行的传统期刊评价指标。

影响因子是一个相对的统计量，是衡量期刊学术水平的一个公正指标。普遍认为，期刊影响因子与其整体学术水平紧密相关，而论文质量则主要通过同行评议来保障。影响因子较高的期刊往往含有高质量论文，因此影响因子与期刊论文的平均质量之间存在互为因果的关系。当然，影响因子作为定量的评价指标其适用范围是有限的，并不是无所不能的。要正确理解影响因子，它只是在一定程度上反映期刊的好坏，不能绝对地表示某一篇论文的好坏。影响因子虽然只和被引用次数和论文数直接相关，但实际上，它与论文因素、期刊因素、学科因素和检索系统因素等有密切联系。

①论文因素　如论文的出版周期、长度、类型、合作者数及质量等。一般而言，出版周期较短的期刊更容易增加被引用机会，获得较高的影响因子。因为较长的出版周期可能导致部分引文因文献老化（如超过两年）而未被统计，从而不参与影响因子的计算，进而导致影响因子降低。同时，不同类型的论文在学术界的影响力存在差异，热点课题的论文往

往更易引起关注和引用。此外，多作者合作的论文通常能集合不同领域的知识和资源，提高研究质量和深度，进而提升论文的可见性和引用率。但最核心的是论文质量，它是影响其被引用率和期刊影响因子的关键因素，高质量的论文具有创新性、严谨性和实用性，能够持续吸引同行关注和引用。

②期刊因素　如期刊的大小（即出版论文数）、类型、出版周期及国际化程度等因素。出版论文数量较少的期刊较容易获得较高的影响因子，并且这类期刊的影响因子在年度间可能呈现较大的波动。相反，论文数量多且创刊历史悠久的期刊往往能够获得较高的总被引频次。不同类型的期刊在学术界有着不同的定位和影响力，因此其影响因子也会有所差异。例如，综述类论文通常能够全面总结某一领域的研究成果和发展趋势，具有较高的学术价值和引用率；而原创性研究论文则通过提出新的理论、方法或发现来推动学科发展，同样具有重要影响。出版周期短的期刊往往更容易获得较高的影响因子。此外，国际化程度高的期刊能够吸引全球范围内的学者和研究人员关注，有助于提升期刊的国际影响力和引用率。

③学科因素　如学科热门程度、学科期刊数目、学科特性与引用习惯、平均参考文献数、被引半衰期以及学科交叉与融合等方面。热门学科的期刊往往影响因子较高，而学科期刊数目的多少也会影响其总被引频次和影响因子。不同学科的研究特性和引用习惯，以及平均参考文献数和他引半衰期的差异，都会对影响因子产生影响。同时，学科交叉与融合的趋势也使得跨学科研究成果的期刊更容易获得较高的影响因子。

④检索系统因素　如参与统计的期刊来源、引文条目的统计范围等。对于中外不同的检索系统，由于其收录不同范围、不同质量的期刊，对引文的统计标准和范围也可能存在差异，会导致影响因子的计算结果产生差异。

综上，用影响因子比较不同期刊的好坏不是绝对的。基于以上因素，很多学者提出在使用 IF 时，为了消除学科之间的差异，应该遵循同类相比的基本原则。

2.4.1.2　Scopus 数据库的期刊评价指标

Scopus 数据库是 Elsevier Science 公司开发的一个文摘和引文数据库，它是检索、分析和评价的数据源。Scopus 中的期刊评价指标主要包括 Source Normalized Impact per Paper（SNIP）、CiteScore 以及 SCImago Journal Rankings（SJR）。

（1）SNIP

SNIP 是 2010 年由荷兰莱顿大学科技研究中心（CWTS）的 Henk F. Moed 提出的期刊度量指标，即篇均来源期刊标准影响指标。SNIP 旨在从篇均引文数的角度减少不同主题领域期刊引用行为的差异，从而试图对不同主题领域的来源期刊进行直接比较，以此来突破传统影响因子无法考量不同研究领域的情况。例如，两个期刊的影响因子相差较大，但是SNIP 值相似，说明这两个期刊在各自的领域影响力近似。该指标的计算方式是：SNIP =RIP/RDCP。其中，RIP（Row Impact per Paper）代表期刊前 3 年发表的论文在统计年的篇均被引频次，RDCP（Relative Database Ciation Potential）代表标准化处理过的引文潜力的比值。

（2）CiteScore

CiteScore 是 Elsevier 于 2016 年发布的一个评价学术期刊质量的指标。它基于 Scopus 数据库，用于测量期刊发表的单篇文章平均被引用次数，即期刊发表的单篇文章平均被引用次数。具体而言，某期刊某一年的 CiteScore 值，是过去 4 年内引用文献（包括文章、综述、会议论文、书籍章节、数据论文）的次数，除以该期刊在这过去 4 年发表并收录于 Scopus 中的文章数量。

（3）SJR

SJR 是西班牙 SCI mago 研究小组于 2008 年研发的一种新型期刊评价指数，是既考虑期刊被引数量，又考虑期刊被引质量的指标。两本不同期刊被引数量相同的情况下，其中被 Nature、Science 等高质量的期刊引用，那么该期刊的影响力越大。SJR 采用 Google 网页排名的 PageRank 算法原理，通过迭代方式进行计算。在每次迭代中，期刊的 SJR 值会根据引用它的所有期刊 SJR 值的加权和进行更新，权重取决于引用期刊的影响力（即其 SJR 值）以及引用关系中的其他因素（如引用次数、领域相关性等）。这个过程会重复进行，直到所有期刊的 SJR 值都收敛到一个稳定的状态。

2.4.1.3 其他期刊评价指标

（1）学科规范化引文影响力（Category Normalized Citation Impact，CNCI）

学科规范化引文影响力是一种用于衡量论文学术影响力的指标。具体而言，一篇论文的 CNCI 值是其实际被引次数与同文献类型、同出版年、同学科领域文献的期望被引次数的比值。当一篇文献被划归至多个学科领域时，则使用其实际被引次数与期望被引次数比值的平均值。CNCI 排除了出版年、学科领域与文献类型的影响，不仅能实现跨学科论文学术影响力的比较，还可将论文与全球平均水平进行对比。当某篇论文的 CNCI 值大于 1，说明文献引用影响超过了全球平均水平，反之则低于全球平均水平。

（2）期刊引文指标（Journal Citation Indicator，JCI）

期刊引文指标是由科睿唯安公司于 2021 年提出的期刊评级指标。该指标的计算方法为计算目标期刊近三年发表的所有论文和综述的 CNCI 平均值，若 JCI 值大于 1，则表示该刊的影响力高于同学科期刊的平均影响力；若 JCI 值等于或小于 1，则表示该刊的影响力与该学科期刊的平均影响力持平或偏低。与 CNCI 相同，JCI 控制不同学科领域、文献类型（论文、综述等）和发表年份的变量。与 JCR 相比，JCI 是一个覆盖了更多 WOS 期刊的评价指标，提供了新的途径来判断 ESCI（新兴资源引文索引）期刊的影响力。JCR 并不提供 ESCI 收录期刊的影响因子，科研人员很难清楚地判断 ESCI 期刊的影响力，而 JCI 填补了这一空白，它可以让作者、研究人员和图书管理员在没有影响因子的情况下，更清楚地了解期刊的影响力。

（3）H 指数（H-index）

H 指数是一种衡量学术产出和影响力的指标，最初由物理学家 Jorge E. Hirsch 提出，用于评价科学家的学术成就。后来，布劳恩（Braun）等学者进一步发展了这一思想，将其应用于期刊学术影响力的评价。具体而言，对于一种期刊，如果其发表的全部论文中存在 H 篇文章，这些文章每篇至少被引用了 H 次，并且满足这个条件的 H（作为自然数）是可能的最大值，那么这个 H 值就被界定为该期刊的 H 指数。H 指数越高，意味着期刊发表的论文中有越多高被引的文章，从而反映出期刊在学术界的影响力和学术质量。

（4）国际影响力指数（Clout Index，CI）

国际影响力指数是反映一组期刊中各刊影响力大小的综合指标。它是基于期刊在统计年的总被引频次和影响因子这两个基础评价指标，通过线性归一化和向量平权计算得出的数值，用于对组内期刊进行排序。CI 值能够在一定程度上兼顾期刊的历史与现在、质量与数量，较为全面地反映期刊的国际影响力。CI 值的计算公式为：

$$CI = \sqrt{\left(\frac{IF_{个刊}-IF_{组内最小}}{IF_{组内最大}-IF_{组内最小}}\right)^2 + \left(\frac{TC_{个刊}-TC_{组内最小}}{TC_{组内最大}-TC_{组内最小}}\right)^2}$$

式中，$IF_{个刊}$，$TC_{个刊}$ 分别代表某个期刊的影响因子和总被引频次；$IF_{组内最小}$，$IF_{组内最大}$，$TC_{组内最小}$，$TC_{组内最大}$ 则分别代表该组内所有期刊影响因子的最小值、最大值，以及总被引频次的最小值、最大值。

CI 指数在中国学术期刊的评价中得到了广泛应用，特别是在《中国学术期刊国际引证年报》等权威报告中，用于遴选"中国最具国际影响力学术期刊"和"中国国际影响力优秀学术期刊"。具体来说，这些报告会根据期刊的 CI 值进行排序，将 CI 值排名前 5% 的期刊评为"中国最具国际影响力学术期刊"，而将 CI 值排名位于前 5%～10% 的期刊评为"中国国际影响力优秀学术期刊"。

2.4.2　期刊的国际遴选收录

科学引文索引（SCI）、工程索引（EI）和科技会议录索引（CPCI）是世界三大著名的科技文献检索系统，是国际公认的科学统计与科学评价的主要检索工具，被其遴选收录的状况是评定一个国家、单位及科研人员学术水平的重要依据之一。

2.4.2.1　科学引文索引

科学引文索引（Science Citation Index，SCI），由美国科学情报研究所（ISI，现已并入科睿唯安公司）在 20 世纪 60 年代初于费城创立，是世界著名的科技引文索引工具。其创始人是该所所长、科学计量学家尤金·加菲尔德（Eugene Garfield）。随着科技的进步，SCI 在 1997 年推出了网络版，即 SCI-Expanded，随后在 2009 年更名为 SCIE（Science Citation Index Expanded）。SCIE 的收录范围相较于 SCI 有了显著扩展，不仅包括 SCI 原本收录的所有期刊，还新增了许多其他学科领域的期刊。目前，SCIE 与 CPCI（科技会议录索引）、SSCI（社会科学引文索引）以及 AHCI（艺术与人文科学索引）共同隶属于 Web of Science 平台。从 2020 年初起，原 SCI 索引工具被撤销，并正式合并入SCIE，此后统一称为 SCIE。这一变化标志着 SCI 作为一个独立索引工具的时代结束，而 SCIE 则成了覆盖更广泛学科领域、收录高质量学术期刊的权威索引平台。为了简便起见，在提及合并后的 SCIE 时，人们仍沿用"SCI"这一简称，但应明确其已指代SCIE。

截至 2024 年 6 月，SCIE 的期刊来源已经涵盖了全球 112 个国家和地区，涉及自然科学的 254 个学科领域，包括化学、物理学、生物和生物化学、环境科学等，其中中国大陆收录的期刊有 417 个。科睿唯安公司(Clarivate Analytics)每年 6 月份公布上一年的期刊引用报告(JCR),该报告全面展示了其收录期刊的最新变化情况。如新增收录的期刊、被剔除的期刊以及期刊之间的合并与更名等重要信息,还对其收录的包括 SCIE 期刊、ESCI 期刊、SSCI 期刊、AHCI 期刊的引用和被引用数据进行统计、运算,并针对每种期刊定义影响因子(Impact Factor)等指数加以报道。因此,SCIE 所收录期刊每年都会略有增减,通过 https：//incites. clarivate. com/可随时关注和了解其收录期刊源的最新变化动态,查询所投期刊是否被收录。

2.4.2.2　工程索引

工程索引(Engineering Index, EI)创立于 1884 年,由美国工程信息公司(Engineering Information Inc.)编辑出版,主要服务于工程技术领域的科研人员,收录世界上著名的工程技术类综合性大型文献检索刊物。起初以印刷本形式出版,于 1970 年开始推出电子版数据库(EI Compendex),并通过 Dialog 等大型联机系统提供检索服务。1989 年,工程信息公司推出了 EI Compendex Plus 为标识的光盘数据库。20 世纪 90 年代,随着互联网的普及,工程信息公司于 1995 年推出了 EI 网络版数据库即工程信息村(Engineering Village),用户可以通过互联网访问 EI 数据库资源。1992 年,EI 开始收录中国期刊。1998 年,EI 在清华大学图书馆建立了 EI 中国镜像站,让中国用户能够更方便地访问 EI 数据库。1999 年,国际知名学术出版机构爱思唯尔(Elsevier)收购了美国工程信息公司,从而获得了 EI 的所有权和管理权。收购后,爱思唯尔对 EI 进行了深入的整合和升级。一方面,爱思唯尔利用自身在学术出版领域的资源和经验,为 EI 提供了更加全面和高质量的文献资源;另一方面,爱思唯尔对 EI 的检索平台进行了优化和扩展,于 2000 年推出了工程信息村 2 (Engineering Village 2, EV 2)综合检索平台。该平台包括 EI Compendex、Inspec-IET、GEOBASE 等十多个数据库资源,为用户提供更加便捷和高效的检索服务,使 EI 进入了一个新的发展阶段。

截至 2024 年 1 月,EI Compendex 的期刊来源已经涵盖了全球 89 个国家和地区,涉及工程和应用科学领域 190 个学科,如生物工程、农业工程和食品技术、化学和工艺工程等。它收录了 4000 余种工程领域的期刊、150 000 多部会议论文集及其他类型的资源。其中,中国大陆收录的期刊有 286 个。EI 数据库会持续更新数据,可通过 https：//www. elsevier. com/en-gb/products/engineering-village/databases/compendex 随时关注和了解其收录期刊来源的最新变化动态。

2.4.2.3　科技会议录索引

科技会议录索引(Conference Proceedings Citation Index, CPCI),其前身为科技会议录索引(Index to Scientific & Technical Proceedings, ISTP)创立于 1978 年,由美国科学情报研究所(Institute for Scientific Information, ISI, 现属于科睿唯安公司)编辑出版。2008 年,美国科学情报研究所将 ISTP 和 ISSHP(社会科学及人文科学会议录索引)两大会议录索引集成为 ISI Proceedings,分为文科和理科两种检索,分别是 CPCI-SSH(社会科学与人文科学会议录索引)和 CPCI-S(科学技术会议录索引),统称为 CPCI。该索引是检索国际著名会议、座谈会、研究会、讨论会及其他各种会议中发表的会议录论文的文献信息和著者摘要的多学科数据库。其中，CPCI-S 涵盖了所有科学与技术领域，如农业与环境科学、生物化学与分子生物学、生物技术、医学、工程、计算机科学、化学与物理等；而 CPCI-SSH 则包含了来自社会科学、艺术与人文领域的所有学科，如心理学、社会学、公共健康、管理学、经济学、艺术、历史、文学与哲学。

2.4.3 期刊的国内遴选收录

期刊的国内遴选体系是评估期刊学术质量、影响力及重要性的标准，主要包括中国科学院文献情报中心"中国科学引文数据库（CSCD）来源期刊"、北京大学图书馆《中文核心期刊要目总览》（又称"北大核心期刊"）、中国科学技术信息研究所"中国科技论文统计源期刊"（又称"中国科技核心期刊"）、万方数据股份有限公司的"中国核心期刊遴选数据库"、南京大学"中文社会科学引文索引（Chinese Social Sciences Citation Index，CSSCI）来源期刊"、中国社会科学院文献信息中心"中国人文社会科学核心期刊"、中国人文社会科学学报学会"中国人文社科学报核心期刊"等，本教材重点对在自然科学领域常用的遴选收录体系进行介绍。

2.4.3.1 中国科学引文数据库

中国科学引文数据库（Chinese Science Citation Database，CSCD）创建于 1989 年，是我国第一个引文数据库，标志着我国在科技文献计量学和引文分析领域迈出了重要一步。1995 年中国科学引文数据库出版了我国第一本印刷版《中国科学引文索引》，1998 年出版了我国第一张中国科学引文数据库检索光盘，进一步提升了数据库的检索效率和便捷性。1999 年出版了基于中国科学引文数据库和 SCI（现 SCIE）数据，利用文献计量学原理制作了《中国科学计量指标：论文与引文统计》。2003 年推出了网络版，实现了数据库的在线检索和服务。2005 年出版了《中国科学计量指标：期刊引证报告》，为我国科技期刊的引证分析提供了权威数据支持。2007 年与美国 Thomson-Reuters Scientific（现科睿唯安公司）合作，以 ISI Web of Knowledge 为平台（现为 Web of Science 平台），实现了与 Web of Science 的跨库检索，成为该平台上第一个非英文语种的数据库。

中国科学引文数据库的来源期刊每两年会进行一次全面的遴选，每次遴选都采用定量与定性相结合的方法，其中定量数据直接来源于中国科学引文数据库，而定性评价则通过聘请国内专家进行期刊评审来实现。中国科学引文数据库遴选变化情况可以关注 http：//www. sciencechina. cn/cscd_ source. js/。经过严格的定量遴选和专家定性评估，2023—2024 年度中国科学引文数据库收录的来源期刊达到了 1341 种，其中包括中国出版的英文期刊 317 种和中文期刊 1024 种。这些来源期刊被明确分为核心库和扩展库两部分，其中核心库包含 996 种期刊（在备注栏中以 C 为标记），而扩展库则包含 345 种期刊（在备注栏中以 E 为标记）。

中国科学引文数据库系统除了具备一般的检索功能外，还提供了新型的索引关系——引文索引。这一功能使用户能够迅速从数百万条引文中查询到某篇科技文献被引用的详细情况。截至 2024 年，中国科学引文数据库积累的论文记录 6 478 399 条，引文记录 110 101 050 条。同时，用户还可以从一篇早期的重要文献或著者姓名入手，检索到一批近期发表的相关文献。此外，中国科学引文数据库还提供了数据链接机制，支持用户获取全文内容，进一步满足科研人员的文献需求。

2.4.3.2 中文核心期刊要目总览

《中文核心期刊要目总览》又称北大核心期刊，是由北京大学图书馆及北京十几所高校图书馆众多期刊工作者及相关单位专家参加的中文核心期刊评价研究项目成果，已经出版了 1992 年、1996 年、2000 年、2004 年、2008 年、2011 年、2014 年、2017 年、2020 年、2023 年共 10 版。《中文核心期刊要目总览》在 2008 年之前每 4 年更新研究和编制出版一次，2008 年之后，改为每 3 年更新研究和编制出版一次，每版都会根据当时的实际情况在研制方法上不断调整和完善，以求研究成果能更科学合理地反映客观实际。研究方法是定量和定性相结合的分学科评价方法，核心期刊定量评价采用被摘量(全文、摘要)、被摘率(全文、摘要)、被引量、他引量、影响因子、他引影响因子、5 年影响因子、5 年他引影响因子、特征因子、论文影响分值、论文被引指数、互引指数、获奖或被重要检索工具收录、基金论文比(国家级、省部级)、Web 下载量、Web 下载率等评价指标。在定量评价的基础上，再进行专家定性评审。经过定量筛选和专家定性评审，从我国正式出版的中文期刊中评选出核心期刊。2023 版《中文核心期刊要目总览》由北京大学出版社在 2024 年 3 月底正式出版发行，共评选出 1987 个核心期刊。

2.4.3.3 高质量科技期刊分级目录

为深入贯彻落实《关于深化改革培育世界一流科技期刊的意见》，推动建设中外期刊同质等效的评价导向，引导更多高水平成果在国内期刊发表，自 2019 年以来，中国科协经过统一部署，开展了高质量科技期刊分级目录发布工作。此项工作遵照同行评议、价值导向、等效应用原则，国内各大学会、协会、组织机构通过科技工作者推荐、专家评议、结果公示等规定程序，以刊物内容质量、出版规范、学术声誉为评价标准，对国内外相关学术期刊进行择优遴选，形成了各学科内具有高度共识的高质量科技期刊分级目录。该目录将每个学科领域的期刊分为 T1 级、T2 级和 T3 级 3 个级别，分别代表已经接近或具备国际一流期刊、国际知名期刊以及业内认可的较高水平期刊。

截至 2023 年 11 月底，已有 43 家全国学会完成了所在领域首版分级目录编制，6 家学会对已发目录进行了优化调整，现有 49 个领域的分级目录汇总已经成功发布，为科技工作者发表论文提供了重要的参考依据，同时也为科研机构开展学术评价工作提供了有力的支持。

2.4.3.4 中国科技期刊卓越行动计划

中国科技期刊卓越行动计划是由中国科学技术协会、财政部、教育部、科学技术部、国家新闻出版署、中国科学院及中国工程院 7 个部门于 2019 年共同启动实施的一项重大支持专项，被称为科技期刊界的"国家队"遴选，旨在推动我国科技期刊改革发展，构建开放创新、协同融合、世界一流的中国科技期刊体系。该计划以 5 年为周期，下设多个子项目，包括领军期刊、重点期刊、梯队期刊、高起点新刊、集群化试点项目等。中国科技期刊卓越行动计划第一个 5 年计划(2019—2023 年)入选期刊包括 22 个领军期刊、29 个重点期刊、199 个梯队期刊、189 个高起点新刊。

经过中国科技期刊卓越行动计划一期的培育，单刊的发展已经摸索出一些经验和规律，科技期刊的集群化、自主出版平台的建设也初见成效，我国科技期刊总数已达 5100 余种，头部期刊数量成倍增加，学科前三的期刊数量由 9 种增加至 43 种，学科前 5% 的期刊数量由 8 种增至 55 种，一批优秀期刊跻身世界一流阵营。2024 年，中国科技期刊卓越行动计划第二阶段实施工作开启。关于中国科技期刊卓越行动计划最新进展可关注中国科学技术协会官方网站。

2.4.4 基于 JCR 期刊源的期刊分区

JCR 期刊源数量庞大，包括 SCIE 期刊、ESCI 期刊、SSCI 期刊、AHCI 期刊等，涵盖了各个学科领域和专业领域的研究成果，而且期刊之间的质量和影响力也有所不同。JCR 期刊源的期刊分区是为了将其按照学科、研究领域或影响力等因素进行分类，以便研究者和读者能够更加方便地找到与自己研究方向相关的期刊，并对期刊的质量和影响力有一个大致的了解，对于自然科学工作者，他们尤其关注其中的 SCI（即 SCIE）期刊的分区。因此，在实际应用中，JCR 期刊源的期刊分区常常被笼统地称为 SCI 分区。JCR 期刊源的期刊分区主要有两个分区标准，一个是 JCR 分区，另一个是中国科学院分区。

2.4.4.1 JCR 分区

JCR 分区又称汤森路透分区，或 WOS 分区。JCR 将收录的期刊分为 176 个不同学科类别，将某一个学科所有期刊在上一年的影响因子按照降序排序，然后划分成 4 个比例相等均为 25% 的区。区用 Q1～Q4（Q 表示 Quartile in Category）表示。影响因子前 25%（含 25%）的期刊为 Q1 区；影响因子位于 25%～50%（含 50%）为 Q2 区；影响因子位于 50%～75%（含 75%）为 Q3 区；影响因子位于 75% 之后的期刊为 Q4 区。JCR 分区每年 6 月更新，具体参见科睿唯安公司（Clarivate Analytics）每年的 6 月份公布的期刊引用报告（JCR）。

2.4.4.2 中国科学院分区

中国科学院分区是由中国科学院文献情报中心制定的。期刊分区表自 2004 年开始发布，延续至今。2019 年推出升级版，实现基础版、升级版并存过渡，2022 年只发布升级版。基础版是先将 JCR 中所有期刊分为数学、物理、化学、生物、地学、天文、工程技术、医学、环境科学、农林科学、社会科学、管理科学及综合性期刊 13 大类。每个学科分类按照期刊的 3 年平均影响因子高低降序排序，分为 4 个区。而升级版则将 JCR 中所有期刊分为数学、地球科学、物理与天体物理、化学、材料科学、计算机科学、农林科学、环境与生态学、工程技术、生物学、医学、法学、心理学、教育学、经济学、管理学、人文科学及综合性期刊 18 大类，每个学科分类按照期刊的超越指数降序排序，分为 4 个区。中国科学院的分区比例也不再是均等的 25%，而是前 5% 的是中国科学院一区；6%～20% 的是中国科学院二区；21%～50% 的是中国科学院三区；最后的 50% 是中国科学院四区。

思考题

1. 什么是科技文献，包括哪些类型？

2. 如何获得某期刊最新发表的论文？

3. 文献管理软件 Mendeley 在论文写作中如何辅助插入和格式化参考文献？请说明步骤并讨论其重要性。

4. WOS 平台的期刊有哪些主要评价指标？

5. 简要介绍期刊收录体系中的中国科技期刊卓越行动计划。

6. 什么是 JCR 分区，什么是中国科学院分区，二者有何区别？

第3章 科技论文选题与学位论文开题报告撰写

【本章提要】

本章将系统阐述科技论文的选题要求、原则、方法及过程，阐述学位论文开题报告的撰写方法及开题答辩内容与评议要点，分析科技论文选题及学位论文开题报告撰写中存在的问题，以期提升研究生在科技论文选题及学位论文开题报告撰写的能力。

科技论文的准确选题与学位论文开题报告的规范化撰写，是学术研究的重要奠基环节，直接影响科研工作的科学价值与实践效能。科技论文的选题要紧跟时代步伐，关注国家需求，将个人兴趣与国家发展紧密结合，敢于质疑已有的理论和观点，勇于提出新的假设和猜想，为科技进步贡献自己的力量。学位论文开题报告的撰写要注重逻辑性和条理性，清晰阐述研究背景、研究意义、研究目标、研究方法以及预期成果。

3.1 科技论文的选题要求

3.1.1 科技论文选题的意义

科技论文作为科研成果的重要载体，其选题不仅关乎研究的方向、深度与广度，还对学术进步、技术创新，甚至社会发展产生深远影响。所谓选题，就是选择科技论文的论题，即在撰写科技论文前确定所要研究的方向、问题和范围。因此，准确的选题可起到事半功倍的作用，对撰写科技论文具有重要意义。通常科技论文选题的意义可从以下几点体现。

3.1.1.1 指导研究方向

通过科技论文的选题，作者可明确研究框架，确保研究内容的聚焦和深入，避免偏离主题或漫无目的的研究。

3.1.1.2 反映研究创新

好的选题能够体现研究的创新点，无论是新的理论、方法、技术还是应用，均能够通过主题传达给读者，从而提升论文的学术价值。

3.1.1.3 吸引读者注意

科技论文的选题越新颖，越能引起读者的兴趣，促使他们进一步阅读和理解论文的内容，进而可能引发更多的讨论和引用。

3.1.1.4 拓展学科边界

科技论文的选题往往聚焦于学科前沿或交叉领域，通过探索未知、解决疑难问题，丰富学科的知识体系，促进学科间的交叉融合，形成新的学科增长点，进而不断拓展学科的边界。例如，林学与分子生物学、生物信息学、计算机科学等的交叉融合，催生了精准育种、智慧林业等新兴领域，为林学研究和实践带来了革命性的变化。

3.1.1.5 提升科研能力

科技论文的选题过程是对研究者科研能力的一次全面锻炼和提升。在选题过程中，研究者需要广泛阅读文献、了解学科前沿和热点问题，培养自己的学术敏感性、洞察力、创新思维和实践能力。这些能力的培养和提升不仅有助于研究者个人的学术成长，也为整个科研队伍的建设和发展提供了有力的人才保障。

3.1.2 科技论文选题的原则

科技论文选题是科研工作的重要组成部分，一个好的选题可以为研究工作奠定坚实的基础。科技论文选题也是科技论文写作最重要、最关键的步骤。选题的成功与否不仅决定着研究的内容和方向，更是决定着论文的价值和成败。以下是科技论文选题应遵循的基本原则。

3.1.2.1 必要性原则

选题的必要性需植根于科学价值与社会效用的双重维度，体现研究命题对国家战略和现实需求的系统性响应。从战略层面，选题应锚定国家中长期发展规划目标，如"双碳"目标等，重点布局基础理论创新、核心技术攻关和关键技术研发，着力破解制约行业发展的底层科学问题。在现实需求维度，需聚焦产业升级痛点与民生关切热点，通过应用导向研究直接服务经济主战场，研究者要注意世界及全国范围内研究的最新成果，要以历史的眼光去分析问题，优先选择在社会、经济、科技等领域中迫切需要解决的问题作为研究课题，如生态环境、粮油安全、木材形成、能源危机等。

3.1.2.2 科学价值原则

科学价值是一切选题的最基本要素，选题要服务于解决某一个科学问题。一个没有科学价值的选题是毫无研究价值的。可以从两个方面来理解选题的科学价值。一是具有长远科学价值的选题，能够满足社会的长远需要。尤其是针对基础理论的研究，其经济价值的转化周期虽具时滞性，但这类研究通过填补关键知识空白为突破产业技术瓶颈提供理论依据，更在国家生态安全战略布局中发挥着不可替代的基石作用。二是具有现实科学价值的选题，能够满足社会的急迫需求。主要指应用研究和开发研究类课题，可为国民经济和社会发展服务。如林业生产中存在哪些亟待解决的问题，可以针对这些问题进行选题，可减少在论文选题时的盲目性。

3.1.2.3 创新性原则

创新性是科技论文选题的核心，是衡量研究工作价值的重要标准之一。选题应为现有知识体系提供新的视角、理论或实践方法。作者可以通过定期关注国内外顶级学术期刊、会议论文、研究报告等方式，了解所研究领域的最新研究进展、热点问题、未解难题以及技术瓶颈。站在巨人的肩膀上，寻找尚未被充分探索或有待深入研究的领域。可以从社会、经济、环境等实际问题出发，考虑如何通过新的方法或技术解决这些问题。同时，实际应用中的反馈也能促进研究的深入和完善。

不同学科之间的交叉融合往往能激发出新的研究视角和方法。可以尝试将林学专业知识与其他学科(如计算机科学、生物学、材料科学等)相结合，探索新的研究方向。跨学科研究往往能揭示出单一学科难以发现的新现象、新规律。对现有理论或方法进行批判性思考，找出其中的不足或局限性。尝试提出新的假设、理论或方法，以更准确地解释现象、预测未来或优化现有技术。这种挑战和创新是推动科学进步的重要力量。

也可以对现有理论提出新的见解或挑战，提出独特的研究视角或新的理论框架，引导研究方向，推动理论的发展。随着科技的快速发展，新技术和新工具层出不穷。这些新技术和新工具往往能够为科研工作者提供新的研究手段和数据来源，从而发现新的研究问题和解决方案。因此，关注并尝试应用新技术和新工具是提升选题创新性的有效途径。

总之，科技论文的选题需要紧跟学科前沿、跨学科交叉融合、解决实际问题、挑战现有理论或方法、利用新技术或新工具、保持好奇心和开放心态，并进行充分的文献综述和需求分析。

3.1.2.4 可行性原则

所选课题一定是经过努力能够完成的，如果一个选题，无论通过多大的努力都无法完成，那么这个选题就是失败的。就像海市蜃楼，永远都是摸不到的，这样所做的努力都是无用功。一个选题是否具有可行性，可以从以下几个方面来判断。

(1)知识结构层面

无论一个人的知识储备有多么丰富，如果不拥有相应选题的知识储备，是不可能很好地完成论文写作的。只有当自身的知识结构与论文的选题是相适应的，那么选题才是可实现的。不论一个人的知识量有多少，只要掌握了对于特定课题来说足够的知识，就能胜任这一课题的研究，那么他的知识结构在这一特定情况下就是合理的。如果一个人知识量很大，但对于特定课题的知识很欠缺，那么他的知识结构就是不合理的，就不应选择这个课题。

(2)研究能力层面

知识储备并不等同于研究能力，一个人的能力往往集中在某一特定领域(即专业特长)。研究者个人一定要具备研究课题所需的观察能力、思维能力、分析能力、试验技能、计算能力等综合能力。将知识转换为能力，是非常关键并且重要的，只有知识，没有能力，也只是空读书，学习的最高境界应该是将所学到的东西转化到实际工作中去。

(3)科研兴趣层面

科研兴趣是驱动学术探索的内源性动力，其与选题的契合度直接影响研究过程的持续性与成果的创新性。因此，选题时要挑选自己感兴趣的内容。

3.2 科技论文选题的方法与过程

3.2.1 科技论文选题的方法

3.2.1.1 热点追踪法

追踪科技领域的热点议题和聚焦学科前沿动态，选择兼具现实意义和学术价值的课题。热点问题通常具有较强的时效性和较高的关注度，能够吸引更多的研究资源和支持。可以关注追踪领域相关国内外学术会议、期刊和学术网站，解析热点成因的多维驱动机制，包括政策导向、技术突破和社会需求等，了解最新的科研成果和研究趋势。通过分析热点问题的成因、影响和未来发展趋势，确定研究切入点和重点，结合自己的研究兴趣和专长，选择适合的热点问题进行深入研究。

3.2.1.2　问题导向法

从实际问题出发，通过实践调查、实验观测、数据分析等方式，凝练具有研究价值的科学问题，进而确定论文选题。首先要确定研究领域和范围，明确研究目标和问题，进行实践调查，收集相关数据和信息，分析数据和信息，找出存在的问题和矛盾点，其次针对问题和矛盾点，提出研究假设和解决方案，最后确定论文选题。

3.2.1.3　借鉴创新法

借鉴前人的研究成果和经验，结合当前的研究需求和实际情况，进行创新性的研究和探索，从而确定论文选题。可以广泛阅读相关领域的文献和资料，了解前人的研究成果和经验。分析前人研究的理论盲区和技术短板，结合新兴技术手段等方式，提出创新性的研究思路和方法，确定论文选题，并探讨创新点和研究价值。

3.2.1.4　事件选题法

这里的"事件"是指国家的一些重大活动、重大政策出台、重大方针政策调整等，它们为论文选题提供了明确的领域或方向。可锚定国家战略部署与行业重大变革事件，挖掘政策文本中的科学命题。这需要研究生保持对时事热点的关注，及时了解国内外重大事件或现象的发生和发展情况。从众多事件中筛选出具有研究价值和现实意义的问题作为论文的选题。筛选过程中需要考虑事件的重要性、影响范围、研究难度等因素，明确研究目标和研究问题，制定详细的研究计划和方案。

3.2.2　科技论文选题的过程

科技论文选题的过程包括明确研究方向与目标、泛读文献、分析选题依据、确定研究题目、建构方法体系、适配学术生态、把握研究方向和构建研究框架等。

(1)明确研究方向与目标

作者需要对自己的专业背景、研究兴趣及能力进行客观评估，明确自己在哪些领域具有深入研究的潜力和优势。基于自我评估，结合导师或研究团队的科研项目、学科前沿和实际需求，确定一个具有研究价值和意义的研究方向。并且设定明确的研究目标，即希望通过研究解决什么问题、达到什么目的或取得什么成果。

(2)泛读文献

选题需要通过广泛阅读相关领域的文献，以获取该领域的研究现状、存在的问题和可能的突破点。例如，利用谷歌学术搜索课题相关的综述文章，至少阅读 5 篇高质量的综述以帮助确定具体的研究方向和关键词。然后对收集的文献进行筛选，去除与选题无关或过于广泛的资料，从而更好地明确研究的方向。

（3）分析选题依据

为确保选题具有实际应用价值和现实需求，如社会经济发展急需解决的问题或技术难题，需分析学术界对这个问题的研究深度，探索可以进一步探究的新突破点。评估研究的可行性，包括数据获取、资金支持、实验设施等条件是否满足研究需要，某些特定命题还需审查伦理合规性。

（4）确定研究题目

根据选定的研究问题或假设，提炼出一个简洁明了、能准确反映论文核心内容的题目。

（5）建构方法体系

根据选题特性，确定是采用定量研究还是定性研究，或两者结合使用。是否需要抽样调查和实验设计，如果选题需要，制定合理的抽样计划和实验方案，以确保数据的可靠性和实验的科学性。

（6）适配学术生态

如果是在校学生应了解导师的研究方向和实验室资源，以及学校对研究方法和伦理方面的要求。在此基础上实施"导师—平台—规范"三维对接，即深度契合导师团队研究方向，充分利用重点实验室设备资源，并严格遵守学术伦理规范。

（7）把握研究方向

选择自己真正感兴趣的领域，这将为后续研究提供持续的动力，并明确研究目标。避免选题过于宽泛或狭窄，通过合理界定研究范围，确保选题既不过于宏观也不过于微观。可以通过正向聚焦和反向排除，明确核心研究内容，并划定研究限制条件，从而准确把握研究方向。

（8）构建研究框架

在文献筛选和方向确定后，构建包括研究题目、研究问题、研究目标和方法的框架。明确研究的重点内容和具体的研究设计。

3.2.3　科技论文选题过程中的常见问题

（1）选题过于宽泛

缺乏具体的研究方向和焦点，导致选题难以深入，容易使论文内容散乱无章，缺乏针对性和深度。当选题太大时，研究者难以对问题进行深入的分析，容易导致研究的表面化。大而泛的题目使得研究缺乏明确的方向，难以界定研究边界，导致研究内容分散，不易凝练核心观点。例如，选题涉及森林保护、森林培育、林业工程等多个领域，涉及面过广，难以驾驭，导致研究内容空洞无物，缺乏针对性和深入性。

（2）缺乏科研价值和创新性

选择已经被充分研究且没有新意的课题，难以在学术上有所贡献。例如，选择模式植物杨树组培相关研究，本身无新意，因为杨树的组培体系已有众多研究，并且已很成熟，所选研究缺乏科研价值。

（3）缺少调查

未通过实践调查及验证选题的实际价值和可行性，可能导致选题与实际需求不符。例如，未深入调研纯林与混交林的生态系统，选择纯林作为研究对象及推广对象，可能导致与林业实际需要不符。

（4）研究方向等于研究

很多人会把研究方向看作是一个研究问题，导致无法针对具体的研究点进行工作。在某些情况下，很容易混淆研究问题的现象和本质。

（5）忽略选题的可行性

选题时要充分考虑资源、数据、技术等方面的支持，确保研究的可行性和可操作性。过于庞大或复杂的选题可能导致研究无法完成。例如，对于研究生而言可能很难完成果实品质相关基因的功能验证，需要在本物种中进行遗传转化，但因为林木开花坐果周期较长，短短两三年很难拿到转基因苗木的果实。

（6）选题过于追逐热点

追逐学术热点而不顾自身研究能力和资源条件，容易导致研究无法深入开展。选题应结合自己的专业背景和实际条件，如基因编辑技术，从目前的进展来看，很多林木还很难开展基因编辑相关研究，不能因为基因编辑技术是当前热点而选择基因编辑相关课题。

3.3　学位论文的开题报告

学位论文开题报告是研究生（包括硕士研究生和博士研究生）在正式开始学位论文写作之前向导师、学术委员会或相关评审小组提交的一份重要文件，是研究生培养过程中必须完成的一项重要工作，它旨在明确研究方向、目标、内容、方法、预期成果以及可能遇到的困难和解决方案等，以获得导师和评审小组的认可和指导，为后续的论文写作提供清晰的指导和规划，对确保研究工作的顺利进行和提高学生的学术能力具有重要意义。通常开题报告的撰写主要包括封面与基本信息、研究背景与意义、文献综述、研究内容与方法、研究计划与时间安排、开题汇报幻灯片（PPT）的制作等内容，具体如下。

3.3.1　封面与基本信息

学位论文开题报告的封面内容包括论文题目、作者姓名、导师姓名、专业名称、提交日期等基本信息。通过开题报告的封面内容可明确所属学校、论文研究主题，以及作者基本信息。封面与基本信息是学位论文开题报告的重要组成部分，它们不仅提供了论文的基本概况，还确保了研究工作的规范性和可追溯性。

3.3.2　研究背景与意义

研究背景与意义是学位论文开题报告的重要组成部分，通过研究背景与意义重点介绍研究领域的现状、存在的问题或争议，以及进行本研究的必要性，阐述研究对于学术界的贡献、实际应用价值以及个人学术成长的意义。具体可参考以下几个方面的内容完成学位论文开题报告中研究背景与意义的写作。

①描述现状　研究背景主要阐述研究课题所处及相关领域的现状，包括已有的研究成果、存在的问题和挑战。

②分析原因　简要介绍研究的起因，如社会大环境、行业环境以及目前急需解决的问题等。

③学术价值　研究填补知识空白，扩展理论框架，促进学术进步和学科发展。

④实践意义　为实践工作提供指导和决策依据，解决实际问题，改善工作效率和质量。

⑤社会影响　对社会产生积极影响，改善人们的生活质量，推动社会进步和可持续发展。

示例

（1）研究背景

近年来，随着全球气候变化和生态环境的日益恶化，林业作为地球生态系统的重要组成部分，其可持续发展问题受到了国际社会的广泛关注。特别是在我国，林业不仅承担着生态保护、木材供给等传统功能，还肩负着应对气候变化、促进绿色经济发展的新使命。然而，当前林业发展中仍存在诸多挑战，如森林资源分布不均、林分结构不合理、森林病虫害频发、林业产业转型升级缓慢等问题，严重制约了林业的可持续发展。因此，深入研究林业可持续发展的策略与途径，对于推动我国林业高质量发展、实现生态文明建设目标具有重要意义。

（2）研究意义

学术价值：本研究将综合运用生态学、林学、经济学等多学科理论，系统分析我国林业发展的现状、问题及成因，提出针对性的解决方案，有助于丰富和完善林业可持续发展的理论体系，为后续研究提供理论参考。

实践意义：通过实证研究，本研究将为林业管理部门提供科学决策依据，指导林业生产实践，促进森林资源的合理配置与高效利用，提高林业产业的经济效益、生态效益和社会效益。

社会影响："三华油茶"良种的选育成功和推广应用，显著促进了我国油茶品种的更新换代，大幅度提高了油茶单位面积产量和茶油品质优良，极大提升了广大油茶种植大户发展油茶产业的积极性，有力推进了油茶产业的高质量发展（引自谭晓风，林业科学，2024）。

3.3.3　文献综述

文献综述是对某一领域或专题的相关文献进行搜集、分析、归纳和整理，以揭示研究现状、问题和趋势的学术论文部分。文献综述在学位论文开题报告中具有举足轻重的地位，它不仅展示了研究者对研究领域的了解程度，还为后续研究工作提供了坚实的理论基础和明确的指导方向。文献综述通常作为独立章节位于开题报告正文的前一部分，条理清晰，层次分明。其内容要涵盖研究背景、研究意义、研究现状、争论焦点、存在问题及可能原因等，因此通常需要广泛搜集相关文献，对文献进行系统整理，形成完整理论体系，揭示已有研究不足，提出创新思路。学位论文开题报告的撰写可通过以下 5 个步骤来完成。

3.3.3.1 明确综述目的与范围

文献综述包括"综"与"述"两个方面。所谓"综"，就是指作者对大量文献进行归纳整理、综合分析，使文献资料更加精练、明确、层次分明、有逻辑性。所谓"述"，就是对各家学说、观点进行评述，提出自己的见解和观点。文献综述实际上是要求开题者（研究生）撰写一篇短小的、有关本课题国内外研究动态的综合评述。因此，首先，应明确综述将围绕哪个具体主题或问题展开，确保主题明确且具有一定的学术价值。其次，界定综述的时间范围（如近 5 年内的研究）、地域范围（如国内外）以及学科领域，以便有针对性地搜集文献，从而说明本课题是依据什么提出来的，研究本课题有什么学术价值。

3.3.3.2 高效检索与筛选文献

撰写学位论文中的文献综述是一个系统的过程，作者要全面调研和分析与研究主题相关的现有文献。要确定研究主题和范围，明确研究问题和目标，确定文献综述的范围，如时间范围、研究类型等，聚焦近 5 至 10 年核心成果的同时，回溯领域奠基性文献，优先选择 SCI/SSCI 期刊论文、权威会议报告及博士学位论文等高价值文献类型。在数据库选择上，建议中外互补，通过 Web of Science、Engineering Village、PubMed、Google Scholar 等英文数据库获取国际前沿成果，结合中国知网（CNKI）、中国科学引文数据库（CSCD）、万方、维普和百度学术等中文数据库平台检索中文研究进展。收集文献后可以使用 Mendeley、Zotero、NoteExpress、Endnote 等工具对文献进行管理。获取文献后需要根据研究问题和目标，通过浏览标题、摘要、关键词、材料与方法等部分筛选出与研究最相关的文献，排除与研究主题不相关或质量不高的文献。仔细阅读选定的文献，并对其进行批判性评估。根据研究主题、理论框架、方法论或其他逻辑方式组织文献综述，也可以使用概念图或表格来协助组织信息。

3.3.3.3 撰写技巧与结构安排

完成以上准备工作后可以开始文献综述的撰写，文献综述的主体一般有引言、正文、总结、参考文献 4 部分。

（1）引言

引言用于概述主题的有关概念、定义，综述的范围、有关问题的现状、争论焦点等，简要介绍综述的背景、意义、目的，引出综述的主题，使读者对综述内容有一个初步轮廓。引言应简洁明了，吸引读者兴趣。

（2）正文

正文是综述的核心，主要用于叙述各家学说，阐明所选课题的历史背景、研究现状和发展方向。一般可将正文的内容分成几个部分，每个部分标上简短而醒目的小标题，各部分的区分也多种多样，可按国内研究动态和国外研究动态、按年代、按问题、按不同观点、按发展阶段等。然而不论采用何种方式，都应包括历史背景、现状评述和发展方向 3 方面的内容。

历史背景方面的内容可按时间顺序，简述本课题的来龙去脉，着重说明本课题前人研究过没有？研究成果如何？前人研究的结论是什么？通过历史对比，说明各阶段的研究水平。现状评述又分 3 层内容：第一，重点论述当前本课题国内外的研究现状，着重评述本课题目前存在的争论焦点，比较各种观点的异同，亮出作者的观点。第二，详细介绍有创造性和发展前途的理论和假说，并引出论据(包括所引文章的题名、作者姓名及体现作者观点的资料原文)。第三，发展方向方面的内容，通过纵(向)横(向)对比，肯定本课题目前国内外已达到的研究水平，指出存在的问题，提出可能的发展趋势，指明研究方向，提出可能解决的方法。

（3）总结

要对正文部分的内容作扼要的概括，最好能提出作者自己的见解，表明自己赞成什么，反对什么。要特别交代清楚的是，已解决了什么？还存在什么问题有待进一步去探讨、去解决？解决它有什么学术价值？从而突出和点明选题的依据和意义。这一部分的文字不多，与引言相当。短篇综述也可不单独列出总结，仅在正文各部分叙述完后，用几句话对全文进行高度概括。

（4）参考文献

参考文献是在学术研究、论文写作、报告撰写等过程中，作者为论证观点、提供依据而引用的各类资料来源。其类型丰富多样，包括学术期刊论文、专著、学位论文、研究报告、专利文献、技术标准、报纸文章、网络资源等。这些文献资料经过严格筛选与引用，构成了学术成果的重要支撑。

参考文献的用途体现在多个关键层面。于学术严谨性而言，它能为研究提供坚实的理论与事实依据，确保观点的可靠性与权威性，帮助读者追溯论证源头，增强学术成果的可信度。于知识传承而言，它梳理了特定领域知识的发展脉络，展示了作者对前人研究的继承与创新，避免重复劳动。于学术交流方面而言，它搭建起作者与同行沟通的桥梁，方便他人了解研究领域的进展，激发新的学术探讨与合作。此外，规范引用参考文献也是尊重知识产权的体现，有效避免抄袭、剽窃等学术不端行为，维护学术环境的公平与秩序。

3.3.3.4　注意学术规范与引用格式

（1）遵循学术规范

由于文献综述需要参考和引用大量相关科技文献，并且对所引用科技文献进行分析和总结，因此在撰写过程中应确保综述内容客观、准确、无抄袭现象，尊重他人的研究成果和知识产权。

（2）正确引用文献

按照所在学术领域的引用规范[如 APA、MLA、《信息与文献 参考文献著录规则》(GB/T 7714—2015)等]，正确标注文献来源和引用内容。引用时务必核实文献信息的准确性。同时，文献引用时需要注意，若直接复制粘贴原文且未正确标注，通常会被算作重复。为避免重复，应准确标注引用来源，并尽量用自己的语言重新表述引用内容，应分析、比较和评价文献，避免简单罗列。此外，还应完整标注参考文献，包括作者、题目、期刊名称、发表时间等详细信息，以便读者查阅。但由于不同学校和学科可能对引用格式有具体要求，因此在撰写开题报告前，要查阅并遵循所在学校或学科的引用格式规范。

3.3.3.5　反复修改与完善

文献综述不仅仅是对现有文献的总结，还应该展示作者对现有研究的理解和批判性思考，以及作者的研究是如何在现有知识体系中定位的。完成初稿后，进行自我审稿，检查内容的连贯性、逻辑性和语言的准确性。也可以向导师、同行或同事征求对综述的意见和建议，以便进一步完善和提高综述质量。

3.3.4 研究内容与方法

3.3.4.1 研究内容

学位论文开题报告中的研究内容要详细描述研究涵盖的具体内容，包括但不限于理论研究、实验设计、数据收集与分析方法等。先根据研究内容，设定清晰、具体的研究目标，包括短期与长期目标。然后指出研究中需要解决的关键问题或难点，以及拟采取的解决策略。研究内容分为若干部分和层级。

主要有两种写法：一种是标题法，即用一个小标题的形式把一个部分的内容概括出来。标题法的优势是简明扼要，能一目了然；弊端是通常只能自己理解，别人不易明白，而且时间一长自己也会模糊概念。另一种是句子法，即用一个能表达完整意思的句子形式，把一个部分的内容概括出来。句子法的优势是具体、明确，无论写完多久都不会忘记，别人看了也明白；弊端是由于文字太长，写作时不能一目了然，不便于思考。上述两种写法，各有优缺点，如何使用由作者自己确定。

3.3.4.2 研究方法

学位论文开题报告中的研究方法要介绍研究所采用的方法和技术手段，如材料和数据来源、实验方法、数据处理与分析方法等。具体可参考以下内容重点阐述研究方法。

①实验材料及数据收集　详细描述实验材料及其数据收集方式，包括样本来源、选择方式、类型、数量及数据收集工具。

②数据处理与分析　说明数据分析方法，如统计学、机器学习等，以及如何处理和分析数据。

③实(试)验设计　如有实(试)验，需描述实(试)验组和对照组、实(试)验步骤及周期。

④方法适用性　解释所选研究方法如何有助于实现研究目标，解答研究问题。

⑤技术路线　要详细描述研究的具体步骤，包括各个阶段的任务、时间安排和预期成果。同时也要强调研究在方法、技术或理论上的创新之处，以及其对解决现有问题的贡献。

3.3.5 研究计划与时间安排

学位论文的开题报告要制定详细的研究计划，包括各阶段的主要任务和目标。对研究过程进行时间规划，确保研究的顺利进行和按时完成。同时也要考虑可能遇到的风险和挑战，并提出相应的应对策略。

以下是一个示例，展示了如何制定详细的研究计划与时间安排。

一、研究计划

1. 文献回顾与理论基础构建(第1~2个月)

目标：全面回顾国内外林业相关领域的最新研究成果，构建本研究的理论基础。

具体任务：搜集并整理相关文献，包括期刊文章、学位论文、专著等。对文献进行分类、归纳和总结，提炼出关键观点和研究方法。撰写文献综述，明确本研究的定位和创新点。

2. 研究区域与样本选择(第 3 个月)

目标：确定研究区域，选择具有代表性的样本。

具体任务：根据研究目的，选择具有典型性和代表性的林业区域作为研究对象。确定样本选择标准，如林龄、林分类型、地理位置等。实地调查，收集样本数据。

3. 数据收集与处理(第 4~6 个月)

目标：收集并处理研究所需的数据。

具体任务：设计调查问卷或实验方案，进行数据收集。对收集到的数据进行清洗、整理和分析，确保数据的准确性和可靠性。初步分析数据，发现潜在的研究问题和趋势。

4. 实证研究与分析(第 7~9 个月)

目标：运用适当的研究方法，对研究问题进行深入分析。

具体任务：根据研究目的，选择合适的统计方法或模型进行数据分析。分析不同因素对林业发展的影响，如气候、土壤、人为干扰等。探讨林业可持续发展的策略与途径，提出有针对性的建议。

5. 论文撰写与修改(第 10~12 个月)

目标：完成论文撰写，并进行反复修改和完善。

具体任务：根据研究结果，撰写论文初稿。反复修改论文，确保逻辑清晰、表达准确、格式规范。邀请导师或同行专家审阅论文，提出修改意见并进一步完善。

上述研究计划与时间安排仅为示例，具体应根据实际研究情况和学校要求进行调整。在制定研究计划时，应充分考虑研究任务的复杂性和时间紧迫性，确保研究工作的顺利进行。同时，应保持与导师的密切沟通，及时反馈研究进展和遇到的问题，以便及时调整研究计划。

3.3.6　开题汇报幻灯片(PPT)的制作

开题汇报幻灯片的制作是展示研究选题、研究背景、研究目的、研究方法、预期成果及时间表等关键信息的重要工具。幻灯片中原则上不能有大段的文字，一句话最好只占用一行，尽量不要用两行以上的空间来表述一句话(否则会给听众带来阅读的不便)。必须用两行时也要尽可能使每行成为相对完整的段(如不要把"研"字放在第一行的末尾，"究"字放在第二行的起始位置)。以下是一个制作开题汇报 PPT 的基本步骤和要点。

3.3.6.1　确定 PPT 的结构

首先，需要规划 PPT 的整体结构，确保逻辑清晰、层次分明。一般来说，开题汇报 PPT 可以包含以下几个部分。

(1)封面

包括作者的姓名、学号、专业、指导教师、论文题目及汇报日期等。

（2）目录

列出研究背景与意义、研究目标与内容、研究方法与技术路线、研究计划与时间安排、预期成果与创新点、参考文献等主要汇报内容，便于听众了解汇报的整体框架。

（3）研究背景与意义（2~3张幻灯片）

简要介绍选题的研究背景，阐述研究的必要性和重要性。阐明研究的意义，即选题的价值和作用，包括理论意义、实践意义、社会效益和经济效益等。

（4）研究目的与内容（2~3张幻灯片）

通过分析研究现状明确提出本论文要解决的具体理论问题或现实问题，以及准备在哪些方面有所进展或突破，预期的结果或成果。应明确研究旨在解决的具体问题或达到的目标，概述研究的主要内容和章节安排，提出研究中的基本假设或预期结果。

（5）研究内容方法与技术路线（重点报告内容，10~15张幻灯片）

重点介绍将采用的研究方法、技术路线、实（试）验设计等。简要阐述研究工作可能遇到的困难和问题以及解决问题的方法和措施。该部分为开题汇报的核心内容，应详细列出采用的研究方法，如实地调查、实验、统计分析等，并说明研究中使用的软件、仪器或设备等；展示研究的具体步骤和流程，包括数据收集、处理、分析等；阐述实（试）验设计，包括对照组和实（试）验组、重复次数等。

（6）论文工作基础（1~2张幻灯片）

说明研究生本人对完成论文研究所做的知识储备及工作积累、目前具备的仪器设备、材料来源和其他方面的条件、估算该论文的进度和经费保障等情况。

（7）研究计划与时间安排（1~2张幻灯片）

列出研究计划，包括各阶段的主要任务、时间节点和预期成果。通常以时间轴或表格形式展示研究各阶段的时间安排，突出研究中的重要时间点和里程碑。

（8）预期成果与创新点（1张幻灯片）

描述期望通过研究达到的成果和对学术或实际应用的贡献，如预期完成的论文、专利、软件等；以及研究中的新颖之处，如新方法、新理论等。

（9）结束语与提问环节

总结汇报内容，邀请听众提问并进行交流。

3.3.6.2　设计PPT的视觉效果

（1）模板选择

选择一个简洁、专业且与研究主题相符的PPT模板。

（2）字体与颜色

确保字体清晰易读，颜色搭配和谐，避免使用过多的颜色和复杂的图案。

（3）表格与图片

使用表格、图片等视觉元素来辅助说明研究内容，提高PPT的可读性和吸引力，其中在使用图片时最好与汇报主题紧密相关，不要插入过多与主题无关的图片。

（4）排版与布局

合理安排PPT的排版和布局，确保层次清晰、重点突出。

3.3.6.3 编写 PPT 的内容

（1）简洁明了

每个幻灯片的内容要简洁明了，避免过多的文字堆砌。尽量用关键词或短语来概括要点。且在幻灯片中非必须条件下不要出现动画效果，保证切换页面时简洁快速，以保证答辩过程顺利有序进行。

（2）逻辑连贯

确保各幻灯片之间的内容逻辑连贯，避免出现跳跃或重复的情况。

（3）重点突出

使用加粗、变色、标注箭头、框线等方式来突出关键信息或总结语句。

3.3.6.4 预览与修改

（1）预览 PPT

在制作过程中不断预览 PPT 的效果，检查是否有错别字、排版错误或逻辑问题，尤其注意关闭计时功能，以确保汇报时能手动切换。

（2）收集反馈

可以请导师或同学预览 PPT，并收集他们的反馈和建议进行修改。

（3）最终定稿

根据反馈意见进行修改和完善后，最终定稿并保存电子档或打印为最终版本。

3.3.6.5 注意事项

（1）时间控制

注意控制汇报时间，确保在答辩组规定的时间内完成汇报。

（2）自信表达

在汇报过程中保持自信、流畅的表达方式，与听众进行良好的互动。

（3）准备充分

在汇报前充分准备，熟悉 PPT 内容和汇报流程，确保汇报顺利进行。必要时可准备汇报稿以便汇报时流利表达。

3.4 学位论文开题报告常见问题

学位论文开题报告是学位论文的重要组成部分，需要认真对待并仔细撰写。通过加强选题论证、深化文献综述、明确研究方法、优化内容结构和规范格式排版等措施，可以有效避免开题报告中的常见问题，提高论文的学术水平和质量。

3.4.1 文献综述部分的常见问题

撰写学位论文开题报告文献综述时，需要注意文献综述范围、文献引用、分析深度、结构安排、内容整合以及结论明确等方面的问题，以确保文献综述的质量和价值。学位论文开题报告文献综述中常见的问题主要包括以下几个方面。

（1）文献综述范围不明确

文献综述的范围要么过于广泛，难以涵盖所有相关研究，导致内容冗长且缺乏深度；要么过于狭窄，不足以提供足够的上下文，使读者难以全面了解该领域的研究状况。在开始文献综述之前，要明确定义研究的范围和焦点。可以选择特定的主题、子领域或时间范围来限定文献综述内容，确保文献综述与研究问题紧密相关。

（2）文献引用不当

引用的文献数量要么太多，导致内容杂乱和不集中，难以突出研究重点；要么太少，无法提供充分的支持和上下文。此外，还存在文献质量不高、未进行充分评估或区分的问题。要确保引用的文献与研究问题直接相关且质量可靠，优先选择在权威学术期刊上发表的文献。

（3）文献综述缺乏深入分析和批判

文献综述仅罗列文献，而没有进行深入的分析和批判，无法体现出作者对文献内容的理解和思考。不仅要列举文献，还要对它们进行评价和比较。指出不同研究的方法、结果和局限性，并提出关于研究状况的批判性见解。这有助于明确研究空白和进一步的研究方向。

（4）文献综述结构杂乱无章

文献综述的结构杂乱，缺乏逻辑顺序，难以理解和跟随。例如，没有清晰的引言、主体和结论部分，或者各部分之间缺乏过渡和衔接。在撰写文献综述之前，规划好结构，使用清晰的标题和子标题来组织内容，确保逻辑流畅。如按照主题或时间顺序进行组织，以帮助读者更好地理解文献综述内容。

（5）文献综述内容缺乏整合和总结

文献综述中仅仅是列举和描述研究，没有对不同研究进行整合和总结，无法提供关于整个领域的综合观点。在文献综述中注重内容的整合和总结。不仅要列举研究，还要总结它们的主要发现，找出共同点和不同点，并提供关于整个领域的综合观点。这有助于明确研究方向和进一步的研究重点。

（6）文献综述结论不明确

文献综述没有明确的结论或总结，读者难以理解文献综述的核心信息和研究价值。在文献综述的末尾要提供明确的结论或总结，强调文献综述的主要发现和贡献。同时，可以提出未来研究方向或建议，为后续研究提供参考。

3.4.2　开题报告中其他的常见问题

学位论文开题报告中的常见问题涉及多个方面，主要包括选题、研究方法、内容结构以及格式规范等。

（1）选题方面的问题

选题过于陈旧，已被广泛研究，缺乏新意或现实意义。或者选题过于宏大，超出作者的实际研究能力。选题不够具体，研究对象和研究问题模糊，导致评审专家难以评估其研究价值。未能充分展现研究的创新点，对某一领域的研究现状分析深度不够，未能提出新的理论或方法。在选题时充分考虑其创新性、现实意义和研究可行性，确保选题具有明确的研究对象和清晰的研究问题。

(2)研究方法方面的问题

在开题报告中未明确说明将采用的研究方法，或者所选方法与研究内容不匹配。对研究方法的描述过于笼统，未能详细阐述其操作步骤、数据来源和处理方式等。

(3)内容结构方面的问题

开题报告的内容结构安排不当，如绪论、研究背景、研究意义、研究内容、研究方法等部分之间的逻辑关系不清晰。部分内容过于冗长，缺乏重点；或者部分内容过于简略，未能充分阐述研究问题。作者需合理安排开题报告的内容结构，确保各部分之间的逻辑关系清晰明了。

(4)格式规范方面的问题

开题报告的格式不符合学校或学院的要求，如字体、字号、行距、页边距等不符合规定。排版不整齐，存在错别字、标点符号使用不当等问题，影响阅读体验。作者要严格按照学校或学院的要求进行格式排版，确保开题报告的整洁和美观。

3.5　常见问题典型案例

选题不符合学科范围。例如，林学专业某学生选择了"×××树种的经济价值研究"作为学位论文题目，该选题超出林学研究范畴，更适合经济学研究生。

题目不明确。如"中国林业研究"，题目过于宽泛，没有明确的研究对象和焦点。可以修改为"不同杨树品种木材材性研究"。

题目与内容脱节。例如，作者的研究题目为"白桦 *BpERF1* 基因响应低温胁迫的研究"，但全文却分析 *BpERF1* 响应多种非生物胁迫的研究，而没有深入分析该基因在白桦抵御低温胁迫中的机制研究。可以修改为"白桦 *BpERF1* 基因响应非生物胁迫的研究"。

文献陈旧。某学生在开题报告中引用的文献主要是20世纪90年代的成果，未能反映近年来该领域的最新研究进展和成果。

文献综述不扎实。文献综述部分简单罗列了多篇相关文献的标题和作者，但缺乏对文献内容的深入分析和批判性思考，无法体现作者对该领域的全面了解和研究深度。

研究意义表述过于笼统。某学生在开题报告中提到"本研究具有重要的理论和实践意义"，但没有具体说明在哪些理论或实践方面具有重要意义。

夸大研究意义。如"本研究将填补国内外在该领域的空白"，这种表述过于绝对，可能忽视了前人已有的相关研究成果。

格式不规范。开题报告的标题、摘要、关键词、正文、参考文献等部分的格式不统一，如字体、字号、行距等存在差异。

语言表达不清晰。报告中存在语句不通顺、用词不准确、逻辑不严密等问题，影响了读者的阅读体验和理解效果。

思考题

1. 如何通过调查研究确定科技论文的选题？
2. 如何界定研究选题范围和研究领域？
3. 如何设计学位论文中文献综述的结构？

第4章　科技论文的语言规范

【本章提要】

本章介绍了科技论文的语言规范及修辞技巧。首先，通过具体案例分析了修辞技巧在科技论文中的重要性及其运用方法。其次，还详细讨论了科技论文的语言基本要求，如言简意赅、朴素自然、专业规范等，并对科技词汇的规范使用进行了详细说明，包括科技名词的特点、使用原则及注意事项。最后，本章通过大量实例，分析了科技论文中常见的语言问题，如词语选用不当、数量词使用错误、句子结构松散等，并提出了相应的解决方法，旨在帮助作者提高科技论文的写作质量。

科技论文作为科研成果的重要载体，承载着揭示真理的使命，肩负着推动社会进步、服务国家发展的重任。科技论文的撰写，不仅要遵循严谨的学术逻辑和科学的实验方法，更要注重文体的规范性和语言的准确性。这不仅是学术严谨性的体现，更是对读者负责、对科学负责的表现。

4.1　科技论文的修辞及语言基本要求

科技论文中的修辞技巧主要是指对语言的运用，需兼顾语言表达、结构组织与逻辑论证三重维度。

首先，在语言层面，科技论文往往使用专业术语和特定的科学语言，因此当运用修辞技巧时，需要注意语言的准确性和规范性。例如，使用恰当的术语、适当的形容词和副词，可以使描述更加精准，避免模糊性表述。对于一些抽象概念或复杂理论，适当使用比喻、类比等修辞手法，可以更好地帮助读者理解。

其次，修辞技巧还包括对结构的组织。科技论文通常具有严谨的逻辑结构，因此在运用修辞技巧时，需要合理组织论文的结构，使内容层次清晰，逻辑严密。例如，可以通过使用标题和副标题、段落过渡句等手段，使论文的结构更加清晰，便于读者更好更快地理解每个部分的内容。

最后，修辞技巧还包括对逻辑推理和论证的运用。科技论文的核心在于提出问题、分析问题和解决问题，并通过逻辑推理和论证来支持自己的观点。在运用修辞技巧时，需要注意逻辑的严密性和推理的合理性。例如，可以通过使用因果关系、对比、引用等方式，增强论文的逻辑性和说服力。在撰写科技论文时，熟练地运用修辞技巧，可以提高论文的表达效果、读者的理解能力和论文的影响力。

4.1.1　科技论文中修辞的重要性

科技论文的文体通常要求严谨、准确、简洁明了，而恰当的修辞手法能够在此基础上增加论文的吸引力和表现力，也能提升论文的艺术性和可读性。以下是修辞在构成科技论文文体特色上的重要性。

4.1.1.1　提升表达效果

通过选择恰当的词汇和句式，使科技论文中复杂的科学概念、实验数据和理论模型得以更加清晰、准确和生动地表达，进而有助于读者更好地理解论文内容，把握研究的核心思想和发现。

4.1.1.2　增强可读性

科技论文往往包含大量的专业术语、数学公式和实验数据，阅读起来可能较为枯燥和困难。使用恰当的修辞手法，如比喻、类比等，可以将抽象的概念具体化，将复杂的数据生动化，从而增强论文的可读性，提高读者的阅读兴趣。

4.1.1.3　突出重点信息

在科技论文中，重点和关键信息的突出对于读者理解论文内容至关重要。可以运用反复、排比等修辞手法，强调论文中的核心观点、实验结果或研究意义，使读者能够迅速抓住论文的精髓。

4.1.1.4　构建学术范式

定义和分类等修辞手法的运用，有助于构建论文的学术框架，明确研究范围和研究对象，确保论文的论述和分析符合学术规范。

4.1.2　科技论文对修辞的要求

4.1.2.1　尽可能不用主观表达

学术修辞应保持中立，避免在论述中掺杂个人偏见或情感色彩。所有结论都应以事实和证据为基础，而非主观臆断。在引用或评价他人的研究成果时，应给予公正、客观的评价，避免夸大其词或贬低他人。尽量避免使用"我认为""我觉得"等主观性强的词汇。改用第三人称或被动语态来陈述事实，如"研究发现……""实验结果显示……"等。

4.1.2.2　避免滥用感情类词语

专注于事实和数据，使用中性、客观的词汇来描述研究内容、方法、结果等。例如，使用"实验结果显示"而非"令人惊讶的实验结果"。在需要评价他人研究或自己研究的意义时，使用明确、具体的标准，并尽量保持客观。例如，在进行这类评价时可以说"该研究在××领域作出了重要贡献"，而不是"该研究极其出色"。形容词和副词是表达感情色彩的主要手段之一。在论文中，应谨慎选择这些词汇，避免使用过于强烈或带有偏见的形容词和副词。例如，使用"显著的"而非"非凡的"，使用"有效地"而非"极其有效地"。

4.1.2.3　尽可能少用夸张修辞

科技论文写作过程中要选择精确、具体的词汇来描述实验方法、结果和结论。避免使用模糊或含糊不清的词语，这些词语可能被误解为夸张。例如，使用"显著提高"时，应确保有统计数据支持"显著"这一程度。科技论文写作中要避免绝对化的表述，如"完全""绝对""无条件"等。可以使用更为谨慎和准确的表述，如"在大多数情况下""在特定条件下"等。

4.1.3 科技论文中修辞的手法

在科技论文中，修辞技巧可以分为语言修饰类和形象修饰类。语言修饰包括比喻、夸张、排比等手法，通过生动形象的语言来激发读者的兴趣和共鸣。形象修饰则是通过插图、表格等方式来直观地呈现研究的结果，提升论文的可读性和可理解性。

4.1.3.1 引言部分的修辞

引言是科技论文的重要组成部分，合理运用修辞技巧，可以吸引读者的兴趣。常用的修辞技巧就是提出问题，通过问题的引出，激发读者的思考欲望。此外，使用比喻、隐喻等修辞手法，可以形象生动地描述研究背景和问题的重要性。

4.1.3.2 段落结构的修辞

科技论文的段落结构应当清晰有序，使用修辞技巧可以增强段落之间的衔接和过渡。使用转折词语或者链接词，如"然而""另一方面""与此同时"等，可以有效地引导读者从一个段落过渡到另一个段落。此外，采用排比、对比等修辞手法，可以使段落内容更加生动有趣，增加读者的阅读体验。

4.1.3.3 语言表达的修辞

科技论文中的语言表达也是重要的方面，使用排比、反问等修辞手法，可以使语言表达更加有力，增强论文的说服力。

4.1.3.4 结论部分的修辞

结论是科技论文的重要组成部分，使用修辞技巧，可以使结论更加精练有力。常用的修辞技巧是总结前文的内容，通过简洁明了地概括研究结果和贡献，强调论文的重要性和价值。此外，使用感叹句、引用等方法，可以增加结论的冲击力和说服力。

4.1.4 科技论文常见的修辞案例

4.1.4.1 比喻与类比

在描述一种新型材料的强度时，作者可能会写道"这种新型材料的强度堪比钢铁，能够在极端环境下保持稳定的性能"。这里，作者通过将新型材料的强度与广为人知的钢铁相比较，使读者能够直观地理解其强度特性。

4.1.4.2 排比与对偶

在阐述一项研究的多个成果时，作者可能会使用排比句，如"本研究不仅提高了产品的生产效率，降低了能耗，还优化了用户体验，增强了产品的市场竞争力"。通过排比，作者强调了研究的多个方面成果，增强了语言的节奏感和说服力。

4.1.4.3 反问与修辞问句

在引言部分，作者可能会使用反问来引出研究的重要性，如"难道我们不应该深入探索这一领域，以揭示其背后的科学奥秘吗?"这样的修辞问句不仅引起了读者的思考，还激发了读者的阅读兴趣。

4.1.4.4 夸张与对比

虽然夸张在科技论文中需要谨慎使用，但适度的夸张可以强调某些关键点的重要性。如"这一发现无疑为领域内的研究开辟了新的天地，其影响力之大，可谓前所未有"。同时，对比也是常用的修辞手法，通过对比不同方法或结果的差异，来凸显研究的创新性和价值。

4.1.4.5 引用与注释

在科技论文中，引用前人的研究成果或理论支持自己的观点是常见的做法。通过引用，作者不仅能够为自己的观点提供有力的证据，还能增加论文的权威性和可信度。例如，"根据 Smith（2020）的研究，该现象可能与××机制有关"。

4.1.4.6 逻辑修辞

在论述复杂概念或理论时，作者需要运用逻辑修辞来确保论述的条理性和连贯性。例如，通过因果关系的阐述、递进关系的安排以及转折关系的运用等，使论述更加清晰、有力。

4.1.5 科技论文语言的基本要求

科技论文区别于其他文学作品的特点在于它要求采用科技语言和专业名词术语，且语言表达必须精练准确，具有可靠的数据来源、充分的论据论证以及明确的结论。因此，科技论文的特点决定了其写作语言的特殊性，其写作语言除了具有用词准确、语句通顺的一般论文语言特点外，还应当具有言简意赅、朴素自然及专业规范的特点。

4.1.5.1 语言表达言简意赅

科技论文写作讲究文字简练，以最简短的文字表达最丰富内容，增加文章的信息密度。要做到这点，首先，要求作者明确论文的主题内容，逻辑思维清晰，能准确抓住问题的本质和重点，从而一语中的。其次，要求作者对语言进行反复咀嚼、删繁就简，能用2个词表达就不用3个词，文章内容能用表格列举就不用文字，尽量提炼出最精粹的语言。但需要注意的是，简练不等于简单，对语言进行简化时不能影响文章内容的完整性。

4.1.5.2 语言表达朴素自然

科技论文不同于语言优美、辞藻华丽的散文或诗词等文学作品，它的目的在于客观地叙述事实，阐明道理。因此，应当采用朴实无华的文字，不加造作和过度修饰，一般采取平铺直叙的方式，通俗易懂。

4.1.5.3 采用专业规范的科技名词术语

科技名词是科研领域人员的专门语言，是科学知识的语言结晶，它能表达限定的专业概念，体现出正确的定义，具有高度概括性和专业性。在科技论文写作中，应当注重科技名词的正确运用，使用本行业内规范、统一的科技名词。由于每个科技名词都有它特定单一的含义，使用时不会造成混淆和模糊。使用规范、统一的专业科技名词术语有利于国内外科技知识的交流和传播，有利于新学科、新理论的创建以及科技成果的推广和应用。

4.2　科技论文的语言规范

　　语言是人类社会中信息交流不可或缺的一部分，它不仅是信息交流的主要工具，还是文化传承、思想表达和社会互动的重要媒介。语言表达具有复杂性和多样性，同一意思可以用不同的文字语言表达，同样的文字前后顺序有差异也可表达不同的意思。在科技论文写作中，首先应掌握其语言特点及使用要求，必须使用规范的语言，遵守语法规则、逻辑规则、修辞规则和使用规则。

4.2.1　科技论文的语言特点

　　科技论文语言具有专业规范、言简意赅、精练准确、朴素自然的特点，是向读者表达清晰的科技信息，避免文字信息的口语化、重复化、模糊化、贫乏化和感情化。科技论文不同于财经类、文史类等社会科学方面的论文，也不同于文学作品。科技论文的特点取决于写作语言的特殊性，它具有如下 3 个方面的主要特点。

4.2.1.1　词汇方面的特点

　　使用本行业内规范、统一的科技名词术语，广泛运用科学符号，要求词语具有单义性、准确性，不带褒贬色彩。例如：

　　第一，使用"森林覆盖率"而非"树木占比"。

　　第二，使用"m^3"表示立方米，使用"hm^2"表示公顷，使用"a"表示年。

　　第三，避免使用"大"或"小"等模糊描述，而使用具体数值或明确的标准，如"胸径大于 30cm"。

　　第四，使用"针叶林"而非"尖叶林"，确保术语的准确无误。

　　第五，使用"人工林"而非"人造林"或"非天然林"，避免带有主观评价色彩的词汇。

　　遵循这些规范，可以确保科技论文词汇的专业、准确、客观，有助于科研成果的有效传播和交流。

4.2.1.2　句式方面的特点

　　大量使用陈述句，常用较长的单句，无主语句或省主语句较多，复句使用广泛，固定结构多。例如，"本研究选取了位于内蒙古地区的大兴安岭北麓片林作为研究对象，采用了样地调查方法进行数据收集和分析。结果显示，该地区的主要树种为落叶松和白桦，其平均胸径分别为 25 厘米和 15 厘米，平均树高分别为 20 米和 9 米"。这个句子就是一个典型的陈述句，它清晰地陈述了研究的基本信息、方法和主要发现，用较长的单句和固定结构，确保了信息的完整性和连贯性，是科技论文中常见的句式。

4.2.1.3　表达方面的特点

　　要求客观、准确、朴实，词语使用上严格排斥主观色彩。例如，"油茶在三湘大地遍地开花"这样绘声绘色的描写在文学语言中屡见不鲜，而在科技论文中就显得有些夸张，应改为"截至 2022 年年底，油茶在湖南省的种植面积达 2000 万亩以上，居全国第一"。

4.2.2　科技论文的语言使用要求

4.2.2.1　简明生动且准确

所谓简明，是指切忌啰嗦、重复和累赘，要用尽可能少的文字表述出丰富而清晰的内容；所谓生动，是指语句流畅，不枯燥乏味，在保持客观性的前提下，使用限定性比喻等修辞手段；所谓准确，是指用词恰当，语意清晰，能够恰切地表达作者的思想，客观地描述事物的性质和特征。

示例

本研究对华北地区的生态经济林树种进行了深入的调查分析。结果显示，生态经济林在华北地区的分布呈现出明显的地域性特征，主要集中于海拔 150 米至 1200 米的区域，且其生长状况与土壤湿度和光照条件密切相关。这一发现为后续的林业管理和生态保护提供了重要的科学依据。

在这个示例中，语言简明扼要，没有冗余的词汇和句子；同时，通过"深入的调查分析""明显的地域性特征"等生动的描述，使得研究结果的呈现更加鲜活、易于理解；此外，"华北地区""生态经济林树种"等准确的表述，也确保了论文的科学性和严谨性。

4.2.2.2　不渲染、不空泛

科技论文的语言应朴实无华，内容具体，不空泛笼统，即要求语言平实、客观，不过度修饰或夸大。

示例

本研究对山西地区的野生杜松进行了为期一年的生长观测。通过定期测量其树高、胸径等生长指标，并结合当地的气候条件进行分析，发现该树种在该区的生长速度相对稳定，未受到显著的外界干扰。这一结果为该区的森林管理和生态保护提供了基础数据支持。

示例中，语言平实客观，没有使用任何渲染性的词汇或句式，只是简单地陈述了研究的过程和结果，符合科技论文不渲染、不空泛的语言要求。

4.2.2.3　使用书面语

为便于与同行交流，科技论文应使用规范的书面语言，不可用口语化语言甚至方言，以确保表达的准确性和专业性。

示例

本研究探讨(琢磨)赛罕乌拉自然保护区五角枫的生长特性及其与环境因素的关系。通过采用标准地调查方法，对其树高、胸径、冠幅等生长指标进行了精确测量(打量)，并收集了相应的土壤和气候数据。经过统计分析(计算)，发现该树种的生长速度与土壤湿度和光照强度呈显著正相关(很明显的正相关)，而与海拔的关系则相对较弱。

在这个示例中，使用了"探讨""精确测量""统计分析""显著正相关"等书面语词汇，表达了研究的目的、方法和结果，体现了科技论文应使用的书面语风格，但若使用"琢磨""打量""计算""很明显的正相关"等常见的口语化语言，会降低论文的专业度。

4.2.3 科技词汇的规范使用

科技词汇的规范使用是科技交流和传播的基础，对于促进科技进步和知识交流具有重要意义。科技词汇的规范使用涉及多个方面，包括正确选择和使用科技名词、正确使用缩写词、保持术语的一致性等。《中华人民共和国国家通用语言文字法》自 2001 年 1 月 1 日起开始实施。国家以立法的形式确立了普通话和规范汉字作为我国通用语言文字的法律地位，标志着我国的语言文字规范化、标准化工作已步入法制的轨道，进入了全新的发展时期。

4.2.3.1 使用正式科技名词

(1)科技名词概述

科技名词是指全国科学技术名词审定委员会审定公布的科技名词术语。目前已出版了各学科的正式科技名词，如《林学名词》《农学名词》《植物学名词》《遗传学名词》《土壤学名词》等。科技名词是否规范是衡量论文质量和作者学术水平的重要条件之一。

前期我国的科技名词主要是由科学家、翻译家分别译名或定名的。由于采用的定名方法、翻译方法(音译、直译、意译等)不同，遣词用字不同，各学科的习惯用法不同，因此，定名很不统一，甚至非常混乱。

例如

Laser：莱塞、激光、镭射

Computer：电子计算机、计算机、电脑

还出现了较多的新名词。

Internet：因特网、互联网、国际互联网……

Intranet：内联网、内部网、企业网、内部因特网、内特网……

Extranet：外联网、外部因特网、外特网、企业间网络……

在林学中，特别是树木种属名称、品种名称上更加混乱。

例如

欧洲赤松：苏格兰松	红皮松：赤松
银杏：白果树、公孙树	壳斗科：山毛榉科
枫香树：山枫香树	山茱萸科：鞘柄木科
悬铃木：法国梧桐	三年桐：光桐、油桐

由于定名不统一，造成多名(一个概念有几种名称)、重名(不同概念共用一个名称)、错名(定名错误)等现象普遍(如《中国树木志》正式名称后还有一串别名)，导致定名混乱，更对使用科技文献带来极大的不便。一是造成文献检索困难(尤其是主题途径检索时)；二是理解困难。如栎类可能表示以下内容。

①壳斗科栎属植物，与石栎属、栲属、青冈属等并列。

②栎属和石栎属植物(带"栎"字)，与槠栲类并列。

③橡实植物。

④壳斗科所有植物。

解决上述问题的唯一途径，即在科技论文及作品中应严格规范使用正式科技名词，如部分正名的林学名词。

造林学→森林培育学　　　　　　标准地法→样地法

测树学→森林测计学　　　　　　样木→标准木

阳性树种→喜光树种(反：耐阴树种)　中央木→平均木

种源→种子原产地　　　　　　　作业区→营林区

种源试验→产地试验　　　　　　生理成熟→自然成熟

直播造林→播种造林　　　　　　利用成熟→工艺成熟

地位指数→立地指数　　　　　　林位→林分质量

饵木→诱树　　　　　　　　　　立枯病→猝倒病

森林清查→森林调查　　　　　　三类调查→作业调查

(2)科技名词特点

科技名词最主要的特点是专义性、科学性和系列性。这些特点共同构成了科技名词的基础，为科技领域的交流和研究提供了重要的支持和保障。

①专义性　科技名词具有严格的专义性，即所谓的"一词一义"，一个词只能表达一个概念，一个概念只能用一个专门的词来表达；保证概念准确，使论述严谨，避免以自然语言表达概念时，可能给读者带来的混乱和误解。举例如下。

森林培育学：专指研究人工造林和天然林培育的理论与实践的学科，不涉及森林采伐或木材加工等其他方面。

林分：特指内部特征大体一致，而与邻近地段又有明显区别的一片林子，是林学研究中一个重要的基本概念。

②科学性　科技名词的定名是以科学概念为依据，准确严格地反映事物的特征，根据其科学内涵，定出名副其实的术语。在正式审定的科技名词中，对过去定名错误或反映概念不准确的名词做了订正。举例如下。

造林学：除造林外，还包括抚育管理，故定"森林培育学"。

测树学：实际上是对森林的整个测量与统计，故定"森林测计学"。

阳性树种："阴阳"可能与"雌雄"混，故定"喜光树种"(反：耐阴树种)。

种源：种子来源不一定是原产地，故定"种子原产地"。

立枯病：直立、枯死。现定名"猝倒病"。

③系列性　审定科技名词时，充分考虑了术语的概念体系，包括上位与下位的关系，整体与部分的关系等，一个系统名词，呈树状结构(上位概念，同位概念，下位概念)，如图4-1所示。

④国际性　与国际上已通用的相应术语保持概念上的一致，力求词形与发音也与国际词相近，如基因、克隆、因特网、X射线、α粒子、β衰变等。但前提是不违背汉文字构词基本规则和民族文化特点及习惯。例如，"金星、木星"等，不用外来术语"爱神""大力神"等译名；"经济林"国外无此专门术语，翻译为 Non-wood forest，而不是 Economic forestry。

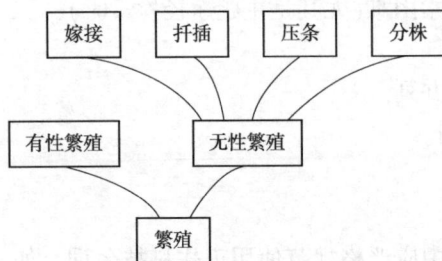

图4-1　林木繁殖方法

⑤系统性　是指一个术语在学科以至相关领域中并非孤立，而是合乎分类学的有机组成部分，它包括了学科的概念体系、逻辑相关性和构词能力等。因此，在审定一个名词时，应充分考虑其所属概念体系，以及它在体系中的上位与下位关系以及因果联系等，以达到系统化。例如，花器官通常包括雌蕊(群)、雄蕊(群)、花冠(花瓣)、花萼(萼片)、花托和花柄，这些术语既各自独立，也相互关联。

⑥简明性　要求科技名词术语在命名时，应选择最直接、最精练的词汇或词汇组合来准确传达科学概念的本质特征；应当去除不必要的修饰语，避免使用生僻字或过于专业的术语堆砌，而是采用通俗易懂、易于理解的语言形式。例如，"林分密度"是一个体现简明性的科技名词术语。该术语用于描述单位面积上林木的数量或林木对林地的占有程度，是反映林分结构的重要指标。与"单位面积林木数量占比"或"林木对林地的占有密集程度"等冗长表述相比，"林分密度"更加简洁明了，能够直接而准确地传达出该概念的核心内容，便于林业工作者在实践中理解和应用。

(3)使用科技名词的原则

使用科技名词的基本原则是标准化、一致性和通用性，不能使用非正式的、过时的、淘汰的科技名词。科技名词的特点很符合科技作品语言对"准确""规范""庄重""简洁"等方面的要求，它既能简洁、准确地表达，又为科技人员通用、熟悉，克服了科技文献交流和利用中的障碍。而且，使用科技名词，更具学术性和专业性，读者信服作者的学识水平，有利于从理智上引导读者。按国务院要求，全国科研、教学、生产经营、新闻出版等单位都要使用审定颁布的科技名词，尤其是新闻出版界，工具书、教材等编写工作，对规范使用科技名词有较高的要求。撰写的科技论文中的科技名词是否规范也是衡量论文质量和作者学识水平的重要指标，如期刊审稿中就专门有此要求。

示例

2　低温冻害的分布

　2.1　低温冻害的地理分布(对应经纬度)

　2.2　低温冻害的高度分布(对应海拔高)

示例中的"地理分布"有此一说，但与经纬度在外延上不是等同的，地理因子更广，甚至海拔高也是地理因子。"高度分布"不严谨，是"树高"还是"海拔高"，概念模糊。林学上有两个科技名词"水平分布"和"垂直分布"，很好地对应了经纬度和海拔分布，准确、单义、科学，又保持了名词的系列性。

如果尚没有正式的科技名词，则使用最通用的名词术语(主要指现有文献中使用最普遍的)。不要随意编造名词术语，否则在审稿中不易通过。

4.2.3.2　使用中性词和抽象词

科技论文中，除科技名词外，还大量使用中性词和抽象词，这符合科技作品语言庄重、客观的要求，而禁用有主观色彩、感情色彩、形象色彩、政治色彩、文学色彩、褒贬色彩、宗教色彩的词。

示例

当前，一些以前被冷落的野生可食植物，被加工成时髦的天然保健食品，深受国人青睐。

直观看，语言不庄重。作者用了几个带有色彩的词汇，看似生动，但大失庄重。其中：

冷落：感情色彩

时髦：文学色彩

国人：政治色彩

青睐：形象色彩(青睐，近垂青，意为青眼，即正眼看人，即瞧得起；反义为白眼，瞧不起)

全句应改为：当前，一些野生可食植物被加工成天然保健食品，很受(人们)欢迎。

4.2.3.3　使用(规范)通用科技文献语词

示例

油茶在我国千山万水 遍地开花

　　　　　　(夸张)　　(仿拟)

该示例中存在用词不当，应去掉这两种修辞方式，初步改为：油茶在湖南三湘四水都有分布。

但"三湘四水"是一个俗语，或者说成语。有一定语言环境，使用上有局限性(即并非人尽皆知)。汉语中有许多语句，只在民间流传使用，不能用在科技作品中，包括俗语、成语、方言、习语、谚语、歇后语、土语。例如，王安石改词笑谈，传说王安石将一位慕名而来的诗人的诗句"明月为空叫，黄犬卧花心"信手改为"明月当空照，黄犬卧花荫"，殊不知作者家乡(有传系黄冈)"明月"系一种鸟名，"黄犬"系一种小虫名。作者用了只有当地人才知道的鸟名、虫名，当然会造成别人的误解。流传的说法意指改别人文章时不要草率、想当然，其实更是对作者的一种忠告，不要使用方言等。

4.2.3.4　语言应简明、准确、雅致

科技论文要求用简明的语言，清楚准确地表达作者的学术思想和实验数据与结果，并要求符合汉语规范。

(1)避免使用非定量、含义不明确的词

例如，"山杏花及其幼果的抗低温性不理想"，其中"不理想"不能给人以清晰的概念，应修改为："山杏花及其幼果的抗低温性较差。"

"苦杏仁苷可用于消炎、止咳，结果令人满意"。"结果令人满意"在这里是多余的，可改为："苦杏仁苷可用于消炎、止咳。"

(2)不能造术语，注意词的固定搭配

例如，"研究工作有其本征性困难"其中的"本征性困难"是什么困难？令人费解，语义不清。

"采用飞播造林对抗松材线虫病，实属杯水车薪"中的"杯水车薪"为定性描述，不符合林业灾害防控的定量研究范式，应改为："飞播造林对松材线虫病的防控效能边际递减显著。"

(3)用词雅致，体现专业性美感

科技名词在语言表达上应当具有一定的文学性和审美价值，使人能感受到一种语言的

美感，举例如下。

特种用途林："特种"和"用途"两个词搭配得恰到好处，既表达了这类森林的特殊性质，又具有一定的文学色彩。

风景林：简洁而富有诗意，既表达了森林的景观价值，又给人一种美的享受。

林相：简洁而富有意象，用来描述森林的外观特征和整体风貌，给人以直观而雅致的感受。

林冠层：此名词精确地描述了森林中乔木树冠形成的层次，用词专业且富有层次感，显得既科学又雅致。

将"查看……"修改为"查阅……"显得更雅致。"详细请参看……"可改为"详细请参阅……"。

4.2.3.5 注意科技词汇与口语的差异

科技词汇要求朴实、准确，不同于口头报告。下述各例的口头用语均应修改成书面语言。

"硫酸钾适用于怕氮作物"改为"硫酸钾适用于厌氨肥的作物"。

"母液回头使用"改为"母液循环使用"。

"这片林子太密了要砍掉一部分"改为"林分郁闭度达 0.9 需实施透光伐"。

4.2.4 科技词汇使用注意事项

4.2.4.1 注意区分近义词

在科技论文写作中，准确区分和使用近义词对于清晰、准确地传达信息至关重要。首先，理解近义词之间的相似性和差异性是使用它们的基石。例如，"美丽"和"漂亮"都用来描述事物的吸引力，但前者强调内在美和外在美的结合，而后者更侧重于外表的吸引力。这种细微的差别在科技文献中尤为重要，因为它们可能关系到对概念或现象的正确理解。其次，词性的转换也是区分近义词的一种方法。例如，"高兴"是形容词，而"开心"是名词。这种差异在科技文献中同样关键，不同的词性可能会影响句子的结构和意义。最后，语境的运用也是区分近义词的一个重要方面。例如，"忍耐"和"坚持"虽然都有坚持的意思，但前者更侧重于忍受痛苦和气愤，强调情绪控制，后者更偏重于坚定和毅力。根据具体的语境选择合适的词语，可以使表达更加准。

通过大量的阅读和实践积累词汇，是提高近义词使用和区分能力的有效方法。在阅读科技文献时，注意经常混淆的近义词，如"勇敢"和"坚强"，"积极"和"主动"，通过不断地积累和运用，可逐渐提高准确使用近义词的能力。因此，科技论文中的近义词使用不仅要求对词汇有深入的理解，还需要通过实践来不断提高，以更好地使用近义词，确保信息的准确传达。

现列举在科学论文中常用的几组近义词。

（1）所研究客体的不同称谓

在科学研究时，表述所研究客体有"材料""样品"与"试样"等。

从定义上来说，"材料"指研究对象的物质实体，具有明确的物理化学属性。"样品"

代表从材料中提取的具有统计学意义的子集。以松材线虫检测为例，需注明："在疫区选取 30 株胸径 20cm±2cm 的马尾松作为检测样品，按东—南—西—北 4 个方位钻取木质部圆柱体"。而"试样"是指经过标准化处理的测试单元。

在这三个词概念的外延上，大小是依次递减的，即"材料"（如整片人工林）→"样品"（单株标准木）→"试样"（年轮切片）。

（2）实验过程的不同称谓

①测量和测定　"测量"是指对空间、功能等有关数值进行测试的过程，如长度、体积、pH 值等；而"测定"是根据测试的结果，取得的某种参数，如含油率、酶活性、激素含量等。

②实验与试验　是一组表述实验手段不同称谓的近义词。"实验"主要指前期为验证某种科学原理而进行的研究工作，多用于实验室研究阶段；"试验"是指对已有理论进行的试制性的工作，多用于室外过程阶段验证工作的描述，如大田试验方案等。在林业科技论文材料和方法的撰写中，应为"试验地概况"而不是"实验地概况"；应为"试验材料"而不是"实验材料"。

4.2.4.2　注意数量增减词的用法

表示数量增减的词汇与时间、温度、速率、度等物理量搭配时，要符合汉语习惯用法，举例如下。

"随着温度的增加……"应改为"随着温度的提高……"。

"表达量升高了 45%"应改为"表达量提高了 45%"。

"种仁大小减少"应改为"种仁大小减小"。

4.2.4.3　避免"的"和"在……中"的过多使用

如下例，"的"和"在……中"可略去。

"果实中的水分的测定，是检查品质和确定果实的构成成分组成时不可缺少的"修改为"测定果实水分含量，是检查品质和确定果实成分时不可缺少的"。

4.2.4.4　注意准确把握词义

撰写科技论文时，需要准确把握科技词汇的词义和适用范围，确保科学研究的准确性和交流的有效性。

示例

试验当年产杏种仁 600 kg，按 50% 的含油率折算，总产杏仁油 300 kg。

依据常识可知，本例的杏仁油产量并不真实。杏仁油产量是一个生产指标，而含油率是一个生理指标。生产上不可能将 50% 的油脂都榨出来构成产量。这里疑似作者将"出油率"误写作"含油率"，造成语义上不真实。类似的还有：

环境条件—产地条件　　腐殖质—有机质

诱变育种—辐射育种　　群体遗传—数量遗传

无性系—家系—株系

4.2.4.5　区分广义和狭义

在科技论文中区分词汇的广义和狭义是非常重要的，这有助于准确理解和应用相关的科技词汇。

示例

我国山杏种类有3个：东北杏、西伯利亚杏、野杏，其中有栽培利用价值的主要是山杏。

此例中前后两个"山杏"显然不是一回事。原因是"山杏"有广义、狭义之分，广义上泛指蔷薇科杏属中的多种植物，狭义上仅指其中一种，即"野杏"。这里用一个名词表达两个不同概念，违背了同一原则，造成前后矛盾。类似的例子有：

桃：普通桃(狭义)、蟠桃、甘肃桃、光核桃。

油桐：三年桐(狭义)、千年桐。

4.2.4.6 正确使用限定词

在科技论文中，正确使用限定词对于准确表达研究内容至关重要。限定词是在名词词组中对名词中心词起特指、类指以及表示确定数量和非确定数量等限定作用的词类。通常将限定词用于中心词前来确定概念的外延。因此，限定词使用是否正确，对语言是否准确有重要影响。例如：

"这片森林"中的"这片"就是特指某一片森林，而"森林生态系统"中的"森林"则是泛指一类生态系统。

特定林区的生态研究：通过使用"特定"这一限定词，明确了研究的具体范围，使读者能够聚焦于某一特定区域的生态状况。

主要造林树种的生长特性分析：在这里，"主要"作为限定词，强调了研究关注的是对造林有重要影响的树种，而非所有树种。

近年来沿海防护林体系的建设与发展：通过"近年来"这一时间限定词，明确了研究的时间范围，使读者能够了解近期的发展状况。

类似的有：

样本：叶片样本、果实样本、根部样本。

产量：木材产量、鲜果产量、种子产量、种仁产量。

4.2.4.7 慎重使用程度副词和比较词

示例：

柠条经过平茬后生长量普遍较快，一般当年就可长到0.8米左右。

此例中有以下程度副词和比较词，普遍、一般(表示范围的程度)；左右(表数量的程度)；较快，类比(与同类事物比较)。

这些词汇本身表达的就是模糊义，不确切义，让人觉得问题没有搞清，研究不够深入透彻，读者就不会信服。尽量少用，不可滥用，最好数量化；恰当使用，分清全称和特称，恰当表达判断的量。如：

$99\% \neq$ 全部；$60\% \neq$ 绝大多数；$51\% \neq$ 多数；$49\% \neq$ 少数；$40\% \neq$ 极少数；$1\% \neq$ 无。

4.2.4.8 避免隐含政治差错

(1)涉及对台港澳的表述失当

涉及对台港澳的表述失当是指科技论文中，将我国的台港澳地区与独立国家并列所产生的政治差错。众所周知，台湾、香港和澳门自古就是中国不可分割的一部分，将台湾、香港、澳门与独立国家并列在一起，将造成不良的政治影响。在逻辑上，是概念不对等不能并列；从法律上，是地位不对等，应加以区别。

示例1：数据主要来自外经贸企业数据库、外国及台港澳驻华机构。

示例1中，"外国及台港澳驻华机构"表述不当。人所共知，"华"指中国，说"外国驻华机构"没错，但说"台港澳驻华机构"就错了，就等同于将台港澳看成独立于中国之外与中国并列的政治实体。应将"外国及台港澳驻华机构"改为"外国驻华机构、中国台湾在大陆的机构、中国香港和澳门特别行政区政府驻内地办事处"。

示例2：台湾国立清华大学张××研究表明……

示例2中，"国立"是一个形容词，意思是"由国家出资设立的"。中华人民共和国成立前，中国曾有许多国立高等学校，中华人民共和国成立后，国家设立的高等学校一律不再有"国立"的字样。因此，在我国大陆的出版物中，不应出现"台湾国立××大学"的字样，以免有"一中一台""两个中国"之嫌。示例2中应去掉"国立"二字。

(2)涉及对国家领土完整的表述不当

国家主权统一和领土完整不容侵犯。如果在我们的科技论文中出现某些不当表述，可能造成政治负面影响。在实际的科技论文写作中，即便是一些看似平常的地理信息表述，也可能因涉及国家领土主权问题而需要格外谨慎。例如，在涉及中印边界相关地理区域时，有时会出现一些不恰当的表述情况。

示例：研究区域位于藏南地区(又称"阿鲁纳恰尔邦")……

示例中的"阿鲁纳恰尔邦"是印度非法设立的所谓"行政区划"，事实上藏南地区明确属于中国。然而，印度方面长期对该地区进行非法侵占，并试图通过设立"阿鲁纳恰尔邦"等手段来强化其非法主张，我国政府坚决反对这种行为。因此，本例应删去"(又称"阿鲁纳恰尔邦")"，坚定地表述藏南地区属于中国这一事实，避免在论文中给读者造成任何可能的误解。

(3)涉及国家秘密的内容

所谓国家秘密，是指"关系国家的安全和利益，依照法定程序确定，在一定时间内只限一定范围的人员知悉的事项"。在写科技论文时，应认真贯彻执行《中华人民共和国保守国家秘密法》，严格遵守国家保密局等四部门制定的《新闻出版保密规定》。

科技论文若涉密，可能性较大的是涉及科学技术秘密。审稿人和研究生的导师在审查研究生的科技论文时，首先要对论文内容进行涉密审查，应确保论文不存在涉密内容；或经保密委员会审查通过，对论文内容做出积极稳妥的技术处理。

4.2.4.9　词语选用欠妥

(1)词类词义误用

词类词义误用是指在用词时因忽略词的类别和意义而产生的语病。例如，给不及物动词加宾语，让副词修饰名词，等等。

示例1：该地区需要生长更多速生树种以应对木材短缺。(动词误用)

示例1中，"生长"是不及物动词，其后不能带宾语"速生树种"。应改为："该地区需培育更多速生树种以应对木材短缺。"

示例2：我们需要疏伐这片过密林分以提高生长量。(名词误用为动词)

示例2中，"疏伐"为名词，不可直接作谓语动词使用。应改为："需对该过密林分实施疏伐作业以提高生长量。"

示例3：本文使用了××的文献研究成果。(动宾搭配失当)

示例3中，"使用"的对象通常为人力、物力或工具，而不是理论、方法和成果，应将"使用"改为"应用"。

示例4：每个样地测量3个树木胸径。

示例4中，"树木"为集合名词，不可用个体量词"个"修饰。应改为："每个样地测量3株标准木胸径。"

(2)代词使用失当

示例：森林资源是当前乃至今后一个时期内的主要再生能源，它的发展直接关系到我国经济建设的速度。

示例中，代词"它"并非指森林资源，因为"森林资源的发展"是一个漫长的历史过程，我国的经济建设不能靠"森林资源的发展"，故"它"没有前词。作者表述的"它"应指"林业"。

(3)连词使用不当

科技论文常用的连词有"和""与""并""而""及""以及"等，其一般用法如下。

"和"有2种用法。其一，用以连接类别或结构相近的并列词，表示平等的联合关系。如新疆杨和小叶杨。其二，连接3项以上的并列关系时，前边的并列用"、"连接，最后2项之间用"和"连接。如研究表明，木本油料的脂肪酸主要有4类：油酸、亚油酸、亚麻酸和硬脂酸。

"与"的用法同"和"，但多用于标题、书刊名和单位名中。如《遗传与育种学报》、育种与栽培国家重点实验室。

(4)数量词使用不当

数量词是数词和量词的合称。科技论文中数量词使用不当主要有以下几种情形。

示例1：模型整整运行了40多分钟。

示例1中，应删掉"整整"，或删去"多"。

示例2：生成了2个类黄酮物。

示例2中，"2个"应改为"2种"。

(5)介词使用不当

示例：用A液体和B液体混合起来作为终止液……

示例中，"用"应改为"把"。属于介词选错。应改为：把A液体和B液体混合起来作为终止液……

(6)结构助词使用不当

"的"前面是定语；"地"前面是状语；"得"后面是补语。在使用助词时，要看前后成分，不能只看词是动词、名词还是形容词。例如，"该技术得到了成功的应用""该技术成功地应用到了……领域"，或者是"该技术应用得非常成功"。

4.2.4.10　注意学名及品种名的正确使用

在科技论文中，物种学名及品种名的使用遵循一定的规范，确保科学信息的准确性和一致性。包括正确的命名、拼写，以及在文本中的一致使用，以确保读者能够准确理解所描述物种的分类信息。

（1）科属名的写法

属名和种名通常用斜体字表示，而属名的首字母大写，种名的首字母则不用大写。例如，一个植物的属名是"*Genus*"（斜体），种名是"*species*"（斜体），那么它的完整学名就是"*Genus species*"。对于属以上的分类单位，如目、科等，使用正体字书写，而属名和种名仍然用斜体字。例如，"Family"（科，正体）中的"*Genus*"（属，斜体）和"*species*"（种，斜体）组成的"Family *Genus species*"表示该物种属于某个科中的某个属。

植物的学名，是按照《国际植物命名法则》确定的，采用双名法，由属名和种加词组成，统一使用拉丁文词，一般写为斜体，以区别定名人的人名。例如，"*Prunus armeniaca* L."中的"*Prunus*"是属名，"*armeniaca*"是种加词，"L."是定名人的名字缩写，不斜体。

（2）品种名的写法

新品种名的命名遵循一定的规则，确保品种的唯一性和可识别性。品种加词允许标音，在书写时需使用单引号括起来，并且不能使用"cv."作为品种名等级标记；使用直接的字母书写形式，而不是翻译。例如，"*Prunus mume*'雪海宫粉'"的正确标音应为"*Prunus mume*'Xuehai Gongfen'"。同时，品种加词不允许翻译，除非是在商品名称中使用。例如，"Abc'Red Leaves'"在学术作品中应保持为"Abc'Red Leaves'"，而不是翻译为中文"Abc'红叶'"。

（3）学名及品种名书写的注意事项

①正确命名　确保使用的科属种及品种名是准确和最新的。包括使用公认的学名，避免使用俗名或非标准名称。

②一致性　在科技论文中，科属种及品种名应保持一致。一旦在文中选择了一种命名方式，应在整个论文中保持一致。

③首次引用时的说明　科属种及品种名在文中首次出现，应在括号内提供完整的学名，以便读者查找和确认。如某种植物（学名：Species name）。

④缩写　频繁出现的科属种及品种名使用公认的缩写形式，但这些缩写应在文中第一次出现时予以说明。如某种植物（学名：Species name），可缩写成 S. name。

⑤特殊情况的处理　对于新发现的物种或变种，应在论文中提供足够的说明，确保读者能够理解这些名称的含义和用途。对于那些已经定名的科技名词简称，应确保其使用的规范性和准确性。

4.3　科技论文的句式规范

科技论文的写作风格和结构有其特定的规范和要求，应确保信息的准确性和清晰度。在语法方面，科技论文倾向于使用陈述句，这是因为科技论文主要对科学事实进行描述和表达，通过逻辑推理和科学分析来陈述、讨论和总结科学结论及认识。这种文体要求语言简单明了，以便读者阅读和理解。避免使用过长的句子和过多的修饰语，疑问句、反问句也应尽量少用，以保持语言的简洁和直接，有助于提高科技论文的可读性和专业性。

4.3.1　主谓陈述句

主谓陈述句是科技论文中最常用的句型，其基本结构由主语和谓语两个成分构成。谓语是句子结构的核心，决定了句型的分类。主谓句的表述更加简洁明了，逻辑清晰，有助于读者快速理解作者的研究观点和实验结果。

4.3.1.1　句型

科技论文中的句型，按照结构可以分为单句和复句。单句是只包含一个主谓结构的句子。它可以是主谓句，由主谓短语带上一定的语气语调构成，如"这种树木生长迅速"；也可以是非主谓句，由主谓短语以外的其他短语或单个词构成，如"禁止砍伐"。

复句是包含两个或两个以上主谓结构的句子，指的是两个及以上的独立句子通过逗号、分号、冒号等标点符号连接而成的句子。句中的几个主谓结构互不包含，关联词语是重要标志，句内多有停顿。复句可以根据复句组合方式的不同，分为因果复句、选择复句、条件复句、目的复句等，如"如果森林遭到破坏，那么生态环境就会恶化，因此我们必须保护林业资源"。

单句按照结构可以分为主谓句和非主谓句。

> 主谓句：由主谓短语构成，而主谓短语又由陈述的对象（即主语）和陈述的问题（即谓语）构成。例如：
>
> 　　树龄　为 5 年，产量　为 5 kg。
> 　　主　谓　　　主　谓
>
> 非主谓句：由单个的词，或者主谓短语之外的其他短语构成。例如：
>
> 　　树龄，5 年；产量，5 kg。

非主谓句常常带有一定的修辞色彩（强调、赞誉、感叹等），如"多么繁茂的森林，孕育着无数生命的奇迹！"在这个例子中，"多么繁茂的森林"是一个非主谓句，它通过对森林的繁茂程度进行强调，突出了森林的生机与活力。同时，"孕育着无数生命的奇迹"则是对森林功能的赞誉，强调了森林在生命繁衍和生态平衡中的重要作用。通过非主谓句的运用，既强调了研究对象的特点，又表达了对林业资源的赞叹之情，故多用在日常生活、文艺作品等中。主谓句则显得中性、自然，且能清楚地表明陈述的对象和问题，如"森林孕育着无数生命的奇迹"，因此更适合在科技作品中使用。但科技论文并不排除使用非主谓句。

单句按照用途可以分为陈述句、疑问句、祈使句、感叹句。

陈述句：述说一件事的句子，可肯定或否定。

疑问句：提出一个问题（非直接）。

祈使句：要求做什么事，或制止做什么事（命令口吻）。

感叹句：对某件事产生感叹（感情色彩）。

在科技论文中，必须指明陈述的对象，交代清楚陈述的内容，故一般只使用主谓陈述句。除极个别情况外，其他 3 种句式都不能使用。例如：

芽苗砧嫁接法，简单，易行，成本低，工效高，真可谓行之有效！

这是一个典型的非主谓句。非主谓句显得有力、灵活、富于节奏，在科技作品中，特别是在描述植物的形态特征及产品外观质量时经常使用。如"常山胡柚，果实鲜黄色，富有色泽，香气浓郁"。但是，由于这种句式主谓语常常比较隐含，如果用不好，就会造成语序混乱、语气脱节，甚至逻辑关系不清的现象。如上述例子，也存在混乱，特别是"成本低，工效高"，似乎不应成为"方法"本身的属性，而是使用这种方法以后的效果，应该出现在"行之有效"之后；语气中似有不自然停顿"简单，易行"；本例最后一个短句，是一个带有感叹语气的句子，在科技论文中不允许使用。试改为："芽苗砧嫁接是一种简单易行而又行之有效的方法，与传统嫁接方法相比，不仅可降低成本，还可提高工效。"

以上为一个主谓陈述句，避免了原文的混乱现象和感叹意味。

4.3.1.2 主谓陈述句成分残缺

科技论文中，主谓陈述句成分残缺是一个常见的语言问题，它主要表现为句子缺少必要的主语或谓语，导致句子意思表达不完整。以下是具体的示例。

(1)主语残缺

示例1：研究了该树种的生长习性，发现其适应性强。

在这个句子中，由于缺少主语，读者无法明确是谁或什么机构"研究了该树种的生长习性"。这种成分残缺的问题，影响了句子的完整性和清晰度，降低了论文的质量。

为了修正这个问题，可以在句子前添加明确的主语，如"我们研究了该树种的生长习性，发现其适应性强。"这样，句子的意思就变得完整清晰了。

示例2：这一问题引起了有关专家的注意，并开展了研究工作。

逗号分开的是两个并列分句，如果后面一个分句没有写出主语，则前面分句主语成为后面分句的主语，于是发生主语谓语搭配错误的情况。

正确：有关专家注意到这一问题，并开展了研究工作。

(2)谓语残缺

示例1：中国林业部门正在积极推广植树造林的技术。

在这个句子中，由于修饰语"积极推广植树造林"过长，作者可能忽略了谓语中心语，导致谓语残缺。

正确：中国林业部门正在积极推广植树造林的技术措施。

示例2：上面介绍的方法，用毛细管电泳测定条带。

缺少谓语，应补上谓语"是"。

正确：上面介绍的方法，是用毛细管电泳测定条带。

4.3.2 被动句

4.3.2.1 语态

在一个主谓句中，如果是用动词作谓语，就存在语态问题。

主动句：主语是施动者，即动作发生者。如"他抓住了凶手"。

被动句：主语是被动者，即动作接受者。如"凶手被他抓住了"。

两者虽然意思是一样的，但在语气上有差别。

{ 主动句：强调施动者。如"他抓住了凶手"，强调见义勇为的英雄形象。

{ 被动句：强调被动者。如"凶手被他抓住了"，强调犯罪分子被制服。

在科技论文中，人的因素是次要的，客观事物本身是主要的，因此更多的情况下使用被动句，需要突出的是客观事物，当然也不排除使用主动句。被动语态尤其是在不知道或不必指出行为主体时，可以避免提及行为执行者，从而使句子更加客观和通用。例如，在文献综述和研究报告中，被动语态可以用来描述研究或实验的结果，不必涉及具体的研究者或实验者，这样可以专注于描述事实和知识，而不是个人的参与。

4.3.2.2 科技论文适合使用被动句

在科技论文中，被动句的使用是特别适用的，因为它能够突出动作的对象或结果，使得表述更为客观、准确。

示例 1：该树种的适应性被广泛研究，结果显示其具有较强的抗逆性。

在这个句子中，"被广泛研究"是一个被动结构，它突出了"该树种的适应性"是研究的对象，而"结果显示其具有较强的抗逆性"则进一步说明了研究的结果。这样的表述方式使得句子更加客观、准确，符合科技论文的写作要求。

示例 2：本文采用日立 835-50 型氨基酸自动分析仪测定氨基酸，含糖量用 waters 高效液相色谱仪测定。

本示例第一个单句是主动句，使得语言上不规整，语气上也显得不连贯，应统一，但被动句稍好。另外，"本文"实际上是指作者，相当于第一人称代词"我"或"我们"。在科技作品中，无论是主动句，还是被动句，主语是泛指人的情况下，往往可省略。因为科学研究要求具有重复性，无论什么人按照同样的方法、步骤去做，都可以获得同样的结果，无需指明。这也表明了作者是站在客观的立场上讨论问题，突出研究的对象。

4.3.3 句子结构使用技巧

科技论文的句子结构对于组织思想和传达观点非常重要。科技论文中句子结构应保持紧凑，有助于读者更好地理解和跟随论文的逻辑，可提高论文的可读性和信息传递效率，确保读者能够快速准确地理解论文的核心内容和研究结果。

句子结构的松与紧说明如下。

{ 松：一个意思或几个意思多分层，或者反复阐述。句中并列成分多，或并列的分句
　　 多(分层)，停顿也就较多。

{ 紧：几个意思或几层意思集中在一起。形成长定语、长状语句式，句中成分结合得紧
　　 密，不停顿或很少停顿。

同样的意思，结构松或紧修辞的效果是不相同的。如：

{ 中国人民是勤劳的人民，是勇敢的人民，是伟大的人民！

{ 中国人民是勤劳、勇敢和伟大的人民！

从修辞效果上看：

{ 松：语气跳跃，富于节奏；带有一定感情色彩或强调意味。属积极修辞。

{ 紧：语气平和、连贯，逻辑严密；不带色彩。属消极修辞。

通常，科技论文中使用结构紧凑的句式，用来表达事物的概念，以及复杂事物的关系和事物复杂的变化。但如果是为了突出几个意思，也可采用结构松散的句子。

示例1：2016年4月用同一批长柄扁桃实生苗造林，翌年4月中旬抽样调查成活率，上坡平均成活率为80%，中坡平均成活率为85%，而下坡平均成活率达90%。

本示例属结构松散的句子。首先不符合"简洁明快"的要求。按这一要求，可改成："……上坡的平均成活率为80%，中坡为85%，而下坡为90%。"后两个分句省略主语的中心词。或"……调查(统计)平均成活率，上坡为80%，中坡为85%，而下坡为90%。"将前置词(即"公因子")提出来，3个分句型统一规整。

但修改后的句子仍属结构松散的句子，将表示坡位这个立地因子的3个类目(概念序列)，和表示成活率这个指标的3个数值(数值序列)，割裂在3个松散的单句中，造成了视觉上和思维上的停顿。结果是突出长柄扁桃在3个孤立立地条件下的存活状态。其实本示例没必要强调哪个坡位的成活率。虽然作者最后一个分句中用了"而"，试图转折或强调(最好)，但从这个成活率数字看，与前两个数值表现出的规律没有违背之处，与一般的规律也无特别之处。这里要表达的是坡位自上而下时"平均成活率"所表现的客观规律性。因此应改为紧句的形式："……抽样调查平均成活率，上、中、下坡依次为80%、85%、90%。"这样可以很好地体现客观事物的逻辑次序，以及两个序列的规律性和对应关系，而且文字最少，表达效果最好。

示例2：通过对比分析不同林分类型的土壤水分含量，我们发现混交林的土壤保水能力显著优于纯林。

在这个句子中，"通过对比分析不同林分类型的土壤水分含量"是一个介词短语作为状语，紧凑地描述了研究的方法或手段，而"我们发现混交林的土壤保水能力显著优于纯林"则是主句，简洁明了地陈述了研究的结果。整个句子结构紧凑，信息传达准确。

但要注意，由于科技论文中多采用紧句，句子成分复杂，并列或隶属成分很多，关系也很复杂，因而使句子冗长，可能造成语言晦涩难懂，甚至产生歧义。因此，对于一些过于复杂的紧凑句应改成散句，以表达清楚。

示例3：中华猕猴桃'通山五号'是1980年9月全国猕猴桃资源普查时在猕猴桃的原产中心幕阜山脉的通山境内海拔1554 m处55°坡地发现的。

该示例应按如下逻辑进行分层。

发现时间：是1980年9月在全国……普查时发现的。

发现地点：细节一"发现地在(湖北省)通山境内的一处山坡上"。

　　　　　细节二"海拔1554 m，坡度55°"。

　　　　　细节三"位于猕猴桃原产中心的幕阜山脉"。

分层方法：时间→地点

　　　　　重要细节→次要细节

因此，这句话应该修改为"中华猕猴桃'通山五号'于1980年9月全国猕猴桃资源普查时被发现，地点位于湖北省通山境内一处山坡，具体坐标为海拔1554 m、坡度55°，该区域属猕猴桃原产中心——幕阜山脉"。

4.3.4　逻辑关系清晰

科技论文的撰写中，语序的逻辑性至关重要。逻辑思维是思维的高级形式，是以抽象的概念、判断和推理作为思维的基本形式，通过分析、综合、比较等过程，揭示事物的本质特征和规律性联系。因此，科技论文中涉及逻辑推理、理论抽象的部分必须依靠逻辑思维来确保言之成理、论证有力、令人信服。这种逻辑规律遵循思维的规律，贯穿于科技论文的撰写过程中，无论是理论型、实验型还是描述型论文，都必须具备内在的逻辑性。

逻辑可分为客观逻辑和思维逻辑。

客观逻辑：客观事物的固有规律，即客观规律。如大小、方位、前后……

思维逻辑：认识事物过程的规律，即认识规律。如结构→功能，原因→结果，现象→本质，主要→次要……

示例 1：出籽率 58%，出仁率 77%，出油率 32%（按生产过程安排语序）。

示例 2：该法是一种先进可靠、简单易行的方法（按认识上的重要程度）。

语序符合客观事物的规律性，或人的思维逻辑的规律性，是"平直"所需要的。使文理清晰，易读易懂。

4.3.5　语句流畅准确

科技论文修辞的特点是语言规范、标准，表述直接明了；句型比较单一稳定，有的甚至形成专门的"科技句型"，构成句子的词汇也单一（科技名词），且具有单义性，一般来说，科技作品句子的语法错误不太容易出现。但是，科技论文句子的成分复杂，句子成分的位置关系和搭配关系难免顾此失彼，出现语言上的逻辑错误，从而影响语句的流畅性和准确性。

4.3.5.1　位置颠倒

科技论文中，位置颠倒通常指的是句子成分排列不当，导致句子意思表达不清或逻辑混乱。以下是一个位置颠倒的示例，并给出了修正后的句子。

示例：我们发现了混交林土壤保水能力显著优于纯林，通过对比分析不同林分类型的土壤水分含量。

此句中，"通过对比分析不同林分类型的土壤水分含量"这一状语被放在了句末，导致句子读起来不够流畅，且重点不够突出。

正确：通过对比分析不同林分类型的土壤水分含量，我们发现混交林的土壤保水能力显著优于纯林。

修正句中，状语被放在了句首，紧接着是主句，这样的排列使得句子更加流畅，且重点更加突出，符合科技论文的写作要求。

4.3.5.2　搭配不当

示例：我国仁用杏种质资源丰富，为选育丰产抗病物种、品种类型提供了物质条件。

"选育"是育种学上的一个术语，意思是"选择、育成"，是人工的。"品种"可选择和培育，但"物种"是天然形成的，使用"选育"是不当的。因此，可初步改为"……，为选择或培育……"。

实际上，"选择……物种"和育种的"选择"还不是同一回事，育种上的"选择"要经过一定的选择程序，而"选择……物种"并不需要这些程序，仅是一个生产上的普遍环节。所以，应改为：为选择丰产抗病树种和选育丰产抗病品种类型……

"物种"是遗传育种上的专业名词；"树种"是生产栽培上的一个普通词（广义）。

例如，"植物的茎起着连接和支持植物的作用"。这样表达会被误解为两株间，应改为"植物的茎起着连接和支持植物体的作用"。

4.3.5.3 次序颠倒

(1) 主谓/动宾次序颠倒

正常的句子应是主语在前，谓语在后，宾语在谓语之后。主语、谓语和宾语的位置不当，往往会导致句子在语法、逻辑和语意上的差错：主谓次序颠倒，就将造成原来的主语变成宾语的语病；动宾次序颠倒，就会造成原来的宾语成为主语的错误。

示例：在高通量测序急需更新换代的今天，是值得研究这一问题的。

示例中，"这一问题"应是主语，因被错放了位置，致使全句缺主语。应改为：在高通量测序急需更新换代的今天，这一问题是值得研究的。

(2) 关联词语的位置颠倒

关联词的位置应遵循如下规则：若前后2个分句的主语相同，则关联词语置于主语之后；否则，关联词语应置于主语之前。研究生撰写论文时，如果不注意遵循这一规则，就会产生语病。

示例：不仅这种状况严重影响了森林病虫害评价研究及其成果的推广，而且对病虫害研究体系的规范化造成了影响。

仔细分析可以看出，示例中前后2个分句的主语都是"这种状况"，故关联词"不仅"应移到"状况"和"严重"之间。应改为：这种状况不仅严重影响了森林病虫害评价研究及其成果的推广，而且对病虫害研究体系的规范化造成了影响。

思考题

1. 如何确保科技论文中使用的科技词汇准确无误，且符合学科规范？
2. 科技论文中，如何运用多样化的句型结构来增强文章的可读性和逻辑性？
3. 科技论文应遵循怎样的语言风格和学术规范？如何确保论文的正式性、客观性和严谨性？

第5章 科技论文中非文字语言运用

【本章提要】

文字语言是各种文体的重要载体，然而，在科技论文写作中，除了文字语言这种载体形式以外，还有另外一种特殊的载体形式，即非文字语言，也有人称之为"人工语言"。非文字语言在林业科技论文写作中涉及面广，用法相对规范，但又容易出错。本章系统讲述了符号、公式、数值等科技论文非文字语言的使用原则及表示方法，以期为科技论文非文字语言的准确使用提供理论基础。

所谓非文字语言是指文字语言系统之外，用以表达思想、传递信息的一种书面符号系统，它包括符号、公式、图标、数值与计量单位等，是科技写作语言的重要组成部分，周密正确的符号，恰当表达的公式，准确无误的数值和计量单位，更能准确、精练、直观、形象地表达思想，传递信息，起到一般文字语言难以起到的作用。在科技论文中合理、恰当、规范地使用非文字语言，一方面可以使科技论文语言表达更精确、更直接、更简明；另一方面也可使内容的表达更直观、更生动，概括性更强，从而增加论文信息量，更好地达到学术交流的目的。

5.1 符号的用法

5.1.1 符号的概念

符号是人为选定的标记，用来代表事物的概念或概念之间的某种关系的标记。符号包括形式和意义两个方面的要素，是一定形式和一定意义的统一体，二者缺一不可。形式是符号的外壳，可以被人的感觉器官感知，具有物质性；意义则是符号形式所代表的内容，指现实现象的事物。如"π"表示圆周率；">"表示关系；"pH 值"表示酸碱度，且 p 必须小写，H 必须大写才是准确的表述，在论文写作或 PPT 汇报中经常出错。

符号通常可分为语言符号和非语言符号两大类，语言符号包括文字、词汇等，非语言符号则包括视觉符号、听觉符号、触觉符号等。为了表达简洁，科技论文中的学术语言除了文字语言，往往还采用文字以外的符号来表达一些特殊的事物或现象，如化学中的元素符号，数学中的运算符号、微积分符号、函数图像等，物理学中的光路图、电路图等。在教学过程中，任何新出现的学术概念或特殊符号都是要仔细解释的，但在科技论文中则未必细加解释。这难免抬高了科技论文的阅读门槛，将没有特殊知识背景的人挡在了读者群之外。作为作者，应尽量做到解释清楚科技论文中的非语言符号。

5.1.2 符号使用的场合

符号作为一种人工语言系统，原则上所有的符号只能和非文字语言一起使用，但一些通用符号经常替代文字使用。

第一，和汉字结合在一起，已形成具有固定结构的科技名词。如 pH 值，维生素 C，α-萘乙酸，X 射线……

第二，通用符号约定俗成的习惯使用法，如 CO_2 排放量，有效 P，速效 K……

严格来说，这些符号属不规范使用（应用其中文名称），有人认为属使用不当，应当禁止。然而目前使用十分普遍，考虑到语言既有规范性一面，也有习惯性一面，暂时不必禁止。

第三，通用符号表达一个完整概念时和文字混用。例如，面积为 $10m^2$（复合符号组成完整概念），错例为每 m^2 产量（不完整概念）；占 50%（复合符号组成完整概念），错例为% 含量（不完整概念）；N 含量（指氮元素），N 肥（意为含氮的肥）。

在林业科技论文中，符号的使用场合主要包括以下几个方面。

①量的名称　例如，L（长度）、m（质量）、t（时间）、I（电流）、F（力）、p（压力）、U（电压）、E（电动势）、V（体积）、E（能）、A 或 S（面积）、ω（omega，质量分数）、φ（fai，体积分数）、ρ（rho，质量浓度）、c（物质的量浓度）等，这些符号用于表示物理量。

②化学元素符号　例如，H（氢）、O（氧）、Ca（钙）、Na（钠）、S（硫）、H_2O（水）、CaO（氧化钙）、NaCl（氯化钠）等，用以表示化学元素及化学式。

③生物学中的属以下（含属）的学名　例如，*Pinus*（松属）、*Camellia*（山茶属）、*Populus*（杨属）、*Medicago*（苜蓿属）、*Prunus*（李属）、*Salix*（柳属）等，用于表示生物分类。

④数学符号　例如，表示标题分级序号的 1.1、3.2.1 等，表示内容多条目的（1）（2）（3），或（一）（二）（三）等，表示数量的 i、$2+i$、x、自然对数 e、圆周率 π 等，表示运算的 +（加）、−（减）、×（乘）、=（等于）、<（小于）、>（大于）等。

⑤计量单位　如 m（米）、g（克）、L（升）、m/s（米每秒）、$J/(m^2 \cdot d)$（焦每平方米每天）、$\mu mol/(m^2 \cdot s^1)$ 或 $\mu mol \cdot m^{-2} \cdot s^{-1}$（微摩尔每平方米每秒）、mol（摩尔）、$kg/m^3$（千克每立方米）等。

⑥词头　词头只有与单位结合才有意义。$k(10^3)$、$c(10^{-2})$、$h(10^2)$、$M(10^6)$、$m(10^{-3})$ 等，与计量单位结合，如 km（千米）、hm^2（公顷）、cm（厘米）、kg（千克）等。

⑦标点符号　例如，"。"（句号）、"；"（分号）、"："（冒号）、"—"（连接号）、"——"（破折号）、"（）"（括号）、"［］"（方括号）、"……"（省略号）等。

5.1.3　符号使用的原则

5.1.3.1　选用通用的标记作符号

许多符号在国际上是通用的，并且制定了一系列世界统一的科技符号国际标准，如数学、化学等符号。我国也颁布了相应的国家标准，如《有关量、单位和符号的一般原则》（GB/T 3101—1993）、《物理科学和技术中使用的数学符号》（GB/T 3102.11—1993），这些标准应当首先选用。

很多学科专业也制定了大量的专业符号，如植物学中：

⊙——一年生植物 ○——二年生植物

Ħ——灌木 ħ——乔木

♀——雌花 ♂——雄花

♂/♀——雌雄异株 (♂、♀)——雌雄同株

这些符号在一定的专业领域是通用的，也可考虑选用。但其缺点是标记不规范，许多标记不是印刷符号，因此有些已经淘汰或不常用。

如果没有通用符号，必要时也可借用或自己设计一个标记符号，注意尽量规范；自己设计的要容易理解，不与现有通用符号发生混淆。并且在第一次出现时，注明它代表的意义。

5.1.3.2 符号使用统一原则

科技论文中的符号使用遵循以下统一原则。

①首次出现 在论文中首次出现的符号应该在其后用一句话或括号标注其含义。

②符号一致性 同一个符号在整篇论文中应该始终保持一致，不应该出现多个含义。如果需要改变符号的含义，应该在文章中明确说明。

③符号清晰明了 应该选择简洁明了的字母或符号，避免使用过于复杂或容易混淆的符号。同时，符号的含义应该与其形状或字母的含义相关联，以便读者能够更容易地理解。

④避免过度使用 符号的使用应该适度，避免过度使用导致读者的困惑，只有在需要简化表达的情况下才进行使用。

⑤遵循前人规范 在使用符号之前，应该先查阅相关文献，了解该领域已有的符号，遵循前人的规范可以提高论文的可读性和可理解性。在无前例可遵循的情况下，应该与导师、其他专家进行交流与讨论。他们可以提供宝贵的意见和建议，帮助改进符号说明。

5.1.3.3 物理量的名称的使用原则

（1）不使用已废弃的量名称及符号

新的国家标准共列出了614个物理量的名称，并对其中约200个量的名称进行了修改和补充，有的则已废弃旧名称。表5-1、表5-2列出了林业科技论文中常见的，近期论文中还能见到使用的已废弃的量名称和单位符号。

表5-1 常见弃用名称

弃用名称	标准名称及其单位符号
重量	质量：kg，g，mg
比重	体积质量，密度：kg/m^3 相对体积质量，相对密度：1
原子量	相对原子质量：1
分子量	相对分子质量：1 分子质量：kg，常用u（原子质量单位）

（续）

弃用名称	标准名称及其单位符号
浓度（百分浓度）	质量浓度：kg/m^3（如糖水溶液含糖量，0.1% $KMnO_4$） 或 kg/L
浓度，体积百分含量	体积分数：1（如气体含量，酒精中乙醇含量） 或：L/L，mL/L
浓度，质量百分比浓度	质量分数：1（如固体物质含水量等） 或 g/kg，g/g
摩尔浓度 当量浓度 体积克分子浓度	浓度，物质的量的浓度：mol/m^3，常用 mol/L
比热	质量热容，比热容：$J/(kg \cdot K)$

表5-2　常见弃用单位符号

单位名称	弃用单位符号	标准符号
分	m	min
秒	sec	s
天	day	d
（小）时	hr	h
年	y，yr	a
星期	wk	星期，周
月	mo	月
公顷	ha	hm^2
勒（克斯）	lux	lx
转每分	rpm	r/min
浓度	ppm（parts per million＝10^{-6}） ppb［parts per billion＝10^{-9}（美、法等），10^{-12}（英、德等）］ ppt［part per trillion＝10^{-12}（美、法等），10^{-18}（英、德等）］	$\mu g/g$，g/g 或 mL/L，L/L 或 mg/L，kg/L

　　示例：水涝12 d和16 d，银杏组织水分含水量下降2.65%和4.02%，降幅为3.53%和5.35%。

　　显然前后两个"%"代表的不是同一个概念，违背了同一律，造成表述和理解上困难。前两个%为"含水量"，用作计量单位，后两个"%"则为数字的百分单位。根据约定的意义，表固体物质含水量时，为质量之比，即质量分数。改写为：水涝12 d和16 d，银杏组织含水量下降 26.5mg/g(或 g/kg)和 4.02mg/g(或 g/kg)，降幅为 3.53% 和 5.35%。类似的有纯度、出汁率、含量等。

(2)应使用国家标准规定的量符号

在最新国家标准中，每个量都由 1 个或 2 个以上的符号来表示，这些符号就是标准化的符号，我们应使用这些标准化的符号，而不应该自造符号，在使用这些符号时，要注意它们的大小写。如功率符号为 P，不能写成 p；而压力或动量的符号为 p，则绝不能写成 P；还有 pH，许多人误写作 PH。还有一些作者把化学元素符号作为量符号使用。如：$H_2O : CaO : NaCl : S = 72 : 10 : 4 : 3$，它实际上表示的是这 3 种物质的质量之比，但这样表示是错误的，正确的表示方法为 $m(H_2O) : m(CaO) : m(NaCl) : m(S) = 72 : 10 : 4 : 3$。一般不要使用正体字母表示量符号。除表示酸碱度的符号 pH 和表示材料硬度的符号 HRC 等必须用正体字母表示外，其他量符号一律采用斜体字母表示。

(3)不要对由两个字母组成的量符号与两个量符号相乘相混淆

为避免把由两个字母组成的量符号误解为两个量相乘，相乘的量符号之间应当有表示乘号的"·"或"×"或加空(通常为 1/2 个阿拉伯数字，相当于 1/4 个汉字的宽度)。

5.1.3.4 生物学名的使用原则

①属名和种名的构成 每种植物的名称由两个拉丁词组成，第一个词为某一植物隶属的"属名"，第二个词是"种加词"，起着标志某一植物种的作用。属名的首字母大写，而种名以下各级名称之首字母均小写。

②命名者的标识 在学名后面附上命名者。

③书写格式 学名书写规则规定，学名的科和命名者不能斜体，属名和种加词必须用斜体。学名科属名称的第一个字母必须大写，后面字母小写，而种名中的属名首字母须大写，属名后紧跟的种加词及以下各级名称之首字母均小写。

④缩写规则 当同一属名重复出现时(植物学专著和索引除外)，从第二次出现开始，必须使用缩写形式。命名人的名字也有特定的缩写规则，如姓氏全称或缩写形式。

示例 1：油桐是大戟科(Euphorbiaceae)油桐属(*Vernicia*)植物的统称(科名称为正体，属名用斜体)。

示例 2：试验材料三年桐(*Vernicia fordii* Hemsley)及千年桐(*Vernicia montana* Wils.)均采自湖南湘西永顺县青坪镇国家油桐种质资源保存库(种名用斜体，命名者为正体)。

这些规则确保了植物学名的统一性和规范性，使得科技论文能够准确、有效地记录和呈现物种研究结果。

5.1.3.5 计量单位的使用原则

①注意区分单位符号的大小写 单位符号有大写、有小写，不能乱用。例如，不能将长度单位 cm 写作 CM，质量单位 t 写作 T；也不能把压强单位 Pa 写作 pa，电子能单位 eV 写作 ev。但体积单位"升"的符号有"L，l"两种写法，推荐使用"L"，因为小写"l"易与数字"1"混淆。

②相除组合单位符号中的斜分数线"/"不能多于 1 条，当分母中有 2 个以上单位时，分母应加(·) 相除组合单位的写法有 2 种形式，如速度单位的符号可写作 m/s 或 m·s^{-1}。

但当分母中有 2 个以上单位时，如热导率的单位符号为 W/(m·K)，而不能写成 W/m/K 或 W/m·K。

③中文符号不能与单位符号混合使用　在书写单位时，要么都用中文符号(用单位名称的简称)书写，要么都用单位符号书写，一般不能混合使用。如单位面积每天接收的太阳能可写成 J/(m²·d)，但不能写成 J/(m²·天)或焦/(平方米·天)。这里需要说明的是，当组合单位中含有计数单位或没有国际符号的计量单位时，可以用汉字与单位符号构成组合单位，如 cm/月，元/hm² 等。

④不能在组合单位中插入数字　例如，g/100mL，是在组合单位 g/mL 的分母上插入了"100"，应改为 g/mL，或 10⁻² g/mL，或 10 g/L。

⑤数值与单位符号间应留有空隙，以 0.5~1 个阿拉伯数字字距为宜　例如，数字与℃之间有空隙，"25℃"应改为"25 ℃"；试验地海拔 800 m，"800"和"m"中间需要空格。但数字与%之间无空隙，"30 %"应改为"30%"。

除了以上各个类别的符号的使用原则，科技论文中还应注意符号与文字之间的正确使用。在独立阅读的文本中不应使用符号，以避免信息丢失或混淆，如标题、摘要、关键词、每张图表的说明文字等。

5.1.4　标点符号的用法

5.1.4.1　中文标点符号的用法

科技论文除了注重逻辑和语言，还应注意符号与文字之间的正确使用，符号中与文字关联最大的当数标点符号。标点符号是书面语言不可缺少的组成部分，是辅助文字记录语言的符号，用来表示停顿、语气以及词语的性质和作用，科技论文中的标点符号，可以帮助读者更好地理解文中的内容和含义。

标点符号分为点号、标号两大类。点号表示句子内部的停顿和句子的结束，标号表示书面语言里词语的性质或作用，用于标注注释、补充说明有特殊含义的内容。点号包括句号(。)、问号(?)、叹号(!)、逗号(，)、顿号(、)、分号(;)和冒号(:)。标号包括单双引号('' " ")、括号〔( )［ ］｛ ｝〕、破折号(——)、省略号(……)、着重号(.)、书名号(《》〈〉)、间隔号(·)、连接号(-)、专名号(＿ ＿ ＿ ＿)和分隔号(/)等。以下是对中文科技论文中常见标点符号用法的总结。

(1)句号

基本用法：用于句子末尾，表示陈述语气或语气舒缓的祈使语气和感叹语气。使用句号主要根据语段前后是否有较大停顿，并不取决于句子的长短。

示例1：结果表明'窄冠白杨 1 号'遗传转化体系的建立需考虑到菌液浓度、侵染时间、共培养时间，在最优组合下转化率应最高。如表 2 所示。

"如表 2 所示"并非一个独立句子，其前面的句号应改为逗号。

示例2：油桐具有一定的抗旱性。当土壤含水量高于土壤田间最大持水量的 70%时不会对油桐正常生长产生影响。当土壤含水量低于土壤田间最大持水量的 35%时对油桐正常生理代谢产生严重影响。

句号用得太多，导致句子割裂太碎，可读性不强，只需末尾的句号即可。

（2）逗号

基本用法：复句内各分句之间的停顿，可用于下列的各种语法位置。

较长的主语之后；句首的状语之后；较长的宾语之前；带句内语气词的主语（或其他成分）之后，或带句内语气词的并列成分之间；较长的主语之间、谓语之间、宾语之间；前置的谓语之后或后置的状语、定语之前；并列短语组成部分较长时。

示例 1：值得注意的是，这次检查发现的问题全部出现在联营柜台上。

示例 2：由表 3 可见，不同授粉父本对油茶果实鲜出籽率和干籽出仁率均有显著影响。

常见错误：第一，插入语没有加逗号跟其他成分分隔。如毫无疑问后期补充实验我们只能在明年的适当时间再进行了。这里的"毫无疑问"后面应加逗号。第二，不该用逗号的地方用了逗号，把句子肢解了。如此次实验结果，完整地说明了后续课题组应该把瞬时基因表达分析，作为未来的研究方向。"作为"前面的逗号应去掉。

（3）顿号

基本用法：用顿号点断的只能是呈并列关系的词语或者短语；顿号可用于某些序次语之后；由于英文中没有顿号，并列阿拉伯数字间和并列外文字符间的停顿，用逗号而不用顿号；标有引号的并列成分之间、标有书名号的并列成分之间不能加顿号。

示例 1：综合依据花期、坐果率、种实特征、果实含油率和不饱和脂肪酸含量等指标及主成分分析，筛选出……

示例 2：风格的具体内容主要有以下 4 点：a、题材；b、用字；c、表达；d、色彩。

示例 3：连接 A，B，C，D 4 点成一个四边形（外文字符间用逗号）。

示例 4：《红楼梦》《三国演义》《西游记》《水浒传》，是我国长篇小说的四大名著（书名号间不用任何标点符号）。

（4）分号

基本用法：复句内部并列关系的分句之间的停顿；非并列关系的多重复句第一层之间的停顿；分项列举的各项之间。

示例 1：结果表明：与对照相比，轻度干旱胁迫对两种油桐生长……无明显影响；中度干旱及重度干旱使两种油桐的……显著下降；中度干旱胁迫下……因素引起的。

示例 2：图注：CK：正常供水（对照）normal irrigation（control）；LS：轻度干旱 light drought；MS：中度干旱 moderate drought；SS：重度干旱 severe drought；不同大写字母表示同一处理不同物种间差异显著，不同小写字母表示同一物种不同处理间差异显著（$P<0.05$）；图中数据为平均值±标准差（$n=9$）。

（5）冒号

基本用法：用于总说性或提示性词语（"说""例如""证明"）之后，表示提示下文；表示总结上文；用在需要说明的词语之后，表示注释和说明；用于书信、讲话稿中称谓语或称呼语之后。

示例 1：结果表明：与对照相比，轻度干旱胁迫对两种油桐生长……

示例 2：女士们、先生们：……

补充：一个句子内部一般不应套用冒号，如不得不套用冒号时，宜另起段落来显示各个层次。另外，冒号与"即"或"也就是"这类词语不应同用。

（6）引号

基本用法：引号表示直接引用的话或需重点论述的对象；还可表示具有特殊含义的词语；引号里面还可以有引号，外层用双引号，内层用单引号。

示例1：习近平总书记指出："我们既要绿水青山，也要金山银山。宁要绿水青山，不要金山银山，而且绿水青山就是金山银山。"这一科学论断，清晰阐明了"绿水青山"与"金山银山"之间的关系，强调"绿水青山就是金山银山"的价值理念。

示例2："在硅酸盐水泥体系中，'水化硅酸钙'是主要的水化产物相"。

示例3：'华硕'油茶、'次郎'甜柿、'宁杞1号'枸杞、'华桐1号'油桐等（林木新品种或者良种需要加单引号，两个单引号之间不用逗号）。

（7）括号

基本用法：括号包括圆括号（）、方括号［］、六角括号〔〕、方头括号【】、大括号｛｝等。括号表示行文中注释性文字。注释句子中某些词语，括号紧接被注释词语之后；注释整个句子，括号放在句末标点之后。

示例1：林冠的结构特点（主要是透光性）差异直接影响林下的光照状况。

示例2：若S为有限集合，则结论易证（证明步骤与下面情形类似）。

除了圆括号，其他特殊括号在科技论文中也有一定的应用。标示作者国籍或所属朝代，可用方括号或六角括号，如［英］赫胥黎《进货论与理学》。报刊标示电讯、报道的开头，可用方头括号，如【新华社南京消息】。标示公文发文字号中的发文年份时，可用六角括号，如国发〔2011〕3号文件。标示被注释的词语时，可用六角括号或方头括号，如【爱因斯坦】物理学家。

（8）破折号

基本用法：行文中解释说明的语句，一般由1个破折号引出；如果插在句子中间，可在前后各用1个破折号；连接主标题与副标题。

示例1：本研究中采用5个油茶早熟品种——'德字1号''华金''华鑫''湘林210'和'湘林97号'为试验材料。

示例2：蝉的幼虫初次出现在地面，需要寻求适当的地点——矮树、篱笆、野草、灌木枝等——脱掉身上的皮。

（9）连接号

基本用法：连接号包括短横线（-）、一字线（—）、波纹线（~）。"—"为一字线连接符，占1个汉字位置，一般用来连接地名或方位名词，表示起止、走向，或连接多个相关项目，表递进式发展或工艺流程；"-"为短横线连接符，占1/2个汉字位置，一般用来连接相关词语，构成复合结构，或连接相关字母、数字，构成型号或代号；"~"波纹线与一字线连接符一般可以通用，占1个汉字位置。

示例1：干旱胁迫设4个水分处理，其土壤含水量分别为土壤田间最大持水量的85%~90%、75%~70%、55%~50%、35%~30%。

示例2：吐鲁番-哈密盆地。

示例3：3-戊酮为无色液体。

5.1.4.2　英文标点符号的用法

英文科技论文也是重要的学术成果之一，英文科技论文是否能准确地呈现重要的研究成果，英文水平是不可忽视的制约因素之一。除英文语法正确、用词精准、流畅地道等方面，标点符号的正确使用也是英文写作的重要环节。对于英文标点符号，国际上只在各行业协会和实力较强的出版社内部制定了体例指南，并无哪个是正确，哪个是错误的定论；国内的学术期刊对英文标点符号的用法也尚无统一、官方的标准可遵循，导致国内学术期刊英文标点符号的使用错误百出，无法与中文各方面的规范性相比。虽然国际上关于英文标点符号并无统一的标准，但对于常用的标点符号，还是存在一定的共识。前文已阐述过一些常用的中文标点符号的用法，因此这里重点阐述常用英文标点符号与中文标点符号的区别。

（1）句点（Full stop）

与中文句号"。"不同，英文的句号形式是一个小黑点"."。句点除了表示句子的结束，也可用于单词的缩写，如 for example（exempli gratia）缩写为 e. g. ，et cetera 缩写为 etc. ，et alia 缩写为 et al. ，在作者单位中常见的 Limited Company 缩写为 Co. ，Ltd. 。在以上例子中，句点都不可以省略。需要注意的是，如果缩写的单词形成了一个新的单词作为整体，那么此时句点可以省略，如 United States of America 可直接写为 USA，Geography Information System 直接写为 GIS，Back Propagation 直接写为 BP，Science Citation Index 直接写为 SCI，Support Vector Machine 直接写为 SVM 等。

（2）问号（Question mark）

问号主要表示句子的疑问语气，用于直接问句后，但不可用于间接问句。

示例：Researchers have wondered why the approach is ineffective?

在示例中，由于疑问词 why 后面引导的是间接问句，而不是直接问出的，因此这里不能用问号，应改用句号。

问号还可用在括号中，表示存疑及不确定性。例如，The famous allegorical poem Piers Plowman is attributed to William Langland（1332？–1440）。这里的问号表示出生年不确定。

由于学术期刊属于正式文体，过去国外英文科技期刊也很少用到问号，近十年越来越多的期刊使用直接问句作为论文标题，以吸引读者的注意，也可以使文章题名更为生动。因此，问号可用于学术期刊论文中，但不可使用得过多，以免影响学术论文的确定性。

（3）逗号（Comma）

逗号是最经常使用的标点符号，因此也最经常出错。逗号表示句子的一般性停顿，根据其用途可分为举例逗号、连接逗号、空格逗号、括弧逗号。

①举例逗号　有 3 个或超过 3 个的单词、短语或完整的句子并列，需要 and 或 or 将其连接成句，举例逗号就用于替代这里的 and 或 or。例如，The productivity of plants depends on soil，LA index and efficiency of light conversion，and CO_2 absorption.

如果只有 2 个完整的句子，则不能用逗号连接，而要用 and 或其他连接词。例如，Cohesion increased，friction angle reduced，可修改为 Cohesion increased while friction angle reduced.

②连接逗号　与举例逗号有着细微的差别。连接逗号用来将 2 个完整的句子连接成一个单句，且必须有 and, or, but, while, yet 等作为连接词。在中国学者写作的科技论文中，最常见的逗号错误就出现在这里，我们经常见到作者犯如下错误。如 Tests were carried out under static condition, the results show that……通过添加连接词 and, or, but, while, yet 或将逗号改为句号可以避免此类错误。可修改为：Tests were carried out under static condition, and the results show that……

需要注意的是，其他连接词，如 however, therefore, hence, consequently, nevertheless 和 thus 不可以用在连接逗号后，而应根据停顿和前后关系的紧密性改用分号或句号。

③空格逗号　当一个或多个单词在后句重复出现时，可用空格逗号将其代替，以避免句子重复累赘。例如，Italy is famous for her composers and musicians, France, for her chefs and philosophers, and Poland, for her mathematicians and logicians.

④括弧逗号　也可称为分隔逗号，用来分隔句子中的插入部分，并不影响整个句子的意义完整。例如，These findings, we would suggest, cast doubt upon his hypothesis.

我们可以很简单地用以下原则来检查括弧逗号的使用是否正确：如果删掉括弧逗号和它所分隔的短语，句子仍然完整，那么就是正确的；反之，如果删掉了括弧逗号和它所分隔的短语，句子变得模棱两可或缺少信息，那么此处的逗号就使用错误了。例如，These findings cast doubt upon his hypothesis。

需要注意的是，限制性定语从句不能使用逗号，因为去掉限制性定语从句会影响句子所要表达的意思；而非限制性定语从句只是增加了一些额外的信息，如果删除的话，不会影响句子意思。

在表达日期时，美国习惯采用月-日-年的形式，年前面需要逗号，如 April 6, 2015；英国人习惯采用传统的日-月-年形式，年前面不用逗号，如 6 April 2016。当没有具体的日期，只给出年月，或表示一年中某个特殊的日子，如节日，那么在年前面也不需要逗号，如 March 2016, Thanksgiving Day 2017。

（4）冒号（Colon）

冒号主要用于一个正式的引用之前。如 The professor said：“It was horrible.”

但在科技论文中，更常见的情况是用来解释和深入阐述前面的句子，或总结上文。冒号前面应是完整的句子，后面可以是单词，也可以是短语或句子，其后不能紧跟连接符或破折号。例如，Chlorophyll content was calculated using the following equation：Total chlorophyll（mg/100 g FW）=……

冒号的其他用法有：比例符号，如 water-binder ratio 4:1；在美国用法中，表示时间时用在小时和分钟之间，如 2:10。需要注意的是，在这两种情况下，冒号后不能有空格。

（5）分号（Semicolon）

分号表示分句之间的停顿，其表示的停顿强于逗号，弱于句号。分号最常见的用法是分隔地位平等的独立子句，将 2 个或多个完整的句子连接成为一个单句，适用于以下情况：关系紧密，不适合用句号；没有连接词；不能用冒号。例如，A ruler was used to measure plant height; a Vernier calliper was used to measure plant ground diameter, as well as the transverse and longitu-dinal diameters of fresh fruits.

当有适当的连接词时，应使用逗号，而不用分号，如 Women's conversation is cooperative；while men's is competitive. 在 while 前面用分号表示并列或转折，但这里的分号使用是错误的，因为 while 是连接词，应该用逗号，不能用分号。除此之外，however，therefore，hence，thus，consequently，nevertheless，accordingly，besides 和 meanwhile 这些连接词的前面要用分号，或前面用句号另起一句。例如，Saturn was long thought to be the only ringed planet；however，this is now known not to be the case.

（6）撇号或省字号（Apostrophe）

①缩写　撇号用来表示缩写，正式文体中不算错，但是不建议这样使用，而应写出完整形式，如 It's 在学术论文中最好应写为 It is，We've 应写为 We have，can't 应写为 cannot，等等。

②不常见的复数　一般情况下，复数并不用撇号表示，但在时间的复数上，如美国用法是 1970's，而英国用法 1970s 则没有撇号，一般学术论文中比较常见的是美国用法。

③表示所有格　撇号用来构成名词所有格，所有格符号是中国作者用错最多的标点符号。所有格最基本的原则是在名词后加" 's "，如 Lisa's essay，Newton's theory。即使是以 s 结尾的名词，也需要遵循这个原则，如 Steve Davis's theory。但在以下 3 种情况下，不用 's 形式：已经以 s 结尾的名词复数所有格，只需要用撇号'，不用 s，如 two weeks' work，但需要注意，不以 s 结尾的复数形式，仍然需要加 s，如 children's，women's，men's 等；以 s 结尾的人名，其所有格形式的读音不能再另外读出 s 时，只需要撇号 '，如 Socrates' philosophy，Ulysses' companion，等；代词 ours，his，whose 等本身已经表示所属的意思，则不需要用撇号。

（7）连接符（En dash）

连接符用来表示起止范围，与中文一字线的用法相同，如 1.2-1.5，Rome-Berlin，2：00 pm-3：00 pm。但请注意，以下用法是错误的：from 1.2-1.5，between 1.2-1.5，而应改为 from1.2 to 1.5，或 between 1.2 and 1.5。但为了避免和减号混淆，有的地方要慎用连接符。

（8）破折号（Em dash）

与前文所述括弧逗号的用法相同，用来表示微弱的停顿。在英文中，破折号不宜使用过多，在一个句子中最好不要超过 2 个。如果实在需要，可以使用逗号，圆括弧等其他形式。例如，The most important thing—communication—is often overlooked.

（9）引号（Quotation mark）

引号分为单引号和双引号，一般英国人习惯使用单引号，但美国人则坚持双引号是正确的。双引号中如果还有二次引用，美国习惯将双引号在外，单引号在内；而英国人习惯单引号在外，双引号在内。科技论文中多采取双引号为主的原则。例如，The research stipulated，"All experiments must repeat three times with the materials 'Xianglin 210'."

引号中的内容即为直接引语，是重复被引用者的原话。如果被引的是一个完整的句子，那么引号内需要有句号；反之如果不是完整的句子，只是单词或特定的名词，则引号内不能有句号。

单引号的回引与所有格符号的写法（'）相同，在既有回引号，又有所有格符号的特殊情况下，需要认真区别，以避免歧义。由此也可以看出采用双引号比单引号更为严谨。例如，Professor concludes that"The Turks' influence on the Balkans has been more enduring than the Greeks' ever was."

在英语国家里，只有一种情况下各国对使用单引号达成共识，那就是引用某个单词。例如，The word 'thermometer' is derived from the Greek words thermos 'heat' and metron 'mea-sure'.

（10）斜线（Slash）

斜线的用法如下：可用来表示"或者"，如 and /or；在科技论文中用在单位中，表示 per，如 7. 87 g /cm，30 m/s；用来表示分数，如 3/4。

（11）空格（Space）

大部分英文标点符号后面要有一个空格。在 Microsoft Word 中写作时，如果逗号、句号、分号、问号等后面没有空格，直接紧跟下一个句子的首词，会有波浪线提示错误。在一些特殊的情况中，其前后空格需要格外注意。

第一，英文省略号前后不需空格。第二，引号和括号外面前后都加空格，引号和括号内不需要加空格。第三，连接符和破折号前后不需要空格。第四，冒号前面不需要空格，且冒号后面不能紧跟破折号。第五，在科技论文中，除了%，$ 和角度单位之外，使用其他量度或时间单位时，数字和单位之间必须有空格，如 10 km。

英文标点符号与中文标点符号的使用有不少差异，以上是科技论文中可能涉及的，其他在这里不再阐述。

5.1.5　外文字符的用法

在中文科技论文中，外文字符的使用是极其普遍的，外文字符有大小写、正斜体之分，使用中必须严格遵循一定的规则。若不注意区分，则会造成歧义和混乱，甚至严重差错。因此，在撰写科技论文时，正确使用外文字符，是一项十分重要的工作。外文字符的书写具有一般规则，其中许多内容在有关国家标准和规范中都做过规定，此外还有一些约定俗成的用法。

5.1.5.1　正体外文字符的用法

（1）所有计量单位、词头和量纲（与物理量不同，量纲是指物理量的基本属性）符号

计量单位和词头前文已提及并举例。这里举例 7 个基本量的量纲，长度 L、质量 M、时间 T、电流 I、温度 θ、物质的量 n 和发光强度 J。

（2）数学式中要求正体的字母

有固定定义的函数：例如，三角函数 sin，cot；指数函数 exp；对数函数 lg，ln 等。

某些特殊算子符号：例如，div（散度），Δ（拉普拉斯算子）等。

运算符号：例如，$\sum$（加和），d（微分号），$\prod$（连乘）等。

有特定意义的缩写字：例如，max（最大），const（常数）等。

特殊函数符号：例如，F(a，b，c，x)（超几何函数），erf x（误差函数）等。

（3）量符号中的下标字母（表示量和变动性数字及坐标轴的下标字母除外）

搞清楚每个量符号下标所代表的含义：例如，E_p（势能），E_B（核的结合能），E_β（β 最

大能量），M_r（相对分子质量）等量符号的下标 P（potential，势的），B（binding，结合的），β（beta，贝塔），r（relative，相对的）等都不是量的符号，也不是代表变动性数字，更不是坐标的符号，均应使用正体。

（4）化学元素、粒子和射线符号

例如，H（氢），Cu（铜），Hg（汞），Ra（镭）；p（质子），n（中子），e（电子），X 射线，α 射线，γ 射线。

（5）仪器、元件、样品、机具等的型号或代号

例如，JSEM-200 电子显微镜。

（6）不表示量符号的外文缩写字

例如，N（north，北），E（east，东），NMR（nuclear magnetic resonance，核磁共振）等。

（7）生物学中拉丁学名的定名人和亚族以上（含亚族）的学名

例如，Angiospermae（被子植物亚门），Mammalia（哺乳动物纲）等。

（8）地球科学中的地质时代和地质符号

例如，Qh（全新世），al（冲积），pd（土壤），col 或 c（重力堆积）等。

（9）酸碱度、硬度等特殊符号

酸碱性 pH 是一个特殊的量符号，由一小一大两个字母构成，采用正体。洛氏硬度 HR，布氏硬度 HB 等，都使用正体字母。

（10）表示序号的连续字母

例如，附录 A，附录 B，附录 C；图 la，图 lb，图 lc。

5.1.5.2　斜体外文字符的用法

（1）量符号，代表量和变动性数字的符号及坐标轴的下标符号

量符号：例如，T（热力学温度），p（压力，压强），Φ（粒子注量），ρ（体积质量）。

代表量和变动性数字的符号：例如，c_V（质量定容热量，V 为体积符号）等。

坐标轴的下标符号：例如，v_x（速度 v 的 x 方向分量，x 为坐标轴符号）。

（2）描述传递现象的特征数符号

例如，欧拉数 Eu，马赫数 Ma 等。

（3）数学中要求使用的斜体字符

变数、变动的附标及函数：例如，变数 x，y；函数 f，g。

几何图形中表示点、线、面、体的字符：例如，点 B，线段 AB，平面 ABC。

在特殊场合视为常数的参数：例如，a，b，c。

坐标系符号：例如，笛卡尔坐标 x，y，z。

（4）生物学中属及属以下分类单位的学名

例如，$Salix$（柳），$S.\ babylonica$（垂柳）等。

（5）化学中表示旋光性、分子构型、构象、取代基位置等的符号

这一类符号后常须加半字"-"。例如，d-（右旋），dl-（外消旋），$trans$-（反式）。

5.1.5.3 大写外文字符的用法

(1) 来源于人名的计量单位符号的首字母

国际单位制(SI)单位：例如，A(安[培])，N(牛[顿])，J(焦[耳])，Hz(赫[兹])。

我国法定计量单位中的非 SI 的单位：例如，eV(电子伏)，dB(分贝)。

非 SI 单位：例如，Ci(居里)，R(伦琴)。

(2) 化学元素符号的首字母

例如，O(氧)，C(碳)，Cl(氯)，Co(钴)，Au(金)，CO(一氧化碳)，HCl(盐酸)。

(3) 量纲符号

SI 基本量的量纲共有 7 个，见前述。

(4) 表示的因数等于大于 10^6 的 SI 词头符号

这类词头共有 7 个，M(兆，10^6)，G(吉，10^9)，T(太，10^{12})，P(拍，10^{15})，E(艾，10^{18})，Z(泽，10^{21})，Y(尧，10^{24})。

(5) 科技名词术语的外文缩写字

例如，DNA(脱氧核糖核酸，deoxyribonucleic acid 的缩写)，FIRD(远红外探测器，far infrared detector 的缩写)。

(6) 外国人名字、父名和姓的首字母

例如，Herbert George Wells(赫伯特·乔治·威尔斯)。

(7) 国家、组织、学校、机关以及报刊、会议文件等名称的每个词(由 4 个以下字母组成的前置词、冠词、连词除外)的首字母

例如，People's Republic of China(中华人民共和国)，Beijing Normal University(北京师范大学)。

(8) 地质时代及地层平位的首字母

例如，Neogene(新第三纪)等。

5.1.5.4 小写外文字符的用法

(1) 一般计量单位符号

例如，m(米)，kg(千克)，mol(摩)，s(秒)，t(吨)等。只有 1 个法定计量单位"升"除外，它虽属于一般计量单位，但其优先采用的单位符号为 L(另一个符号为 l)。

(2) 表示的因数等于小于 10^3 的 SI 词头符号

这类词头共有 13 个，k(千，10^3)，h(百，10^2)，da(十，10)，d(分，10^{-1})，c(厘，10^{-2})，m(毫，10^{-3})，μ(微，10^{-6})，n(纳，10^{-9})，p(皮，10^{-12})，f(飞，10^{-15})，a(阿，10^{-18})，z(仄，10^{-21})，y(么，10^{-24})。

(3) 法国人、德国人等姓名中的附加词

例如，de，les，la，du 等(法国人)；von，der，zur 等(德国人)；do，da，dos 等(巴西人)。

(4) 附在中译名后的普通名词原文(德文除外)

例如，脱氧核糖核酸 (deoxyribonucleic acid)，热力学第三定律 (third law of

thermodynamics)。德文例外，普通名词也要首字母大写。

（5）由 3 个以下（含 3 个）字母组成的前置词、连词、冠词等

例如，to，by，for，but，and，a，an，the。这些词处于句首位置或因特殊需要，全部字母都采用大写的情况不属于此列。

5.1.5.5　缩略词的使用规则

除以上外文字符的用法，中文科技论文中最常出现的英文是较长专用词的缩略词。缩略词的使用规则主要包括以下几点。

①使用频率　一个词或词组在文中出现 3 次或以上才可以用缩写，否则需要写出全称。这里的出现次数是在摘要、正文（从前言到讨论）、每个图注以及每个表注中分别计算的。例如，如果一个词在摘要中出现一次，正文中出现多次，图注中又出现一次，那么摘要中要用全称，正文中第一次出现时用全称，后面用缩写，图注和表注中也用全称。

②首次定义　缩略语在文中第一次出现时需要定义，即写出全称并在括号中给出缩写。这里的"第一次"同样是在摘要、正文、图注和表注中分别计算的。

③英文缩写词的书写格式　在汉字文稿中，英文缩写词一般不用复数，且名词术语的英文缩写词一般不换行。书写时，英文缩写词字母之间不用连接符。

④统一表达　英文缩写词的书写格式在全文、全刊中应统一表达。期刊一旦选用某一英文缩写词代替某一科技术语，就不要轻易改变。

⑤特殊位置　论文题名、摘要和关键词一般不宜使用英文缩写词。特殊情况下，摘要中若多次出现某专业名词，可在第一次出现时给出英文缩写词的中英文全称，后续再出现时直接书写英文缩写词。

此外，科技论文中还有一些常用的英文缩略词，如 i. e.（也就是、换句话说）、etc.（等）、e. g.（举个例子、比如说）、et al.（等人）、viz.（即）等。这些缩略词在科技论文中经常被使用，但同样需要遵循上述的缩略词使用规则。需要注意的是，以上规则可能因不同的学术期刊或会议要求而有所差异，因此在撰写科技论文时，最好先查阅目标期刊或会议的投稿指南，以确保遵循正确的缩略词使用规则。

5.2　公式的用法

5.2.1　公式的格式要求

在科技论文中，公式是一种常见的表达方式，它可以用来精确地描述研究对象或者结果。下面是一些公式的格式要求（示例见 5.2.2 及 5.2.3）。

第一，公式应该居中书写，单独成行，并应在公式之前和之后各空一行，使公式脱离文字内容独立展示。第二，公式中的变量符号应该使用斜体（常量/单位使用正体），以区分普通文本。公式中的上标、下标、分数线等应与主体字体大小一致。第三，公式中的符号需要在前面进行定义或解释，应该与上下文保持一致，符号应尽量规范统一，避免使用手写符号。公式中的各个符号之间应有适当的间距，以保证公式的清晰度。例如，公式中

的运算符号需要在两侧添加适当的空格,像加减乘除等。第四,公式中的各个部分应该用括号明确分组,以便于理解。第五,公式应该在文中逐个编号,方便引用。第六,公式中的希腊字母应该使用特殊的符号表示,如 α,β,γ 等。第七,公式中的各个部分应该用逗号或者分号隔开,以便于理解。第八,公式中的小括号、中括号、大括号等应该使用正确的形式,以避免歧义。

在写科技论文时,还需要注意以下几点。

第一,尽量避免过多的公式,以免影响文章的流畅性。第二,公式的内容应该简洁明了,不应过于复杂。第三,公式的含义应该清晰明确,不应模棱两可。第四,公式应该排版整齐,避免出现错位或者重叠的情况。

此外,还有一些特殊的公式格式要求。

①矩阵公式　需要用方括号表示,矩阵中的元素应该清晰排列。

②积分公式　需要用积分符号表示,积分范围应该清晰明确。

③微分公式　需要用微分符号表示,微分变量应该清晰明确。

因为不同的领域和期刊对公式格式的要求可能略有不同,所以在写科技论文时最好查看相关期刊的要求或者向导师咨询。

总之,公式是科技论文中重要的表达方式之一,正确的公式格式和表达方式可以提高文章的质量和可读性。

5.2.2　公式序号的编排

为了方便引用和查找,科技论文中的公式通常需要进行编号。下面是公式编号的一般规范要求:

①公式的编号位置　公式的编号一般位于公式的右侧,并靠近公式的最右端。公式编号可以使用圆括号、方括号或者等号等符号进行标记,以突出编号的清晰度。

②公式的编号格式　公式的编号通常采用阿拉伯数字进行标记,并与上下文中的其他内容进行分隔。公式编号一般按照章节进行编号,如"(1.1)"表示第一章第一个公式。

③公式的引用方式　在科技论文的正文中,引用公式时一般使用"式(编号)"或"公式(编号)"的形式进行引用,以便读者快速准确地找到所引用的公式。

例如:

$$A_n(I) = \alpha \frac{1-\beta I}{1+\gamma I} I - R_d \tag{1.1}$$

$$I_{sat} = \frac{\sqrt{(\beta+\gamma)/\beta} - 1}{\gamma} \tag{1.2}$$

$$A_{max} = \alpha \left(\frac{\sqrt{\beta+\gamma} - \sqrt{\beta}}{\gamma} \right)^2 - R_d \tag{1.3}$$

饱和光强和最大光合速率的计算,使用公式(1.2)和(1.3)。

5.2.3　公式的编排

由于一些作者对公式的规范化要求不了解,作者提供的公式编排往往不完善,不规范甚至错误，这里汇总分析一些林业科技论文公式编排中存在的问题及解决的办法。

(1)公式符号说明接排

公式中的符号说明一般采取接排的形式，每个符号说明不必都另起一行并列排版。

例如：$N = 2H\cot(90 - \varPhi - \delta)$

式中：N 为带宽，m；H 为植被平均高，m；$\cot$ 为余切函数符号；$\varPhi$ 为所在地区的地理纬度；δ 为太阳赤纬。科技论文很少采取以下形式：

式中：N——带宽，m；

$\qquad H$——植被平均高，m；

$\qquad \varPhi$——所在地区的地理纬度；

$\qquad \delta$——太阳赤纬。

此类公式的排版问题：一是对于正文的表述喧宾夺主，使应该重视的内容被忽略；二是占据大量版面。

(2)公式应排在同一水平线上

例如：

$$F = \int \frac{(x - y)^2}{4x} \mathrm{d}x$$

公式的主体 F，$=$，$\int$，$\mathrm{d}x$，——，这些应该排在同一水平线上，不能有其他形式。

(3)公式换行技巧

在 $=$，$+$，$\cdot$，$-$，$/$ 等数学符号前换行。

例如：

$$Ax - by + cz$$
$$= l + k - m$$

但是，许多居中编排的公式后面不加标点，这容易将上个公式误解为 2 个并列的公式。对于公式很长的一行排不下的，可以如下编排公式：

$$\Delta SOC_{农田, t} = \sum_{c=1}^{8} \left[\left(秸秆还田量_{c, t} \times C_{秸秆, c} \times D_{c, t} \right) + \right.$$
$$\left. \left(根系残体_{c, t} \times C_{根, c} \times D_{c, t} \right) \right] \times M_t - 矿化量_t$$

读者看到上一行的减号，就会知道此公式没有排完，下一行是由上一行转行而来，无论公式后面加不加标点符号，都不会产生误解。作者可以根据论文内容的要求和实际情况做出合理的安排。看上去清楚、规范，也符合汉语语言习惯。

(4)分式的换行

可以先把分母变成负指数幂的形式，然后按照上述方法换行。但是，有些一定要以分式的形式进行换行，分子和分母可以分别在适当的某一项处换行，并在上行末和下行首分别加上符号"→"和"←"。例如：

$$F = \frac{f_1(x) + f_2(x) + f_3(x) + \cdots + f_n(x) + g_1(x) +}{\sum_{i=1}^{n} a_i + \sum_{i=1}^{n} b_i -} \rightarrow$$

$$\leftarrow \frac{g_2(x) + \cdots + g_m(x)}{\sum_{i=1}^{n} c_i + \sum_{i=1}^{n} d_i}$$

(5)根式的换行

对于较长或复杂的根式需要换行时，可先将其改写为指数形式，再进行换行。

(6)矩阵和行列式不可以转行

对于无法编排的矩阵或行列式，可以将其元素进行简化，对每个简化的部分进行符号说明。

(7)居中编排的公式按照需要加标点符号

无论公式是串文编排，还是居中编排，在公式与公式、文字与公式之间，都要按照实际需要确定是否添加标点符号。例如：

"气孔限制值公式

$$L_s = (C_a - C_i) \times 100\% / C_a \tag{1}$$

中，C_a 表示……"

"光系统 Ⅱ 中的最大光化学效率(F_v/F_m)的计算公式为

$$F_v/F_m = (F_m - F_o)/F_m \tag{2}$$

其中 F_o 表示……"

通过以上 2 个例子可以知道：对于居中编排的代数式一律不加标点符号或者全加标点符号的说法，都是不确切的。

5.2.4 化学式的编排

5.2.4.1 化学式的书写规则

化学式的书写规则主要包括单质、化合物，酸、碱、盐的书写方法。以下是详细的书写规则和示例：

(1)单质的书写规则

单质是由同种元素组成的纯净物，其书写规则如下。

气态非金属单质通常用元素符号表示，并在元素符号右下角标出分子中原子个数，如 H_2，O_2。

金属和固态非金属单质直接用元素符号表示，如 He，Ne，C，S。

(2)化合物书写规则

化合物由两种或两种以上元素组成，其书写规则如下。

化合物中，正价元素或原子团写在左边，负价元素或原子团写在右边。

对于含有原子团的化合物，原子团的个数超过 1 个时，将个数标于右下角，如 NH_4NO_3。

(3)酸、碱、盐的书写规则

酸一般是氢离子与酸根组成的化合物，书写时氢离子写在前面，酸根写在后面，如 HCl。

碱一般是金属的氢氧化物，书写时金属元素符号先写，氢氧根后写，如 NaOH。

盐是由金属离子或铵银离子与酸根离子组成的化合物，书写时金属离子或铵银离子写在前面，酸根离子写在后面，如 NaCl、NH₄Cl。

5.2.4.2　化学名称书写格式

化学式、化合物和缩写的大小写问题是论文中涉及化学成分相关格式的一个棘手问题。

（1）化学名称

除非是句子的第一个单词，否则化学名称不大写。在作为第一个单词的情况下，音节部分的第一个字母要大写，而不是描述词或前缀。例如，p-Benzenediacetic acid(1,4-苯二乙酸)中的"B"大写，而不是 p 大写。而前缀如 $tris$- 和 bis-(通常不大写)被视为名称的一部分。

（2）化学元素

在一个句子中，化学元素的名称要小写，但化学符号的第一个字母应始终大写。例如，"The sample contained calcium atoms"(该样品含有钙原子)和"The sample contained Ca atoms"(该样品含有钙原子)。

（3）化学式

在一个句子中，化合物的名称要小写，但每个元素符号的第一个字母应大写。例如，"We added sodium hydroxide"和"We added NaOH"。注意符号和单词不能混用(即避免说"K chloride 氯化钾")。

（4）氨基酸缩写

氨基酸的缩写(三个字母或一个字母的版本)要大写；全名要小写，除非是句子的第一个单词。例如，"The mutant protein features a substituted glutamine residue"和"The mutant protein features a substituted Gln residue"。

5.2.5　公差的表示方法

公差的表示可以用以下 4 种方法。

第一，参量与其公差的单位相同时，单位可写一次；若单位不同，则应分别写出。如 8.5kg ± 0.5kg 可写成(8.5 ± 0.5)kg；5cm ± 5mm 中参数与公差的单位均应写出。

第二，表示百分数的偏差时，"%"只需写一次，但中心值与公差应用圆括号括起，如(85 ± 5)%，不能写 85 ± 5%。

第三，公差是百分数时，可改为小数，如 80×(1 ± 5%)kg，可写成 80×(1 ± 0.05)kg。

第四，表示 2 个绝对值相等、公差相同的量值范围，范围号不能省略，如(-10 ± 0.5)~(10 ± 0.5)℃不能写成∓10 ± 0.5)℃。

5.3　数值的用法

5.3.1　数值的表示

数值一般用纯阿拉伯数字表示，遇下列情况可变通。

第一，5 位以上的数，如果尾数有多个零时，可以改为以"万""亿"作单位的数，但不可同时使用。例如：

135 000 000→1.35 亿，但不可写作：1 亿 3500 万，1 亿 3 千 5 百万。

165 000→16.5 万，但不可写作：16 万 5 千，165 千。

第二，尾数有 3 个为零的整数和小数点后面有 3 个为零的纯小数，可以用"×10^n"形式表示。例如：

270 000→2.7×10^5→27×10^4

0.000 1=1×10^{-4}（一般使乘号前数字在 0.1~1 000）

但属于有效数字时有效位数的零必须保留，如上式为两位有效位数，假如为 3 位时，则写成 4.80×10^5 或 48.0×10^4，而准确数字不受此限，即可以取任意有效位数。

第三，"万""亿"在非科普书刊中优先使用×10^4，×10^8。

第四，4 位和 4 位以上的数值，采用三位分节法（空 1/2 字空隙）。例如：

3 000，5 900 000，0.002 321 5

5.3.2　数值的范围

数值的范围用波浪号"~"或连接符"—"作连接表示。

第一，带万或亿万的数值中的万或亿不能省略，如 2 万~4 万，不能写成 2~6 万；偏差范围用"±"表示，如 2.5 万±0.1 万。

第二，幂次相同的数值的幂次都要写出，如 3×10^4~6×10^4 可写成（3~6）×10^4，但不能写成 3~6×10^4。

第三，百分数范围中每个百分数后面的"%"都要写出，如 20%~30% 不能写成 20~30%。带百分数的偏差表示：65%−2%+3% 或（65−2+3）% 不可写成 65−2+3%。

第四，单位相同的量值可省略前一个量值的单位，如 10~30 mol/L，光强 1000~1500 lx，海拔 1500~3500 m。

第五，单位不一致的数值的每个量值均应写出，如 2 h~2 h 30 min。

5.3.3　阿拉伯数字的使用

阿拉伯数字的使用遵循一定的规则和原则，主要应用于清晰、准确表达数字的场合。以下是阿拉伯数字使用的一些主要规则：

（1）用于计量的数字

当数字用于表示长度、容积、面积、体积、质量、温度、经纬度、音量、频率等计量单位时，应使用阿拉伯数字。例如，523.56 km（523.56 千米）、346.87 L（346.87 升）、5.34 m^2（5.34 平方米）、567 mm^3（567 立方毫米）、605 g（605 克）、100~150 kg（100~150 千克）、34~39℃（34~39 摄氏度）、北纬 40°（北纬 40 度）、120 dB（120 分贝）。

（2）用于编号的数字

在电话号码、邮政编码、公民身份证号码、行政许可登记编号等场合，也应使用阿拉伯数字。例如：

电话号码：98888

邮政编码：100871

通信地址：北京市海淀区复兴路 11 号

电子邮件地址：x186@186.net

网页地址：http：//127.0.0.1

汽车号牌：京 A 00001

道路编号：101 国道

公文编号：国办发〔1987〕9 号

图书编号：ISBN 978-7-80184-224-4

刊物编号：CN111399

产品型号：PH3000 型计算机

产品序列号：C84XB JYVFD P7HC4 6XKRJ 7M6XH

单位注册号：02050214

行政许可登记编号：0684D10004828

（3）科学计量和统计数据

在科学计量和具有统计意义的数字中，应使用阿拉伯数字。而非准确计数，可使用汉字数字。例如：

{四十多个国家：概数。
{42 个国家：准确数。

{一月：农历，传统纪年。
{1 月：公历，科学纪年。

{三五年始果：经验估计数，有可能少于 3 年或多于 5 年。
{3~5 年始果：准确值，多半经过了调查，肯定在 3 到 5 年内始果。

（4）年、月、日的表示

公历的世纪、年代、年、月、日和时刻应使用阿拉伯数字，且年份应全称书写，月份和日期不使用虚位（即不使用前导零进行补位）。例如，21 世纪 90 年代、1987 年 2 月 14 日、15 点 25 分。

此外，对于已经广泛使用且稳定的含阿拉伯数字的词语，如货币符号（＄）、百分比符号（％）等，也应使用阿拉伯数字。这些规则确保了数字使用的科学性、准确性和一致性，有助于提高文本的可读性和专业性。

（5）倍数和百分数的增减

例如：

增加到 2 倍——→过去为 1，现在为 2

增加了 2 倍——→过去为 1，现在为 3

增加 2 倍——→过去为 1，现在为 3（有文献称为"2"）

增加 80%——→过去为 100%，现在为 180%

减少 80%——→过去为 100%，现在为 20%

升至 80%——→过去小于 80%，现在为 80%

降至 80%——→过去大于 80%，现在为 80%

不规范使用：

"降低 X 倍"或"减少 X 倍"，减少 1 倍意味着"1−1＝0"，减少几倍则是错误表述，应改为百分数。

"减少 X 个百分点"或"增加 X 个百分点"，这种表述是中文习惯，即原数为百分数的增减。在科技作品中不能以"百分数"作计量单位，因此此种用法不应该存在，必要时（如"含量"）可变换。

（6）数值的修约

①基本原则　四舍五入。但尾数为 5 时有两种方法（四舍六入五单双法）。

a. 取偶数倍作修约数：如 12.35 修约为 12.4，而 12.25 修约为 12.2。

可减少统计时误差，如上例修约前后相加均为 24.6。

b. 取较大倍数：如 12.35 修约为 12.4，12.25 修约为 12.3。

统计时有误差，修约前后分别为 24.6，24.7。广泛用于计算机。

②不可连续修约　即只允许对原数值一次修约至所需位数，不能分次修约。

例如，15.4546 一次修约为 15，不可连续修约为 15.455→15.46→15.5→16。

科技论文中非文字语言的使用对于提高论文的专业性、准确性和可读性具有重要意义。作者在撰写科技论文时应充分考虑这些因素，确保论文的质量和价值。

思考题

1. 在林业科技论文撰写时，容易出错的符号和排版问题是什么？
2. 在科技论文中，如何正确书写和排版数学公式、化学方程式或物理定律？
3. 如何确保科技论文外文字符的使用正确？

第6章 图表的制作及规范

【本章提要】

图表作为科技论文的"眼睛"，能够极大地增强论文的论证逻辑和学术传播力，提升读者的阅读体验。插图和表格的合理选用和设计，既可实现复杂数据的结构化呈现、动态趋势的直观表达，又能使文章论述清晰、篇幅紧凑，达到图文并茂的效果，在实际写作中可根据论文需要来灵活使用。本章内容主要介绍图表制作的数据处理和分析方法，图表的类型和功能、制作方法及使用中的注意要点，旨在通过规范化的视觉表达提高科技论文的质量。

2023年5月，习近平总书记给中国农业大学科技小院的同学们亲切回信，信中肯定了同学们在田间地头"自找苦吃"的精气神和解民生、治学问的生动实践，勉励同学们厚植爱农情怀，练就兴农本领，在乡村振兴的大舞台上建功立业，为加快推进农业农村现代化、全面建设社会主义现代化国家贡献青春力量。林业科技论文的写作正是源于田间地头的试验及调查数据，所有数据都必须通过图表来呈现。因此，图表是林业科技论文写作中不可缺少的内容，图表的规范制作也是在科技论文写作的过程中务必要掌握的辅助手段。一般来说，图和表的作用大同小异。图的特点是直观地展示表格难以清晰表达的各项数据之间的相互关系和变化趋势，包括但不限于各种函数曲线图、示意图、柱状图及各种照片图等；而表格是将试验数据、统计结果或事物分类等，按照其逻辑关系进行列表对比的表达形式。在撰写科技论文时，为使内容表达更形象、直观、简明，通常借助插图和表格来表示。

6.1 图形

6.1.1 图形的定义和作用

6.1.1.1 定义

图形是指应用几何原理或计算机软件等技术手段，将科技论文中的实验结果、实物形态或工作原理，以点、线、面等几何元素或主体形象绘制或表现的一种可视化表达方式。

6.1.1.2 作用

图形语言是科技论文中的重要组成部分。科技论文中使用图形可以直观、简洁地表达量与量之间的关系，形象、具体地揭示事物的结构特征并反映事物的变化规律。相较于表格，图形虽在数据精确性方面稍显不足，但其在表达连续变量动态趋势、复杂关系可视化等方面具有显著优势，能够将抽象概念具象化、复杂规律清晰化。林业科技论文写作中制作高质量的图版对论文质量的提高具有不可替代的作用。

6.1.2 图形的基本结构

科技论文典型图的结构由图题、图体、图注及图例构成(图 6-1)。

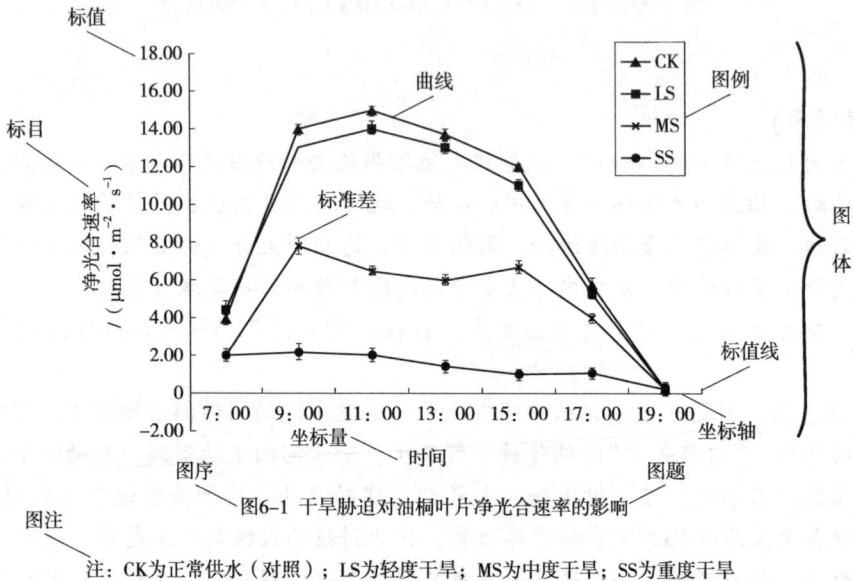

图 6-1 科技论文中插图的基本结构

6.1.2.1 坐标轴

平面函数曲线图要有相互交叉的水平线和垂直线构成的坐标轴。其中,水平线称为横坐标或横轴,代表自变量;垂直线称为纵坐标或纵轴,代表因变量;两轴的交点称为原点。坐标轴用细实线绘制,线宽一般为 0.5~1.5 磅。

6.1.2.2 标目

标目是函数曲线图的必备项,用于说明坐标轴的物理意义,通常由量的名称,如净光合速率或符号 Pn 与相应的单位构成。量名称或符号与量的单位之间用符号斜杠“/”隔开,如苗高/cm,单果重/g,温度/℃等;当量名称的单位符号较长时,单位符号可用英文状态下的括号“( )”括起,括号“( )”前面仍然加斜杠“/”,如叶绿素含量/$(mg \cdot g^{-1})$;而百分号(%)、坡度(°)等非单位符号需用括号“( )”括起,前面不加斜杠“/”,如成活率(%)。

标目应当与被说明的坐标轴平行,即横坐标的标目字头朝上,从左到右,居中编排在横坐标与其标值的下方,纵坐标的标目字头朝左,自下而上,居中编排在纵坐标与其标值的外侧。非定量的且只有一个字母的简单标目(如 x,y 等),也可以直接编排在坐标轴顶端的外侧。一般标目的字号应当比正文字号小一号,具体字号需按期刊或学校要求。

6.1.2.3 标值

标值是指定量表述坐标轴的一种尺度。它是对应于标目的数值,通常编排在坐标轴的外侧,紧靠于标值线。标值的书写应遵循以下原则。

（1）标值应尽量在 0.1~1 000

当大多数取值小于 0.1 或大于 1 000 时，既不利于简化图示，也不便于读者阅读理解，应通过更换标目的单位来调整标值。如当大多数取值小于 0.1 时，可将单位下调一级，即原本以单位为 "kg" 的重量 "m" 的标值序列 0.01、0.02、0.03、0.04、0.05，可以转换为以 "g" 为单位的标值序列 10、20、30、40、50。当大多数取值大于 1000 时，可将单位上调一级；如原本以单位为 "s" 的时间 "t" 的标值序列 3 600、7 200、10 800、14 400、18 000，可转换为以 "min" 为单位标值序列 60、120、180、240、300。一般标值的字号应比正文字号小一号，若需看起来更清晰可加粗。

（2）标值不宜标注过密

若标值标注过密极易产生各个标值前后相接，导致辨识不清。通常为避免标值标注过密，可通过以下两种方法，一是间隔若干个标值线标注一个标值；二是将标值线之间的距离加大，可在作图软件中设置。

（3）标值应进行圆整化

若出现非圆整的标值，应将其进行圆整化。如应将标值序列 12.2、25.5、37.8、54.3 圆整成 10、20、30、40、50、60 或圆整成 15、25、35、45、55，同时相应地移动标值线。

6.1.2.4　坐标原点标值的标注

当横坐标与纵坐标起点即坐标原点的标值不同时，应当分别书写；当横坐标与纵坐标起点即坐标原点的标值相同时，无需将纵、横坐标的两个相同标值重复书写，只需书写一个即可，且置于原点处，使纵、横坐标轴共用；当坐标原点的标值为零时，不论其标值序列是几位数，将标值均书写为 "0"，而不能书写成 "0.0" 或 "0.00" 等。

6.1.2.5　插图的纵横比

尽管纵、横坐标轴上标值的间距可以任意选择，但不同的选择会使同一条曲线具有不同的形状，同一条直线会具有不同的斜率。一般而言，一幅插图的幅面纵横比约为 2：3 时较为合适，此时纵横比接近于黄金分割位，绘制出的曲线更美观，且在图版组合中更精准规范。

6.1.2.6　坐标轴的增量方向

表示坐标轴增量方向有两种方法。当坐标轴表述的是定性变量，且未给出具体的标值时，坐标轴的顶端按增量方向画出对应箭头。当坐标轴表述的是定量变量，又给出了具体的标值，则该标值的大小已经表明了横轴、纵轴的增量方向，故在坐标轴的顶端无需再绘制增量方向的箭头。

6.1.2.7　曲线

根据数据点描绘出的函数关系线条叫曲线。对于曲线的描绘要求是：尽量接近所有的数据点，而不是通过所有的数据点；应是一条平滑的曲线，而不是折线。曲线一般应绘制成实线，线宽为 0.5~1.5 磅。

6.1.2.8　图例

用不同形状或颜色的图例代表不同组数据所呈现的线条或柱子等，称为图例。若图例的文字说明较少，图内的空白较大，可以将图例放在插图中；若图例的文字说明较多，图内的空白又较少，可以将图例编排在图身之下、图题之上。图例可以采用黑白的实线、虚线、点划线、双点划线、图案等加以区分，也可以用 1、2、3 等加以区分，林业科技论文写作中一般不用彩色图例制图。图例文字的字号一般比正文小一号，通常是 5 号字体及以下。

6.1.2.9 图注

图注应编排在图题的下方。若插图中只有 1 个注时，应在图注的第 1 行文字前标明字样"注:"；若插图中有多个注时，应分别标明字样"注 1:""注 2:"等，每幅图的图注应单独编号。

6.1.2.10 图序

图序是指按照插图在正文中出现的先后顺序所编排的序号。对学术论文，图序按插图在文中出现的先后用阿拉伯数字 1，2，3，……连续编号，如"图 1""Fig. 1"等（若一篇论文中仅有 1 个插图，则其图序编排为"图 1"）；林业科技论文写作中通常会用几个单一的图组合成一个整体的图版，为了方便分析单一的图时，通常在单一图的左上角空白处用 a、b、c、d 或者 A、B、C、D 表示。对学位论文，图序可按章（特殊情况下按章、节）连续编号，章号与图的流水号之间以居下小圆点"."或半字线"-"连接，如"图 2.5"（或"图 2-5"）表示第 2 章第 5 个图。图序一般用黑体，字号应比正文小一号。

6.1.2.11 图题

图题是指插图的名称。图题应简短精练且准确，一般不宜超过 15 个字，应当避免为追求形式上的简洁而选用过于简单、泛指的图题，如"函数曲线图""示意图"等，而应具体化，图题应具有较好的说明性与专指性。

图题与图序之间需空一个汉字位，居中编排在整幅图的下方。图题字数较多时，应转行编排。图题一般用黑体，分图题一般用宋体，字号应比正文小一号。

6.1.3 图形语义分析

与表格一样，图形也是一个完整的独立语言单位。一幅典型图的语面意义是一个特征量，或一组事物的同一个特征量，随着条件量的连续或间断变化，在二维坐标上分布。实质就是一个特征量在坐标平面上的分布状态。三维坐标实质是两个平面的交叉，因此能表达两个特征量在立体上的分布状态。

图 6-2 反映的是油茶树在不同的海拔下，其净光合速率（特征量）随海拔变化在平面分布情况。这种图表有时也可以反映一组事物同一个特征量在平面上分布情况（图 6-3）。

需要注意的是，一个平面图只能有一个特征量（个别情况下有两个或两个以上特征量，是为了节省文章篇幅，或者起补充说明作用），而一张表格可以反映多个指标，如除净光合速率外，还可反映光饱和点、暗呼吸速率等量的分布情况。

但一张图的实际内涵往往远超过其表面意义，要深入理解图的实际意义，即特征量分布的规律性，就必须依赖于形象思维的方式，通过细致分析图线的特征来准确把握。即利用视觉上对图线升降、曲直、陡缓等特征的把握，来获得特征量分布的规律

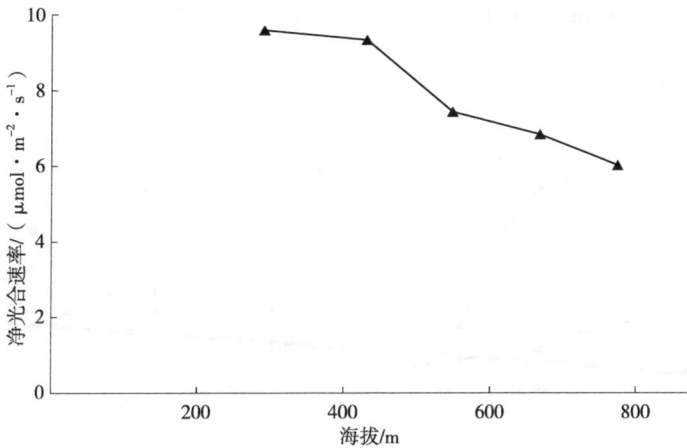

图 6-2 不同海拔对油茶净光合速率的影响

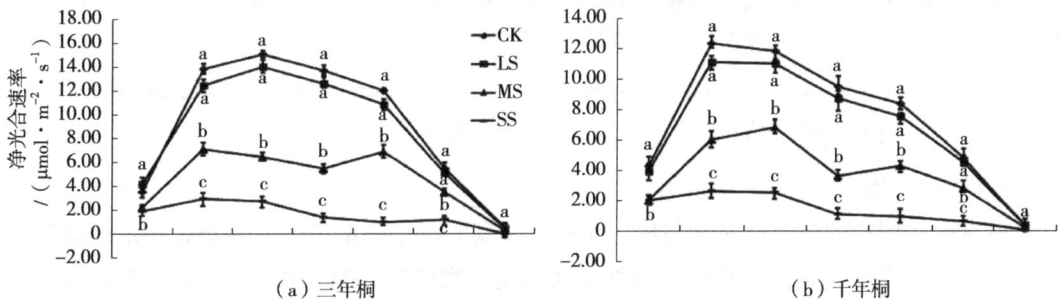

（a）三年桐 　　　　　　　　　　（b）千年桐

图 6-3 一组事物的同一个特征量在坐标平面上分布情况(不同干旱胁迫下
净光合速率对光合有效辐射的响应)（引自谭晓风，李泽，2017）

性。如图 6-3 所示，图线呈上升趋势，表明净光合速率随光合有效辐射的增加而增加；图线上升的趋势越来越缓，说明随光合有效辐射继续增加，净光合速率增加趋势越来越缓，非常直观易懂。此外，还可以运用两线条的交叉关系来比较二者之间的光合特性(图 6-3)。因此，图形显示的形象、具体的意义与事物本质的规律相吻合，两轴(横轴与纵轴)不可混淆。横坐标轴为条件量，一般为自变量；纵坐标轴为特征量，一般为因变量。

6.1.4 图的类型

按图的作用分类，有分布图、比较图、趋势图、形态图、示意图等。
按图的外部形式分类，主要有以下类型。

6.1.4.1 曲线图

曲线图在林业科技论文写作中使用最多，它用线条的起伏变化定性地或定量地反映两个变量之间关系(正比、反比、指数等)，也可用来描述特征量的变化趋势，有时几条图线

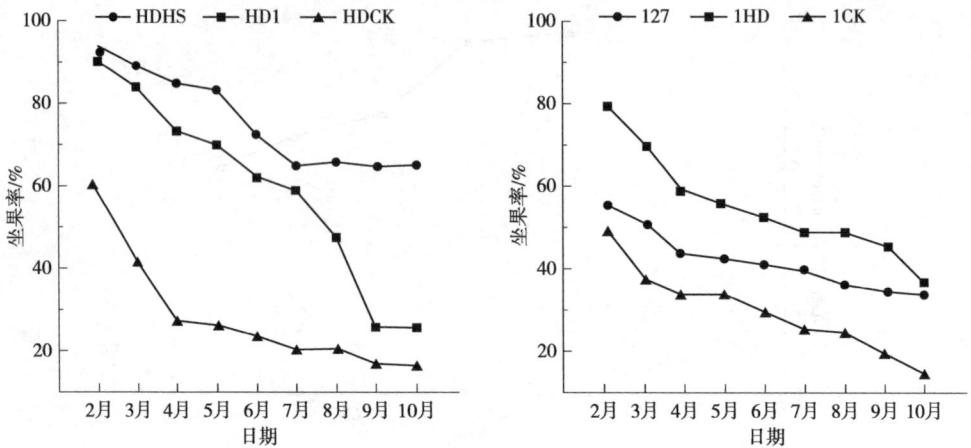

图 6-4　曲线图(不同油茶父本对'衡东大桃 2 号'坐果率的影响)

注：HDHS 代表给'衡东大桃 2 号'的授粉父本为'华硕'；HD1 代表给'衡东大桃 2 号'的授粉父本为'湘林 1 号'；HDCK 代表'衡东大桃 2 号'自然授粉；127 代表'湘林 1 号'的授粉父本为'湘林 27 号'；1HD 代表'湘林 1 号'的授粉父本为'衡东大桃 2 号'；1CK 代表'湘林 1 号'自然授粉。

还可相互比较。图 6-4 表明不同油茶品种授粉组合随着时间的推移，坐果率逐渐降低，也表明在同一时间不同油茶品种授粉组合的坐果率有差异。

6.1.4.2　散点图

散点图是用点的分布反映量与量之间相对模糊的数量关系，点的分布有一定的规律性（聚散性），它是用坐标图上离散的数据点来表述事物或现象中关联参数间相依变动规律的一种函数关系图（图 6-5）。它常用于函数关系相对比较模糊的场合，但是从点的分布仍可看出事物或现象运动的趋势。

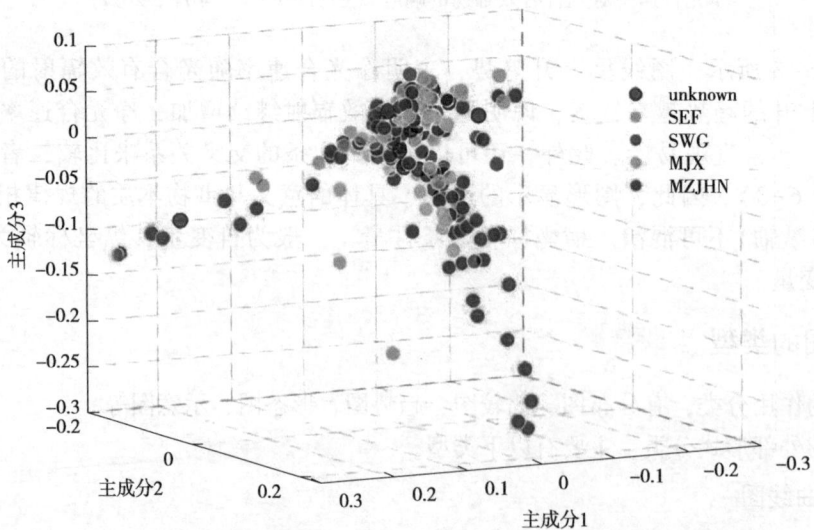

图 6-5　散点图(油茶种质的 PCA 分析)(引自殷恒福 等，2022)

注：SEF 代表福建省东南部；SWG 代表广西壮族自治区西南部，MJX 代表江西省中部，MZJHN 代表浙江省和湖南省中部。

6.1.4.3　平面构成图

（1）柱状图

柱状图是用柱子构成量值，用于展示组内构成关系或组间比较，可用宽度相同而高度可能不同的直条表示相互独立的数值大小的一种图形，又称为直条图（图 6-6）。在林业科技论文写作中被广泛应用。

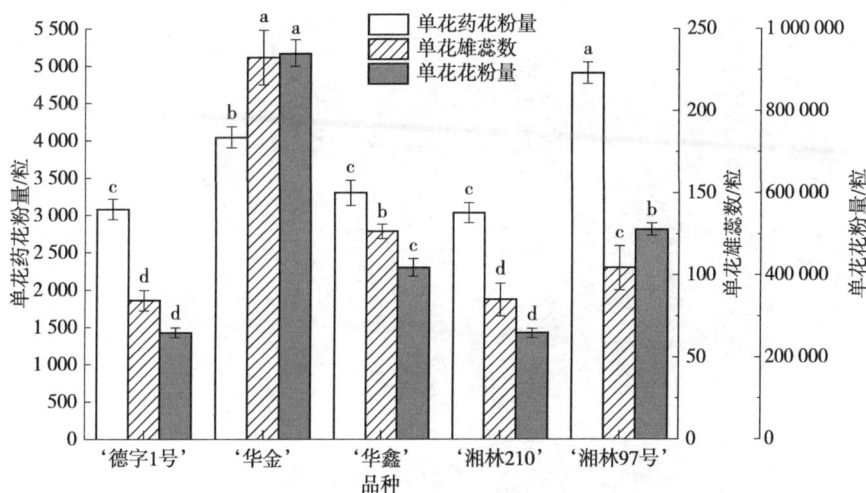

图 6-6　柱状图（湖南省 5 个主推油茶品种的花粉量）

注：图中不同小写字母表示不同油茶品种在 $P<0.05$ 水平下差异显著。

（2）横条图

横条图为柱状图倒转而得，作用类似直条图，但更适合模拟和展示具有横向差异的情况，结果一目了然（图 6-7）。

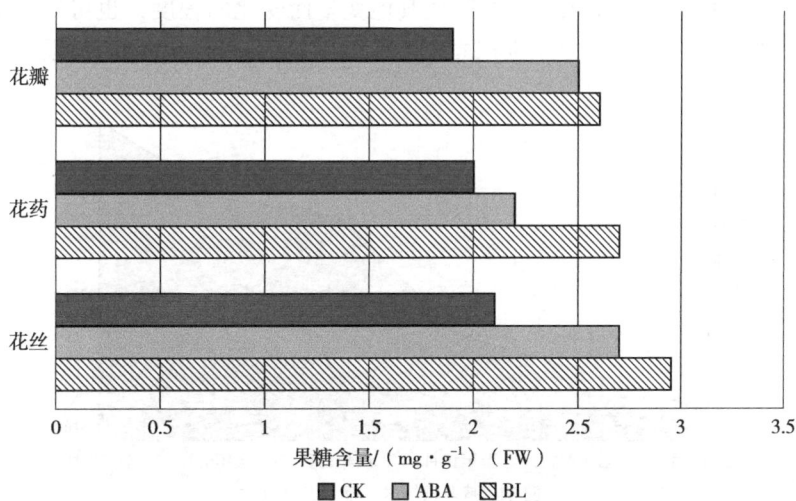

图 6-7　横条图（外源物质对低温胁迫下油茶花器官果糖含量的影响）

（引自李建安等，2023）

（3）圆图

圆图用扇形面积表示量值，又称饼图，整个圆代表总体，而各个扇形区域则形象地展示了总体中各部分的构成关系（图6-8）。但不便于两个不同总体进行比较，常用于科普文。

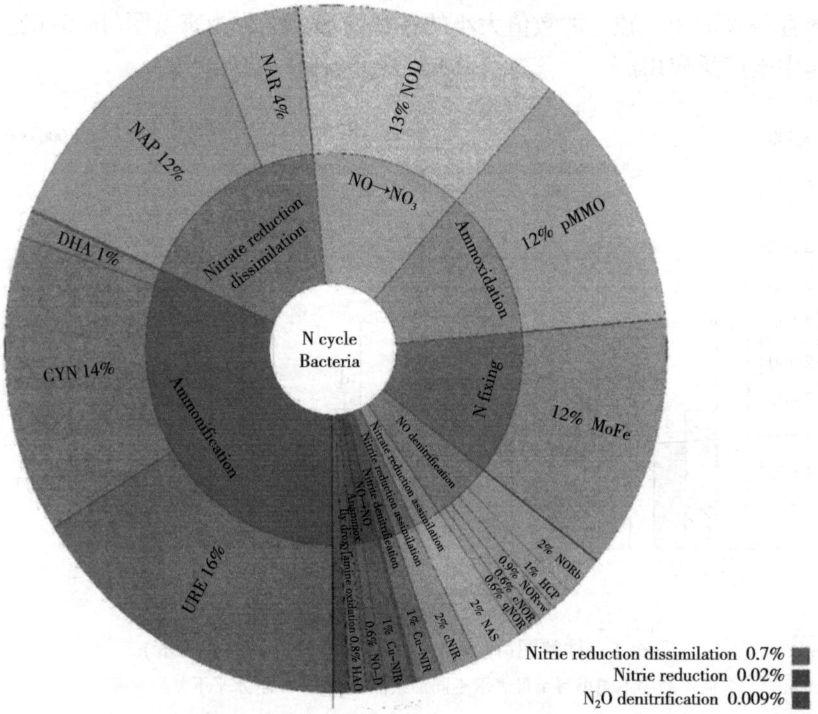

图6-8　圆图（油茶根外细菌驱动的土壤氮转化相关过程及相关酶的构成比例层级）
（引自谭晓风，李俊，2022）

（4）面积图

面积图又称区域图，强调数量随时间或其他变量而变化的程度，也可用于引起人们对总值趋势的注意（图6-9）。百分比堆积面积图还可以显示部分与整体的关系。

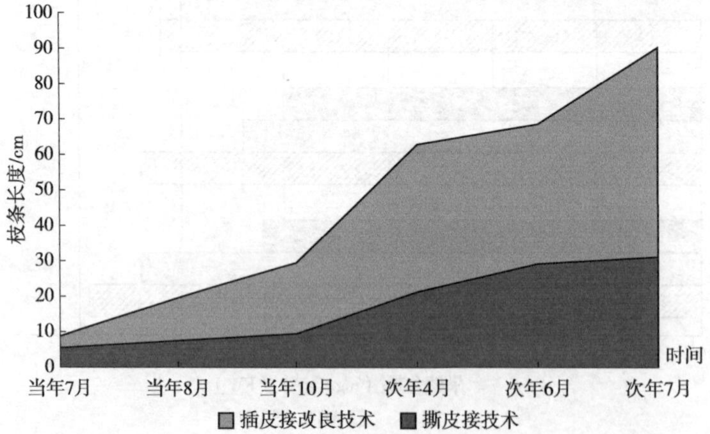

图6-9　面积图（2种嫁接方法处理下油茶接穗的生长情况）（引自李泽，张婷，2022）

6.1.4.4 等值线图

等值线图又称等量线图，因图上所采用的表示方法是等值线法而得名。等值线图适用于表现连续分布且具有数量特征(高低、大小、强弱、快慢等)的现象，它着重于显示各种数量变化的规律，是专题地图的一种重要图片类型。

等值线图有等高线图(图6-10)、等温线图等。其设计资料基础，一是实测点数据(如高程数据)；二是定点、定时观测数据(如气温、降水数据)。等值线在很大程度上是对近似量变化的概括，具有相对量性质。因此，大多数不能用于直接测量，如气温、蒸发、径流等。有时为了简明地反映量的特征，对非连续分布现象(如人口密度)经特殊处理后也可用等值线法表示。

图6-10 等高线图(某公司新建油茶采穗圃地形图)

6.1.4.5 树状图

为了用图表示亲缘关系，通常把分类单位置于图的树枝顶部，根据分枝结构表示其相互关系，具有二次元和三次元。在数量分类学上，用于表型分类的树状图，称为表型树状图，结合了系统推论的称为系统树状图，以资区别。表型树状图是根据群体分析绘制的，而系统树状图是根据一种模拟假定的性状进化方向利用计算机绘制(图6-11)。

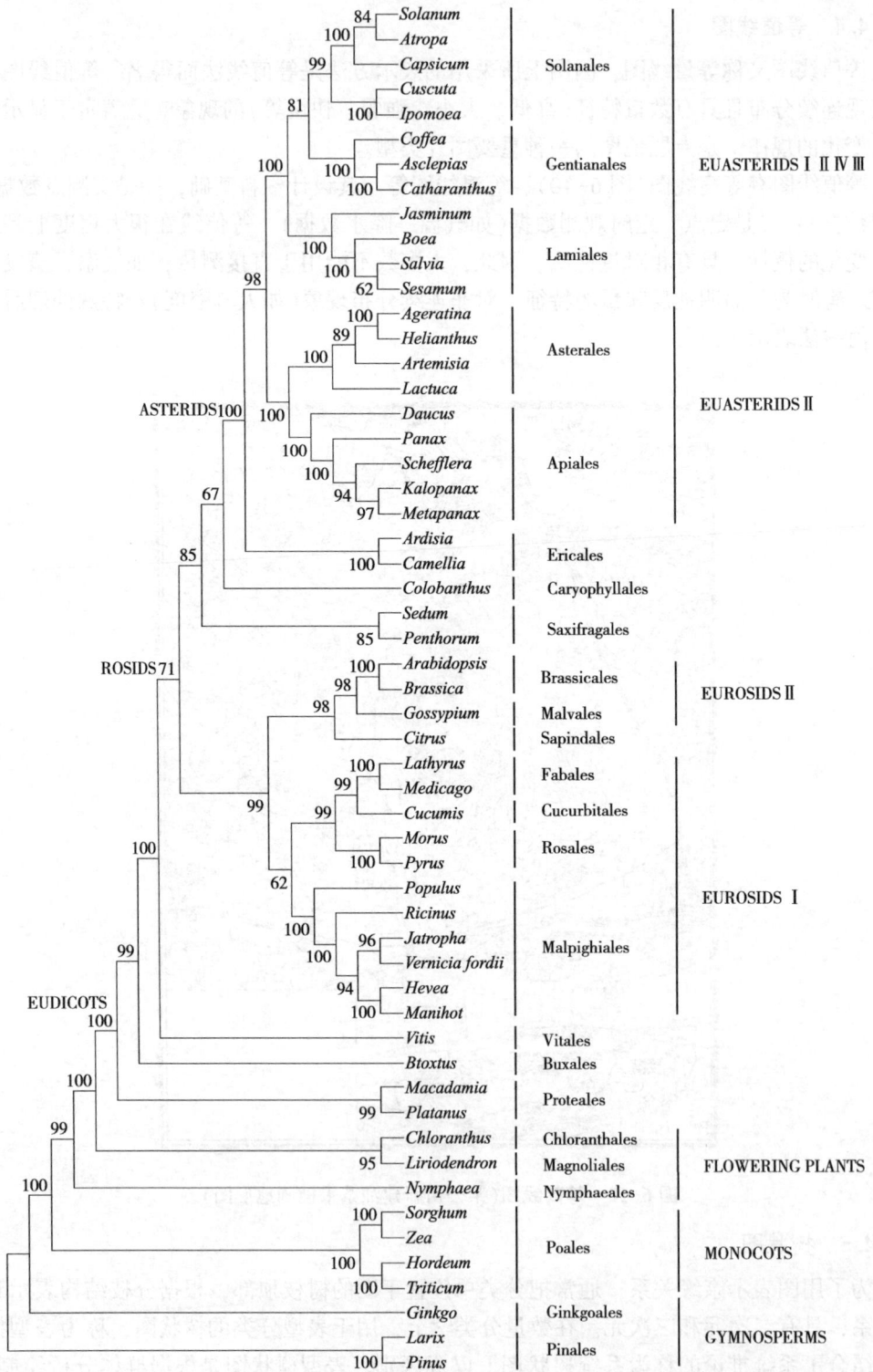

图 6-11　树状图[基于叶绿体基因组中 36 个蛋白质编码基因的最大简约性(MP)
系统发育树](引自谭晓风，李泽，2017)

6.1.4.6　基因图谱

　　基因图谱是指综合各种方法绘制成的基因在染色体上的线性排列图。生物的性状千差万别，决定这些性状的基因成千上万。这些基因成群地存在于遗传物质的载体——染色体上(图6-12)。基因定位就是要确定基因所在的染色体，并测定基因在特定染色体上线性排列的顺序和相对距离(图6-13)。通过测定重组率得到的基因线性排列图称为遗传图谱；将遗传重组值作为基因间距离，所得到的线性排列图称为连锁图谱；利用其他方法确定基因在染色体上的实际位置制成的图谱称为物理图谱。

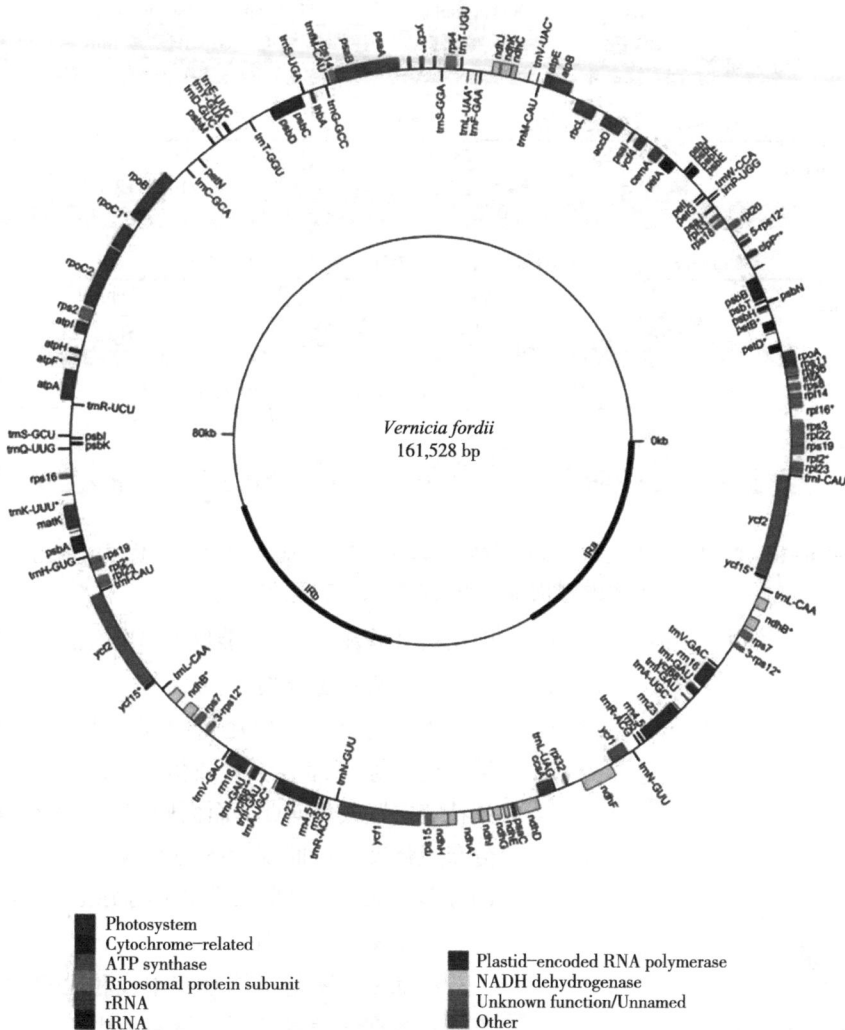

图6-12　基因图谱(来自 PacBio RS Ⅱ 平台的油桐叶绿体基因组的基因图谱)
(引自谭晓风，李泽，2017)

6.1.4.7　复合图

(1)点线复合图

　　点线复合图是指在同一图中同时运用点和线两种图形元素来表示数据或信息的图。既

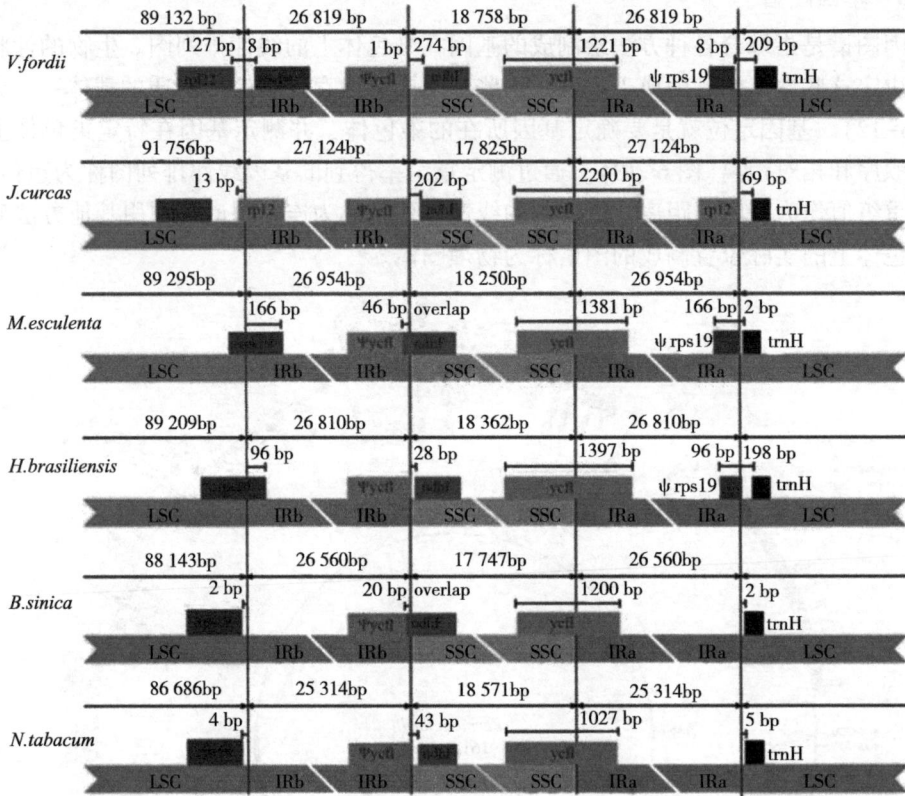

图 6-13　叶绿体基因组图(6 种基部叶绿体基因组中 LSC、IR 和 SSC 边界区的比较
叶绿体基因组)(引自谭晓风,李泽,2017)

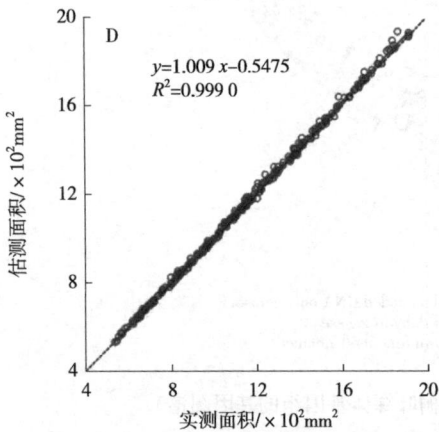

图 6-14　点线复合图(油茶果形状特征
参数估测值与实测值相关性散点图)
(引自莫登奎,棘玉,2022)

能反映出函数关系,又能反映出离散情况(图 6-14)。

(2)点面复合图

点面复合图是指在图中同时利用点和面(如区域、色块等)来表示数据或信息的图。点通常用于标记特定位置或数据点,而面则用于表示数据的范围、分布或强度。点面复合图通常表示特征量在平面上的分布情况,以及离散或聚类的情况(图 6-15)。

(3)线面复合图

线面复合图是指结合使用线和面两种图形元素来表示数据或信息的图。线通常用于展示数据随时间或其他变量的变化而呈现的趋势,而面则用于表示数据的范围、分布或强度。线面复合图既表示频数的分布情况,又反映其连续变化的规律(图 6-16)。

(4)线线复合图

线线复合图又称复式线图、复合线图,是指在

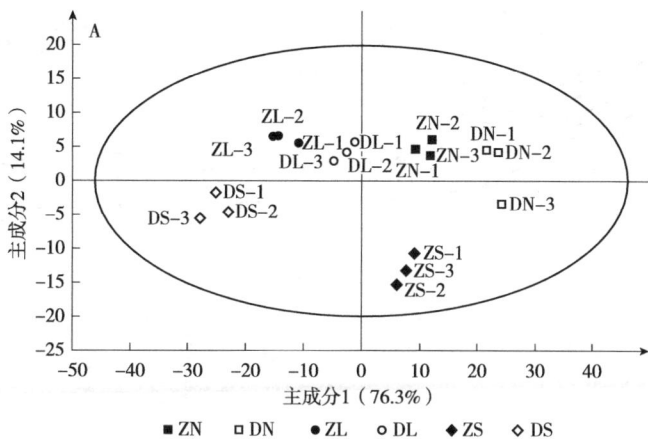

图 6-15　点面复合图(不同楸树砧穗组合的生理指标的正交偏最小二乘判别
分析得分图)(引自杨秀莲，何荷，2023)

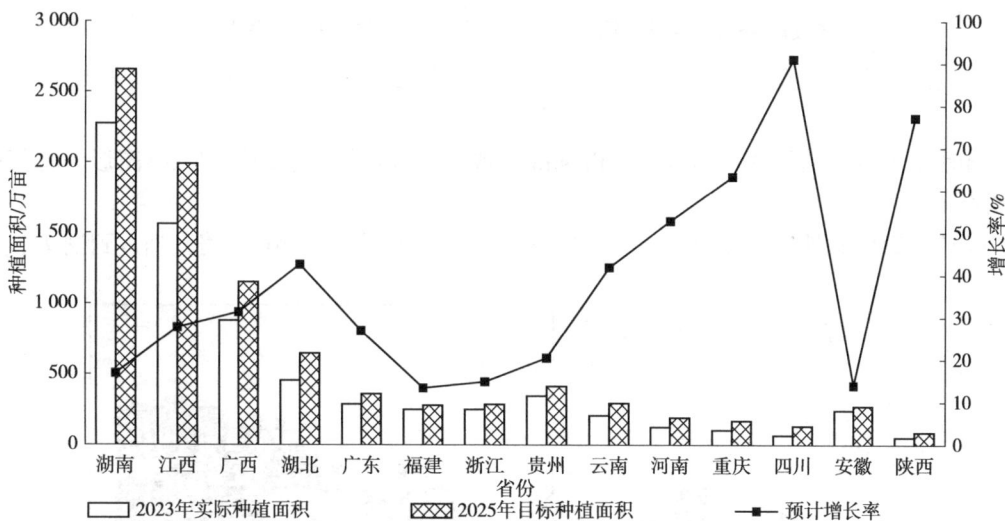

图 6-16　线面复合图(2023—2025 年全国油茶生产目标任务图)[引自国家林业和草原局、国家发展和改革委员会、财政部于 2022 年 12 月 22 日联合印发的《加快油茶产业发展三年行动方案(2023—2025 年)》]

同一图表中绘制两条或两条以上的线条，每条线条代表不同的数据集或变量，并通过线条的走势、交叉、平行等关系来展示这些数据集或变量之间的趋势、差异或关联(图 6-17)。在这类图中，不同线条的颜色、粗细、样式等属性可以区分不同的数据集。线线复合图既能表示各种类别的变化规律，又可以表示整体的变化趋势。

6.1.4.8　立体图

立体图可以用来表达 3 个变量之间的关系(交互效应)(图 6-18)，由于其作图难度高，通常可用公式进行模拟后进行可视化展示，常见的制图方式如下。

①使用三维建模软件　如 AutoCAD、SolidWorks 或 SketchUp 等，创建三维模型，导出为可用的格式(如 STL 或 OBJ)并将其插入到论文中。

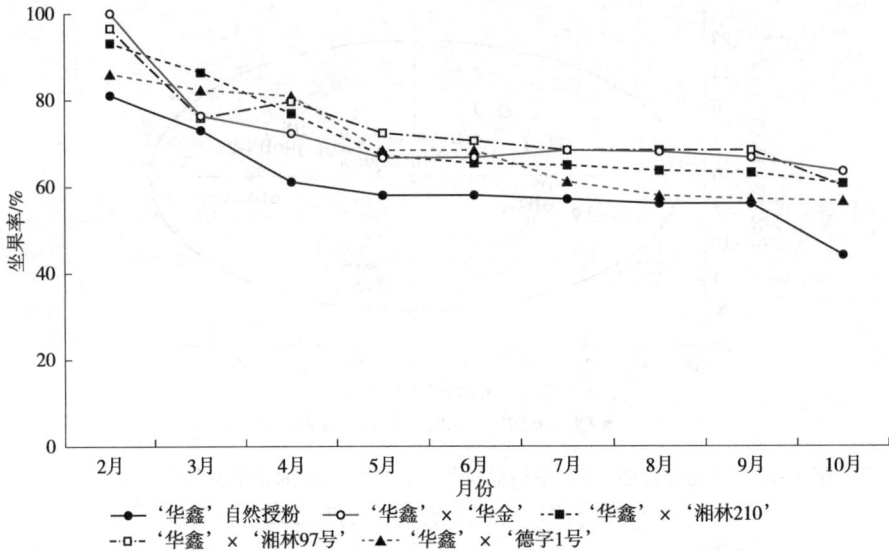

图 6-17　线线复合图(不同油茶父本对母本'华鑫'的坐果率的影响)

②使用计算机辅助制造(CAM)软件　将三维模型转换为二维投影,将其插入到论文中。

③使用矢量绘图软件　如 Adobe Illustrator 或 Inkscape 等,手动绘制三维图形,将其插入到论文中。

④使用数学软件　如 Mathematica 或 MATLAB 等,生成三维图形,将其插入到论文中。

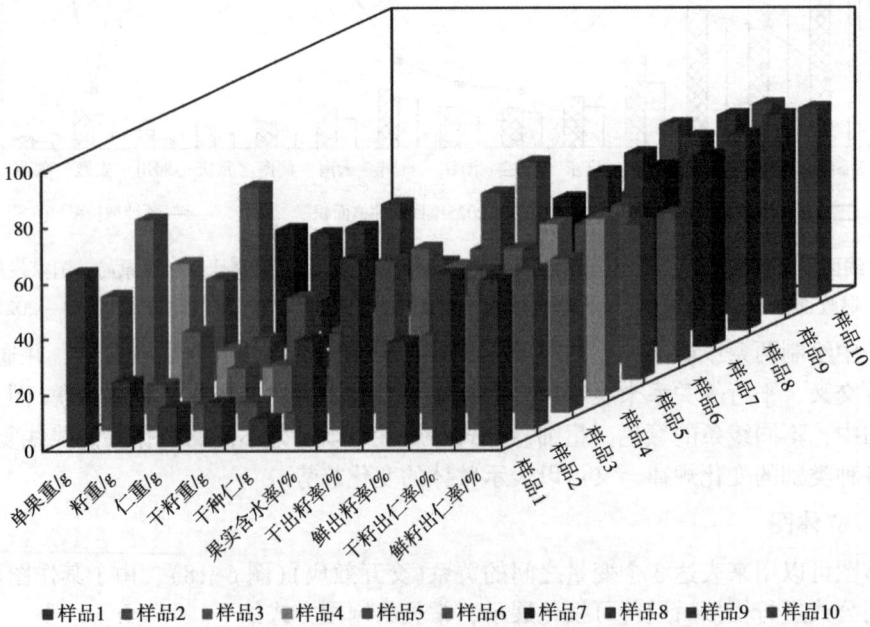

■样品1　■样品2　■样品3　■样品4　■样品5　■样品6　■样品7　■样品8　■样品9　■样品10

图 6-18　立体图('华金'油茶成熟果实性状)

6.1.4.9　照片图

照片图通常是指实物摄影照片，它们因其直观性而更具有说服力。

示例 1：不同月份不同油茶品种授粉后果实的生长大小比较，照片图直观醒目，但需要增加比例尺才能理性理解实物的大小(图 6-19)。

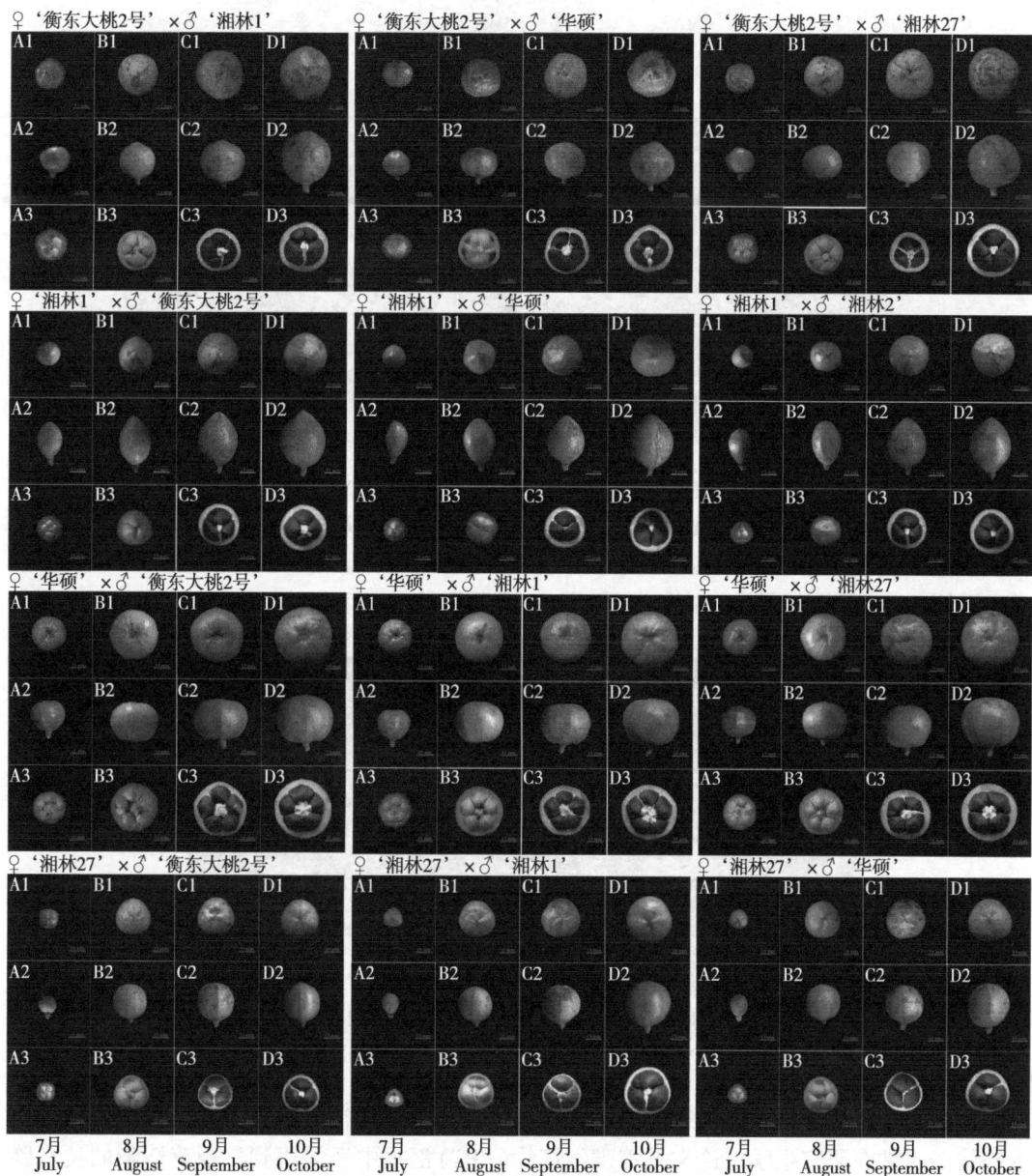

图 6-19　实物组合图(不同油茶品种授粉组合果实发育观察)(引自李泽，杨昕悦，2024)

注：A 为 7 月；B 为 8 月；C 为 9 月；D 为 10 月。1 为俯视图；2 为侧视图；3 为剖面图。

示例 2：不同月份不同油茶品种的种子生长发育比较，通过电子显微镜观察油茶种子发育状态(图 6-20)。

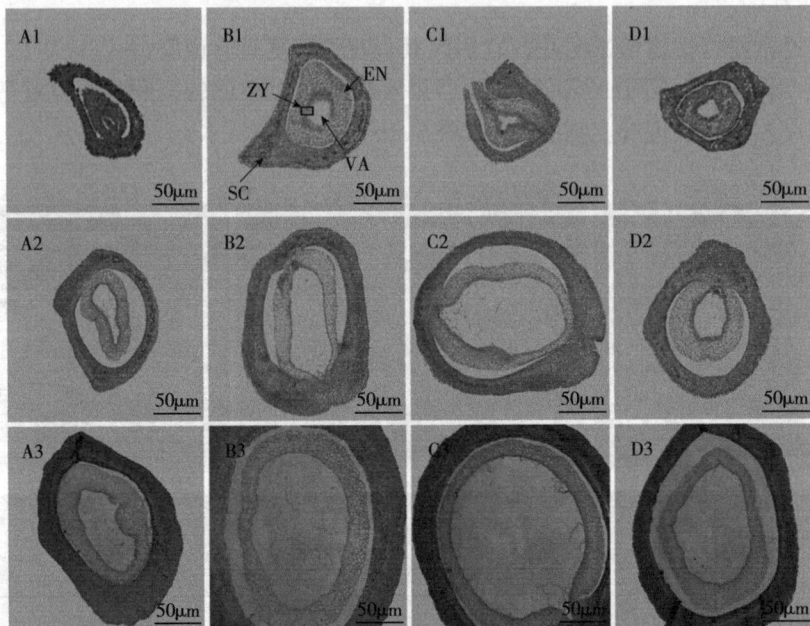

图6-20　显微观察图(油茶4个主栽品种种子发育观察图)(引自谭晓风，张帆航，2020)

注：大写字母表示品种，A~D分别为'华金''华鑫''XLC15''华硕'。数字表示种子发育时间，1~3分别为3月15日、4月15日和5月15日。EN代表胚乳，SC代表种皮，VA代表液泡，ZY代表合子。

示例3：油桐转基因检测的电泳图(图6-21)。

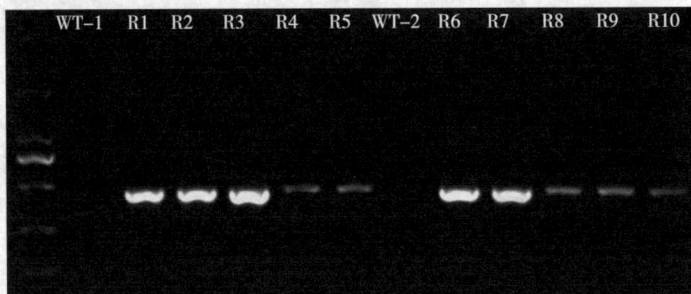

图6-21　电泳图(油桐阳性不定芽(R1~R10)和未侵染的不定芽(WT)的
PCR检测结果)(引自李泽，张慧，2024)

6.1.4.10　流程图

　　流程图是指用方框和指引线等表示工作流程，通常包括技术路线图和实验流程图。技术路线图通常在研究生学位论文及答辩幻灯片(PPT)汇报中经常用到。规范清晰的技术路线图不但能使读者清晰地了解科技论文的研究内容和方法，同时对论文的评审结果具有重要的参考价值。实验流程图是用特定图形符号和流程线组成的表示实验活动过程和思路的框图。实验流程图能够直观、清晰地展示实验设计的全过程，有助于加深对实验设计过程的感知和理解。通过不同的图形符号表示实验中的各个阶段、操作、数据流向等，使得实验结构一目了然，有助于提高实验的效果和质量。

示例1：技术路线图(图6-22)。

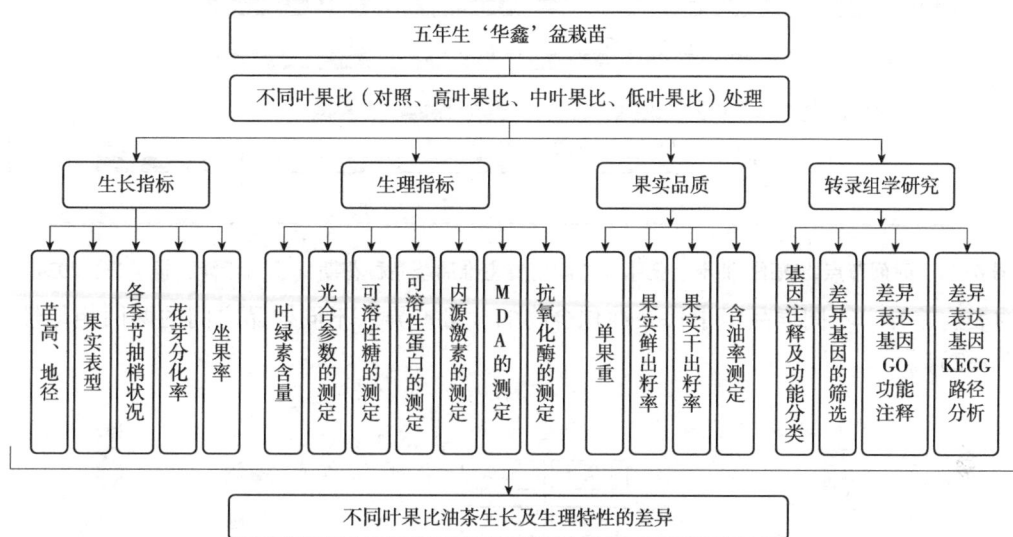

图6-22 技术路线图

示例2：实验流程图(图6-23)。

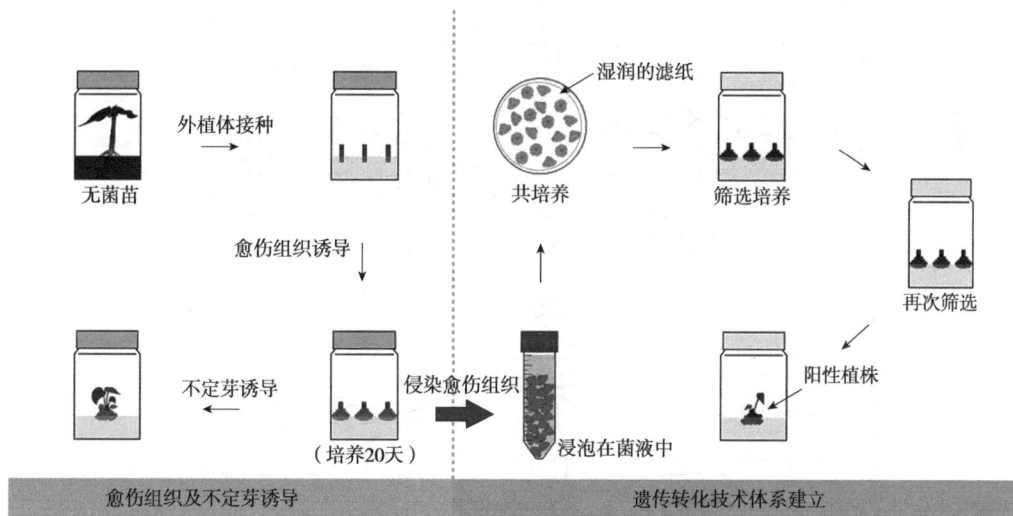

图6-23 实验流程图(油桐愈伤组织遗传转化系统示意图)(引自李泽，张慧，2024)

示例3：时间节点比较图(图6-24)。

6.1.4.11 热图

热图是通过将数据矩阵中的各个值按一定规律映射为不同的颜色来展示，利用颜色变化来直观地比较数据，实现数据的可视化的图。其基本原则是将数字转换为颜色，使数据呈现更直观、对比更明显。热图常被用于表示多种情况，如不同样品组中代表性基

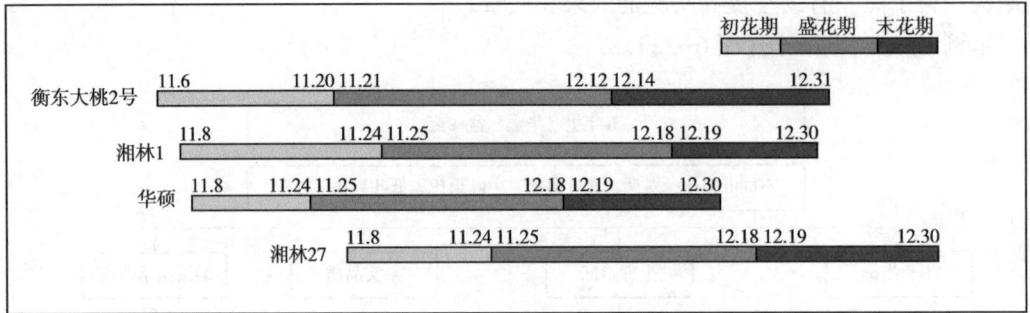

图 6-24　时间节点比较图（油桐愈伤组 4 个湖南省主推油茶品种花期）（引自李泽，杨昕悦，2024）

因的表达差异、不同样品组中代表性化合物的含量差异、不同样品之间的两两相似性等（图 6-25）。

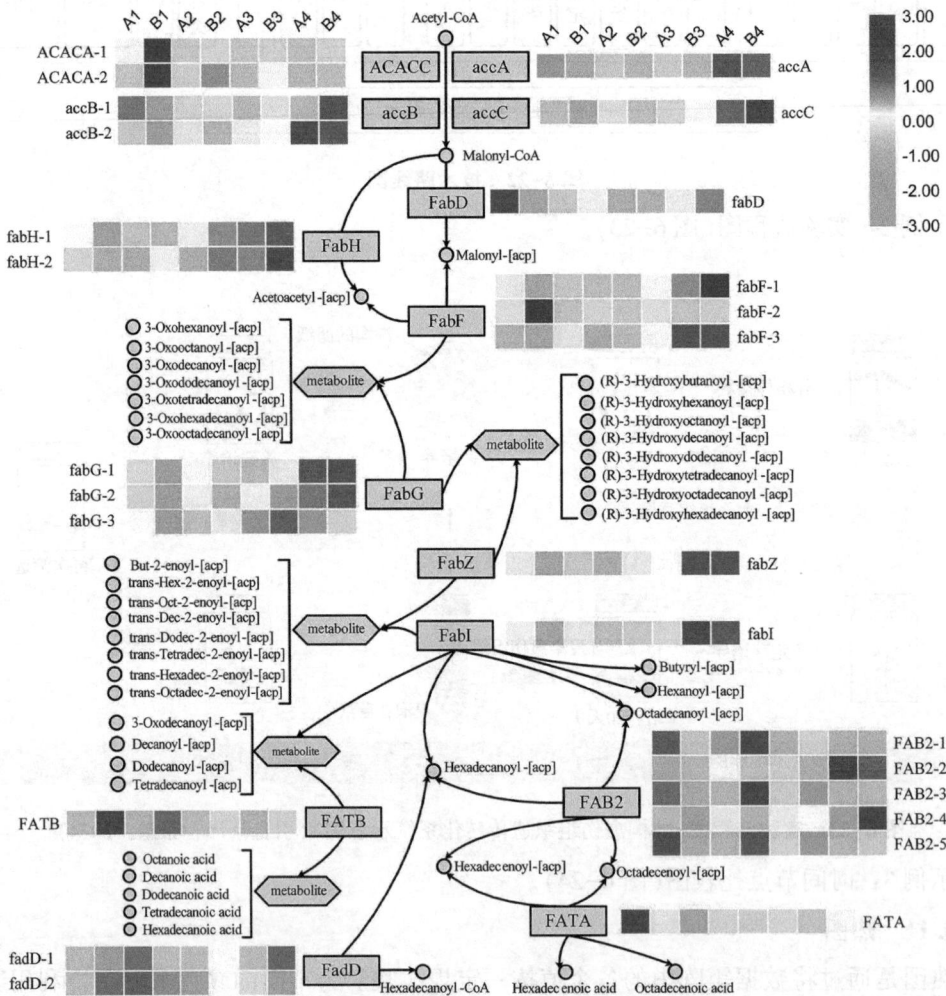

图 6-25　热图（流程复合图）（引自谭晓风，张帆航，2021）

6.1.4.12　箱型图

箱型图，又称盒须图，是一种统计图表，用于展示数据集的集中趋势和离散情况。它主要显示数据的 5 个统计量：最小值、下四分位数（Q1）、中位数（Q2）、上四分位数（Q3）和最大值。通过箱型图，可以直观地观察数据的分布特征、对称性以及异常值（图 6-26）。

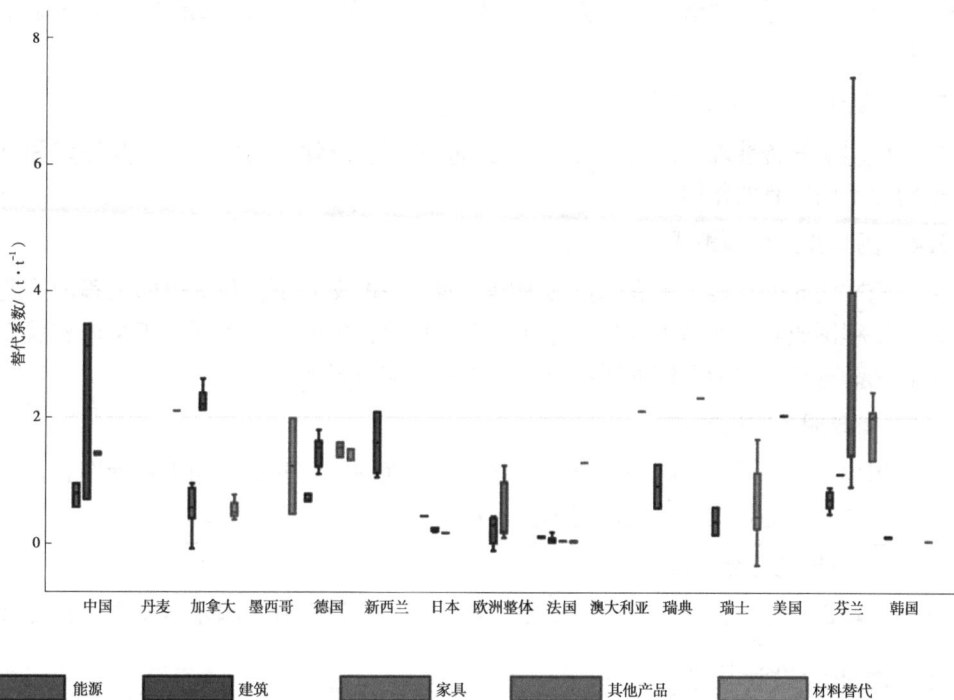

图 6-26　箱型图（主要国家各类替代减排类型的替代系数）（引自欧阳志云，张小标，2022）

6.1.4.13　雷达图

雷达图是以同一点开始的轴上表示的 3 个或更多个定量变量的二维图表形式显示多变量数据的图形方法，也称为网络图、蜘蛛图、星图、蜘蛛网图、不规则多边形、极坐标图或 Kiviat 图。轴的相对位置和角度通常无信息，相当于平行坐标图，轴径向排列。其优势在于可直观地对多维数据集目标对象的性能、优势及关键特征进行展示（图 6-27）。

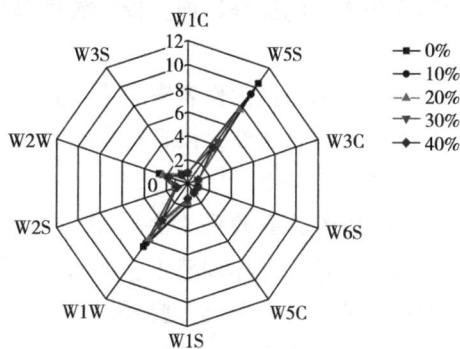

图 6-27　雷达图（不同含壳率油茶籽油电子鼻响应值雷达图）（引自汪名春，王天祥，2024）

注：每个传感器敏感气味为 W1C（芳香成分、苯类）、W5S（氮氧化合物）、W3C（芳香成分、氨类）、W6S（氢化物）、W5C（短链烷烃、芳香成分）、W1S（甲基类）、W1W（硫化物）、W2S（醇类、醛酮类）、W2W（芳香成分、有机硫化物）、W3S（长链烷烃）。

6.1.5　插图的使用规范

6.1.5.1　插图服务论文主题

无论插图设计得如何好，如果不为科技论文的主题中心服务，无法说明论文所表达的主要见解，反而会成为论文的累赘，影响表达效果。

6.1.5.2 插图精选确保质量

插图在科技论文中虽有重要作用，但也不能占用太多的篇幅，一篇科技论文应该配用多少幅，没有硬性规定，一般原则是每千字配一幅。凡是能用一张图表达清楚的，就不用多张图。图较多时通常做出一个图版，SCI收录论文中的插图一般都是4至20张单个图组成的图版。

6.1.5.3 插图设计注重细节

好的插图应具备准确、简明、醒目、美观的特点。设计和制作时应反复考虑和打磨细节，否则起不到应有的作用。

6.1.5.4 图文并茂相辅相成

科技论文的插图直接用来表达正文内容，通常是图文并茂，与一般的工程图或美术作品不同。工程图或美术作品可以独立存在，而科技论文中的插图离开了正文内容就失去其内在的含义。科技论文的每幅插图都应在论文中相应位置注明。

6.1.5.5 简单明了突出重点

凡能用单色表示的就不必用多色；凡能用小幅面图表示的就不用大幅面图；凡能用单栏图表示的就不用通栏图；凡能用简单图表示的就不用复杂图表示。

6.1.5.6 制作规范符合标准

插图的幅面尺寸、注字、符号、线条、箭头等均应符合有关国家标准或期刊要求。

6.1.6 插图的设计要求

插图绘制质量的优劣在一定程度上决定能投稿刊物的级别高低。科技图稿应该是图形功能和形式美的综合体现，设计效果概括为图形结构准确和简洁美观，这是插图设计的基本条件。

论文插图一般由作者来完成，其原始设计是论文作者的"天职"。科技论文中一幅完整的插图，应有自明性，读者在没有看文字或表格的情况下，就能看出插图本身所表达的内容。具体要求如下。

(1) 插图具备的要素要完整

在科技论文写作规范中，要求插图要包含图序、图题、标目、标值线、标值、图形，以及必要的图注和图例等要素。

(2) 插图要素布局要规范

图序和图题位于图形下方(表序和表题位于表的上方)，图注位于图题的下方，图例位于图题的上方或图形中空白处。在文中的布局上，图随文走，先见文后见图，即正文中出现如"见图×"，则图随文插于此段文字下方，而不是文字描述在图的下方。

(3) 插图标目形式要规范

论文插图标目采用以"量/单位"(量除以单位)的标准化形式，而不采用"量(单位)"或"量，单位"的惯用形式。

（4）插图的排版要合理

插图中的文字多采用五号或小五号字，也可根据实际要求改变字体、字号。通常宜将纵坐标长度设计为横坐标长度的 2/3~3/4。插图宽度不宜超过版心，首行缩进为无，通常选择居中。

（5）插图插入方法要准确

插图从字面意思理解是从 Word 中插入，即把做好的图在电脑中保存成 JPG 等图片格式，然后在 Word 工具栏点击"插入/图片"，插入到文档对应的位置，选择图片居中，而不是将做好的图直接复制粘贴到 Word 对应的位置。从工具栏插入的图片不会因增加或者删除文档字数导致图片排版混乱，如果直接将图片复制粘贴到 Word 中，编辑文字后会导致插图遮盖文字的现象出现，这是学生撰写论文中常见的问题，应当重视。还需注意在插入图片前应设置好插入图片清晰度，操作步骤是在 Microsoft Word 里先后点击"文件""选项""常规与保存"，然后勾选"不压缩文件中的图像"，并默认目标输出设置为最大值（通常是 220 dpi），以在 Word 中实现插图的最高清晰度，这也是撰写论文中容易忽略的细节。

6.1.7　科技论文中常见插图的绘制方法与规范

6.1.7.1　照片图的拍摄方法及拼图规范

科技论文中发表的树体的组织、花等器官及组织培养中诱导的愈伤组织及不定芽等需用相机拍照记录，林木组织器官比较小时需调至微距模式，图片比较多时可通过拼图制作图版来降低论文的篇幅并增加信息量。图片处理常用软件有 Photoshop 和 Adobe Illustrator，拼图前需将每张图片裁剪至同等比例大小，图片之间需保留适当间隙，拼图完成后需在图片中加入比例尺、图标（如 A、B、C 或 a、b、c 等），必要时还需在图片中添加符号（箭头、圆圈等）以突出重要信息。制作完成的图片可保存为 JPG 或 TIFF 格式，保存时图片分辨率不得低于 300 dpi，图片大小尽量在 2~5 Mb 以内，尽量不要超过 10 Mb，示例图如图 6-28 所示。

6.1.7.2　柱状图和折线图的绘制方法

柱状图和折线图常用的作图软件有 Excel 和 Origin。与 Excel 相比，利用 Origin 作图操作简便、专业性更强。利用 Origin 绘制折线图时需在表格中输入 X 轴和 Y 轴对应的坐标轴名称、单位、具体数值、标准误差等重要信息，再选择所需生成的图表类型。以折线图为例，绘制出折线图后可通过添加图例、调整不同变量对应的图形和颜色、坐标轴的轴间距、字体字号等元素对折线图进行美化。制作完成后可导出为 JPG 或 TIFF 格式，导出图片的分辨率不得低于 300 dpi。

6.1.7.3　技术路线图的绘制方法（或制作方法）

技术路线图可使用 PowerPoint 制作，在 PowerPoint 中插入对应的文本框、线条并输入文字，排版调整格式后再粘贴到 Word 对应的位置（图 6-29）。PowerPoint 中按 Ctrl+A 全部选择，再按 Ctrl+C 复制，在 Word 中左上角开始工具栏左下方点"粘贴"选项，点击"选择性粘贴"，再选"图片（增强型图元文件）"选项即可，这样操作能够保持技术路线图最佳的

图 6-28 照片图的拼图效果

注：A1 为 6 月份的对照；A2 为 8 月份的对照；A3 为摘果前的对照；B1 为 6 月份的高叶果比；B2 为 8 月份的高叶果比；B3 为摘果前的高叶果比；C1 为 6 月份的中叶果比；C2 为 8 月份的中叶果比；C3 为摘果前的中叶果比；D1 为 6 月份的低叶果比；D2 为 8 月份的低叶果比；D3 为摘果前的低叶果比。图中标尺为 15 cm。

清晰度和完整性，做好技术路线图的 PowerPoint 应及时命名并保存在 Word 文档的文件夹中，以便后期修改文字。不建议在 Word 文档中直接做技术路线图。

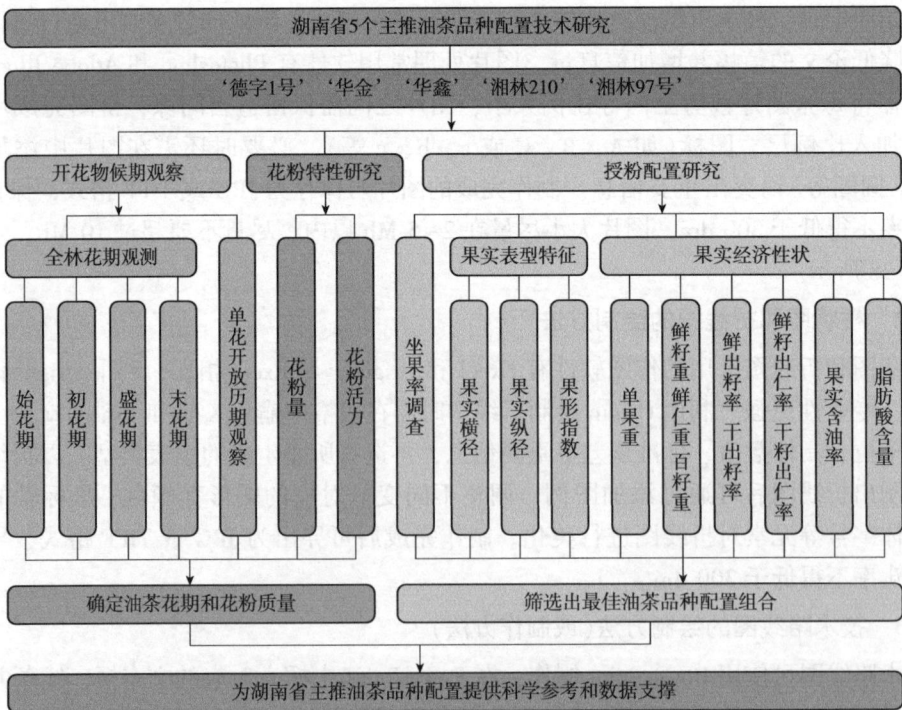

图 6-29 用 PowerPoint 制作的技术路线图

6.1.7.4 实验流程图的做法

实验流程图制作的常用软件有 PowerPoint、Photoshop、Adobe Illustrator、Biorender、Figdraw 等，这些软件可根据自身技术水平和制图要求灵活地结合使用。其中，Adobe Illustrator 常用来绘制流程图中所需的元素，在 Biorender 和 Figdraw 等制图软件(网站)中也可以进行素材的下载，最后可在 PowerPoint 或者 Photoshop 中进行流程图整体的制作与排版。在进行流程图的绘制过程中，要有一条明晰的流程主线，从而使得流程图脉络更加清晰；尽量遵循从上至下、从左至右的流向顺序；对相同流程图采用一致的符号和大小；对于路径符号，应避免相互交叉；流程图中的元素要尽可能形象、简洁、醒目。绘制完毕后，可导出为 JPG 或 TIFF 格式，导出图片的分辨率不得低于 300 dpi。

6.1.7.5 热图的做法

热图一般是用 Origin 软件制作，方法步骤为：第一，将数据粘贴至 Origin 表格中；第二，View 菜单—打开 Apps(快捷键 Alt+9)—选择 Heat Map Dendrogram 图标；第三，根据数据分析和绘图要求，设置绘图参数(数据归一化、聚类方法、距离类型等)；第四，点击"OK"即可获得热图初始绘图结果；第五，美化，点击热图中央，可以快速修改颜色；双击热图，弹出 Plot Details 窗口也可以进行个性化的设置；第六，热图制作完成后可导出为 JPG 或 TIFF 格式，导出图片的分辨率不得低于 300 dpi。

6.2 表格

6.2.1 表格的定义和作用

6.2.1.1 定义

表格又称为表，既是一种可视化交流模式，又是一种组织整理数据的手段。人们在通讯交流、科学研究以及数据分析活动当中广泛采用形形色色的表格。表格是以行和列的组合方式，排列数据(原始或统计)和实验结果。

6.2.1.2 作用

表格可以准确地表达各种数据及其对应关系，以便读者对其进行分析比较，常常用来表达复杂事物的数量关系；也可以用来显示事物的变化规律和发展趋势；有时也用来表达系列事物存在的数量化状态。在林业科技论文写作中，几乎所有的实验结果都可以用表格形式处理。

6.2.2 表格的基本结构

表格通常由表题、表头、表身构成，必要时添加表注(图 6-30)。

6.2.3 表格的类型

按表格常用的表现形式可分为：三线表、无线表、系统表和卡线表。

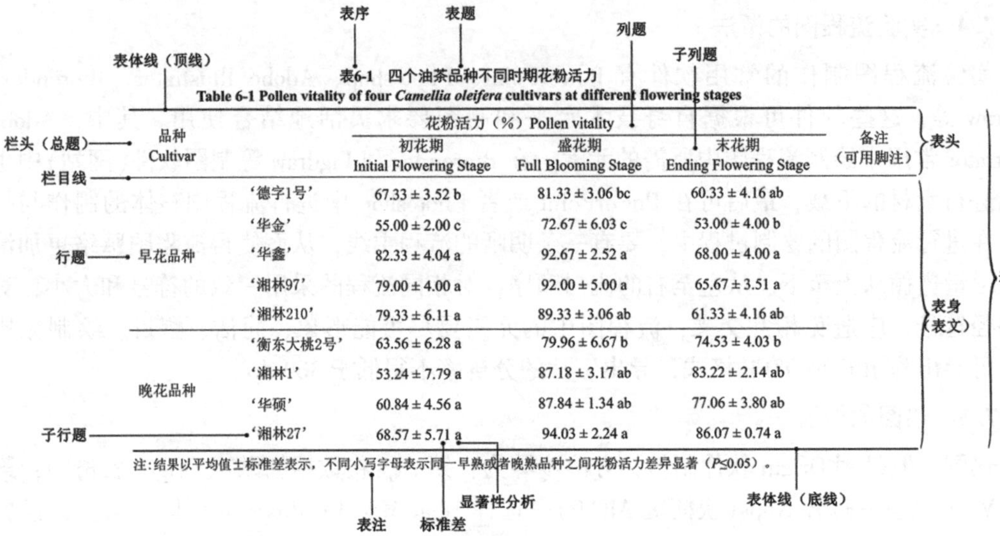

表6-1　四个油茶品种不同时期花粉活力
Table 6-1 Pollen vitality of four *Camellia oleifera* cultivars at different flowering stages

品种 Cultivar	花粉活力(%) Pollen vitality			备注(可用脚注)
	初花期 Initial Flowering Stage	盛花期 Full Blooming Stage	末花期 Ending Flowering Stage	
'德字1号'	67.33 ± 3.52 b	81.33 ± 3.06 bc	60.33 ± 4.16 ab	
'华金'	55.00 ± 2.00 c	72.67 ± 6.03 c	53.00 ± 4.00 b	
'华鑫'	82.33 ± 4.04 a	92.67 ± 2.52 a	68.00 ± 4.00 a	
'湘林97'	79.00 ± 4.00 a	92.00 ± 5.00 a	65.67 ± 3.51 a	
'湘林210'	79.33 ± 6.11 a	89.33 ± 3.06 ab	61.33 ± 4.16 ab	
'衡东大桃2号'	63.56 ± 6.28 a	79.96 ± 6.67 b	74.53 ± 4.03 b	
'湘林1'	53.24 ± 7.79 a	87.18 ± 3.17 ab	83.22 ± 2.14 ab	
'华硕'	60.84 ± 4.56 a	87.84 ± 1.34 ab	77.06 ± 3.80 ab	
'湘林27'	68.57 ± 5.71 a	94.03 ± 2.24 a	86.07 ± 0.74 a	

（图中标注：表序、表题、列题、子列题、表体线(顶线)、栏头(总题)、栏目线、行题、早花品种、晚花品种、子行题、表头、表身(表文)、表体、表注、标准差、显著性分析、表体线(底线)、备注(可用脚注)）

注:结果以平均值±标准差表示,不同小写字母表示同一早熟或者晚熟品种之间花粉活力差异显著($P \leq 0.05$)。

图 6-30　表格的基本结构示例

6.2.3.1　三线表

（1）三线表的定义和作用

三线表是由顶线、底线和栏目线三条线组成的开放式表格。三线表通常只有 3 条线,即顶线、底线和栏目线(注意:表两侧没有竖线)。三线表是林业科技论文写作中的核心内容,也是写作制表中必须使用的表格类型(特殊情况除外),三线表因其功能分明、简洁清爽、通俗易懂、阅读方便等特点,是所有学位论文和大部分学术论文常用的表格形式(部分 SCI 期刊论文使用卡线表)。

（2）三线表的基本格式和注意事项

①表序　是指表的顺序。表题为表格的标题,表题应能准确反映表格的特定内容,是一个完整的句子,而非半句话或者短语,例如:"表 1 四个油茶品种冬季光合速率比较",而不是"表 1 油茶光合速率"。三线表的表序和表题应位于表格的顶线之上,而图序和图题位于图体的下方。

②表头　又被称为项目栏,是指顶线和栏目线之间的内容,一般由多个项目组成,表头的每个项目的名称都反映了在表身中与之相对应的信息的属性或特征。表头的标准格式一般是栏目由左至右横排,通常情况下表达的对象在 10 个及以下。表身数据则在相应的位置依序竖排,但并非绝对,可以根据三线表的实际内容或版面的情况有所变化。

③表身　位于三线表的栏目线之下、底线以上。它是三线表的主体部分,包含表格的绝大部分信息。表身可由文字或数字组成,其中数字一般不带单位,百分数也不需要带百分号,而是将单位符号归并在栏目中。表身中无内容的栏目,"空白"代表未测或无此项,短横线"—"代表未发现或未被检测到的数据,需要在以后进一步地进行研究检测,"0"代表实测的数值为零。

④表注　一般位于三线表的最下方,它不属于三线表的基本要素,而是三线表的附加成分。它对三线表内需要解释的项目或数据以脚注的形式进行说明。

6.2.3.2 无线表

不必写表题，直接排列统计的对象和相对应的数值即可。

6.2.3.3 系统表

利用表在形式上的层递关系来表示事物层次的隶属关系。

6.2.3.4 卡线表

具有完整结构的表格，卡线表的简化形式，只保留表体线，主栏目线三条横线，必要时可以在列题下加辅助线(无竖线)。

6.2.4 表格语义分析

表格应具有完整的语言结构和准确的含义，即具有自明性，能够独立地表达完整的语言意义。从语法上分析，一个典型的表格相当于一个状态陈述句。

在某列状态下，某行数值为对应的表文值。

状态因子　　　主因子

即从语言上看，表格是一个数据集，用来表达一组事物存在的状态和它们的属性，见表 6-1。

表 6-1　3 个油茶品种历年产果量统计　　　　　　　单位：kg/亩 *

品种	2019 年	2020 年	2021 年	2022 年	2023 年
'华鑫'	985	975	1151	951	786
'华硕'	921	1002	1041	697	943
'华金'	953	883	990	636	818

字面上表达的意义即：

①'华鑫'品种每亩产果量 2019—2023 年分别为 985、975、1151、951、786 kg。

②'华硕'品种每亩产果量 2019—2023 年分别为 921、1002、1041、697、943 kg。

③'华金'品种每亩产果量 2019—2023 年分别为 953、883、990、636、818 kg。

表面上该表格表明 3 个油茶品种各年度产量的状况，仅仅是一个状态记录表。

然而实际上，表格中各个数据并不是孤立的，而是有联系的。通过表格中各个数据在表中排列的位置和相互之间的位置关系，可以看出表格除了字面上意义之外，还隐含更深层的实际意义。如表 6-2，至少还具有以下意义：

①2021—2023 年，'华鑫'品种产量呈下降趋势 ⎫
　　　　　　　　　　　　　　　　　　　　　　　 ⎬ 横向数据关系
②2019—2021 年，'华硕'品种产量呈上升趋势 ⎭

③2023 年，'华金'产量首次超过'华鑫'品种　　纵向数据关系

由于表格中数据的位置关系还包含有一定的意义，所以表格中的项目和数据不能随意排列。总的原则是行题排列被比较的项目，一般为自变量；列题排列用来比较的指标，一

---

* 1 亩 ≈ 667m² 。

般为因变量。

例如：表题"不同遮阴处理对油茶 2 年生苗木生长情况比较"

被比较的项目　比较的指标(项目)

相当于自变量　　相当于因变量

↓　　　　　　↓

行题　　　　列题

遮阴度	苗高/m	地径/cm	叶片数/片
CK			
I			
II			
III			

由于是要根据这些苗木生长指标来判断哪种处理好，故这样列表，从纵向去做比较，就很容易知道哪种处理时哪一个指标更好些。表格的这种设置，在视觉生理上是科学的，上下移动比左右移动更容易，且由于表中数字总是左右横写，上下小数点对齐，很容易区分数字的大小。

以上主要是针对表格用来数据比较时表头中栏目处理。其他情况按如下处理。

①描述状态　描述若干个事物存在状态时，宜将各种状态因子作纵向排列(表 6-2)，同样是形象上需要。

表 6-2　各地××油茶生产情况统计表

项目	甲	乙	丙	丁
总面积				
总株数				
总产量	(更容易将某地果品生产情况从视觉上集中、归纳。)			
平均单产				

②描述动态　描述若干因子变化动态，宜将反映变化趋势的因子作横向排列(表 6-3)。

表 6-3　某地××油茶生产发展动态

项目	1990 年	1995 年	2000 年	2015 年	2020 年
总面积					
总株数					
总产量	(更容易将某指标波动的情况从视觉上反映。)				
平均单产					

其实，对后一种情况来说，如果需要表达的因子并不多时，选择图形效果更好。通常要用简洁的文字对表格的意义加以说明、解释。

6.2.5　表格的设计及使用规范

6.2.5.1　表格的设计

设计表格时，除按上述要求，各项必须齐全以外，为使表达更清楚、直观、准确，必须认真斟酌项目栏的设计。根据项目的多少和数据的量，合理安排表格的大小、形式等。

（1）项目栏的设计——以三线表为例

三线表中有横向项目栏和竖向项目栏，设计表格时要考虑哪些项目放在横向，哪些项目放在竖向。一般来说，将所研究的项目作横向栏目，而把研究对象作为竖向栏目，这样列出的表易使上下数据对齐，便于比较。但也可视具体情况而定，一般将同一栏目下的信息作竖向排列更便于比较。例如，将例表中横竖项目栏对调后，同一量的数值就处在同一竖栏内，超滤前后各成分的含量对比起来一目了然。

示例见表6-4、表6-5。

表6-4　超滤前后油茶种仁各种成分含量　　　　　　　　　单位:%

成分	超滤前	超滤后	保留率
可溶性固形物	3.9	3.8	97.4
蛋白质	0.056	0.015	26.1
果胶	0.067	0.012	17.9
滴定酸	0.50	0.46	92.0
维生素 C/(mg·L^{-1})	102.7	96.7	93.8

表6-5　超滤前后油茶种仁各种成分含量

超滤前后	可溶性固形物/%	蛋白质/(mg·L^{-1})	果胶/(mg·L^{-1})	滴定酸/(mg·L^{-1})	维生素 C/(mg·L^{-1})
超滤前	3.9	0.0056	0.0067	0.0500	102.7
超滤后	3.8	0.0015	0.0012	0.0460	96.7
保留率	97.4	26.1	17.9	92.0	93.8

项目栏设计好后，还要注意栏目名称的设定，既要清楚表达各栏目的属性，又要避免与表题或其他部分的内容重复。

（2）表格的尺寸

对表格大小的要求以版心为准。一般要求表格的宽度不能超过版心宽度，长度不作限制。当表格太宽时可采用下述方法缩减：删减可有可无的项目；标目或栏内文字转行排；横竖表转换；采用侧排表，即将表格按逆时针方向转90°排放，此时表宽限制扩大到版心的高度；若以上办法仍不解决问题，则可采用对页表，即整个表格排在相邻的两页上，并采用"双跨单"的方法，使表格在同一视面内。通常论文中表格不会太大，故此处不再讨论插页表。

(3)表格的横竖转移

当表格横向项目过多而竖向项目较少时，可把表格从宽度方向切断，然后转排成上下叠置的 2 段、3 段，段与段之间用双细线(正线)分隔开，每段的竖向栏目应当重复排出。

当表格竖向项目过多而横向项目较少时，可把表格从长度方向切断，然后平行地转排成 2 幅或 3 幅，幅与幅之间用双细线分隔开，每幅的横向栏目应当重复排出。

(4)表中图形

有时表中带有图形。当图形的大小与表格的布局相匹配时，可放在表内。当图形与表格不匹配时，可采用表注的方式将图形放在表下。

6.2.5.2 表格的使用规范

(1)简洁性

①表体结构简单，尽量采用三线表。

示例 1(表 6-6)：

表 6-6　多重比较正向显著的油茶无性系及其遗传增益　　　　单位：kg

17 年产果量		18 年产果量		22 年产果量		平均产果量	
无性系	ΔG	无性系	ΔG	...	无性系	ΔG	
C-12	22.58	C-12			C-12		
C-11	21.55	C-11			C-11		
C-10	20.11	C-10	...	...	C-10	...	
C-09	21.82	C-09			C-09		
C-08	24.43	C-08			C-08		
平均	22.07	平均	...	...	...	...	

评析：该表目的是说明将总共 5 个无性系经过多重比较以后各年度正向显著的无性系有哪些，遗传增益有多大。其问题有①表体设计不当，烦琐，各年都重复了"无性系""ΔG"，两个纵栏，相当于若干个完整表糅合在一起；②表达上不直观，不容易辨别某一年到底哪些无性系正向显著；③竖栏中两个子题与总题"……年产量"不符。应改为(表 6-7)：

表 6-7　各年度正向显著的无性系的遗传增益　　　　单位：kg

无性系号	2017 年产果量	2018 年产果量	...	2022 年产果量	均值
C-12	22.58				
C-11	21.55				
C-10	20.11	...	...	...	...
C-09	21.82				

第 6 章
图表的制作及规范 139

（续）

无性系号	2017 年产果量	2018 年产果量	…	2022 年产果量	均值
C-08	24.43				
均值	22.07	…	…	…	…

注：多重比较结果。

修改理由：

第一，原表中"××年产量"不妥，其所属两个子目与此不符。这里只是指对产量进行了多重比较，故将"各年度产量"加于表题，既简化表格，又准确反映了考察的内容。而表题中多重比较是一种检验方法，可省略，或注解。第二，原表表文反映的是两个不同指标。从横向上看，各年度之间被割裂。修改后，将"无性系"作为横题，表文只反映"遗传增益"一项。形式上简化了，主题突出了。第三，原表中 ΔG 无单位，修改后补加单位"%"，表中单位遵守最省原则。标注方法为"量名称/单位符号"，如速度/(m/s)。第四，表中空缺项必须加"/"或"—"，表示不存在正向显著。

②项目选择精练，无关的、次要的、重复的及无效的不列入。

示例 2（表 6-8）：

表 6-8 各处理对油茶生长发育的影响

处理		处理时间/s	树高/m	冠幅/m	冠积/m³	地径/cm	开花数/朵	坐果数/个	坐果率/%
I	重复1								
	重复2								
	重复3								
	合计								
	平均								
II									
III									
CK									

评析：本表主要问题是项目选择不当，包括：①处理时间为无关项（否则就不可比较，必要时在表注说明）；②坐果数与坐果率重复，因已有开花数，故不必列出本项；③冠积为次要项，冠幅更能反映有效光合面积；④合计为无效项，仅是计算中的一个中间值，无实际意义；⑤重复1、重复2、重复3为原始数据，删除。应用统计的平均数。

（2）直观性

第一，简洁性是直观性的保证。第二，纵横项目位置得当（被比较的项排于行题，比较的指标排于列题）。第三，相关的项目应集中，或靠近，需比较的项目不跳跃式排列。

如示例2，比较的仅是"平均数"，需跳跃，不妥。第四，表头栏目设计要充分体现客观事物规律性(选择及排列次序)。

示例3(表6-9)：

表6-9　各地油茶果实品质　　　　　　　　　　　　　　单位：mg/g

品质指标	云南河口	贵州罗甸	重庆	广东汕头	湖南零陵	福建建瓯
全糖	78	104	95	117	100	90
柠檬酸	5.1	8.2	10.9	7.2	12.7	10.9
维生素C	0.435	0.460	0.444	0.458	0.560	0.542

本表只是一个状态表，但从中反映各地品质差异很大，引进各地年积温数据后，按大小重新排列，其规律一目了然，见表6-10：

表6-10　油茶果实品质与积温的关系

地区	≥10℃积温/(℃·d)	全糖/(mg/g)	柠檬酸/(mg/g)	维生素C/(mg/g)
云南	8249	78	5.1	0.435
广东	7649	117	7.2	0.458
贵州	6489	104	8.2	0.460
四川	5939	95	10.9	0.444
福建	5721	90	10.9	0.542
湖南	5600	100	12.7	0.562

(3)单一性

一个表只反映一个主题，不宜多个主题。

示例4(表6-11)：

表6-11　不同品种、不同坡位对油茶产果量及出油率的影响

品种	上坡		中坡		下坡		平均	
	产果量/(kg/亩)	出油率/%	产果量/(kg/亩)	出油率/%	产果量/(kg/亩)	出油率/%	产果量/(kg/亩)	出油率/%
Ⅰ								
Ⅱ								
平均								

试图同时比较两类不同性质的事物(品种、坡位)，难免造成跳跃式比较，且无效项过多，可考虑设计成柱状图，效果更好。

（4）自明性

第一，表题、表体、表注项目完整，表达清楚。第二，主题完整。一个主题不能割裂在两个以上的表中表达，更不宜在两个表之间进行数据比较（注：一般认为，如果不是有文字说明，则两个表不具有同源性，即材料不是来源于同一个试验；但在同一组表中，则必须是同源的，否则不可比）。

（5）一致性

栏目名称、计量单位、数据、材料等与文字表述的一致。

6.3 数据统计分析及图表制作

6.3.1 数据统计分析

6.3.1.1 标准差的计算方法

标准差（standard deviation，SD）能反映一个数据集的离散程度。简而言之，它是数据集中各个点与平均值（mean）的距离。标准差小则代表数据集当中的值接近均值。标准差大则有时表示数据中存在异常值（或非常极端的度量单位造成的）。计算公式如下所示：

$$SD = \sqrt{\frac{\sum_{i=1}^{N}(X_i - m)^2}{N}}$$

式中：N 为样本数量；X_i 为第 i 个个体的量值；m 为样本均值。

计算标准差常用的软件有 Microsoft Excel、SPSS 等。操作步骤分别如下。

（1）使用 Microsoft Excel 计算标准差的操作步骤

在 Excel 中输入 3 次重复的数据，在空白的单元格中输入函数"=STDEV（'选择三次重复的数据'）"后，点击"回车"，即可得出标准差。

（2）使用 SPSS 计算标准差的操作步骤

第一，在 SPSS 软件导入或输入需要分析的数据集。第二，转到"变量视图"，确保已经定义了需要计算标准差的变量。第三，回到"数据视图"，点击菜单栏中的"转换"→"计算变量"。第四，在打开的"计算变量"对话框中，输入新的变量名，例如，命名为"SD"，作为标准差的存储变量。第五，在"数值表达式"区域，输入函数表达式：SD（步骤四设置的变量名），例如，如果你的变量名为 Age，则表达式应为 SD（Age）。第六，若需要计算多个变量的标准差，可以将变量名用逗号分隔，放在括号内，如 SD（Age，Height，Weight）。第七，点击"确定"，SPSS 即可自动计算并生成新的变量，包含每个观察值的相应标准差。

6.3.1.2 显著性方差分析方法

差异性显著检验是用于检测科学实验中实验组与对照组之间是否有差异以及差异是否显著的办法。目前绝大多数的林业科技论文会通过标注" * 、 * * 、 * * * 、ns"或不同大/小写字母来表示组间是否存在显著性差异。例如，我们说 A、B 两组数据在 0.05 水平上具有显著性差异，意思就是两组数据具备显著性差异的可能性为 95%。目前常用 t 检验

(T-test)和方差分析(ANOVA)等方法进行差异性分析。t 检验是指用于分析定类数据(仅 2 组)与定量数据之间的差异性。方差分析是指用于分析定类数据(2 组及以上)与定量数据之间的差异性,该方法在林业科技论文中最为常见。

以使用 SPSS 软件进行单因素 ANOVA 检验为例,显著性差异分析步骤如下。

①软件 SPSS 24。

②方法 Duncan's-multiple-range-test。

③适用范围 本过程只能进行单因素方差分析,即完全随机设计资料的方差分析。

④ 数据格式 在 SPSS 软件中输入或导入数据。第一列是实验分组,第二列是每组实验重复的数值(图 6-31)。

图 6-31 SPSS 数据准备

⑤实现方法 先后点击"分析""平均值比较""单因素 ANOVA 检验"(图 6-32);将"分组"和"数值"分别对应"因子"和"因变量列表",点击"确定"(图 6-33)。

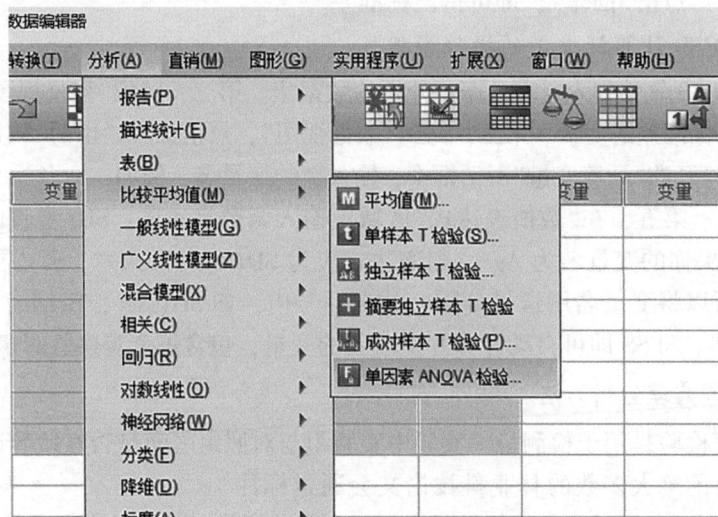

图 6-32 在 SPSS 软件中选择单因素 ANOVA 检验

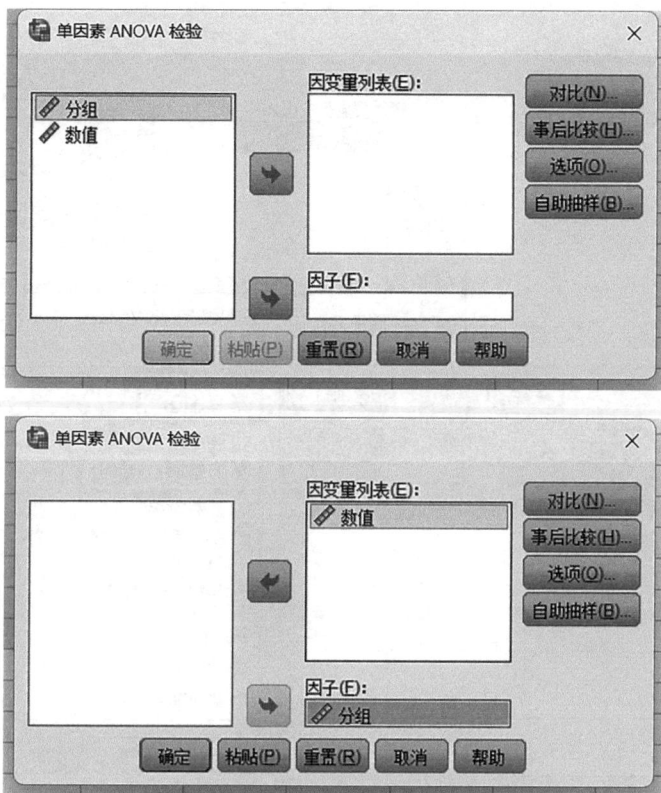

图 6-33　设定因子和因变量

　　然后，点击"事后比较"选择方法，设置显著水平（0.05 或 0.01）完毕后点击"继续"（图 6-34）；再点击"选项"中的"描述"和"方差齐性检验"（图 6-35），点击"继续"后"确认"（图 6-36）。

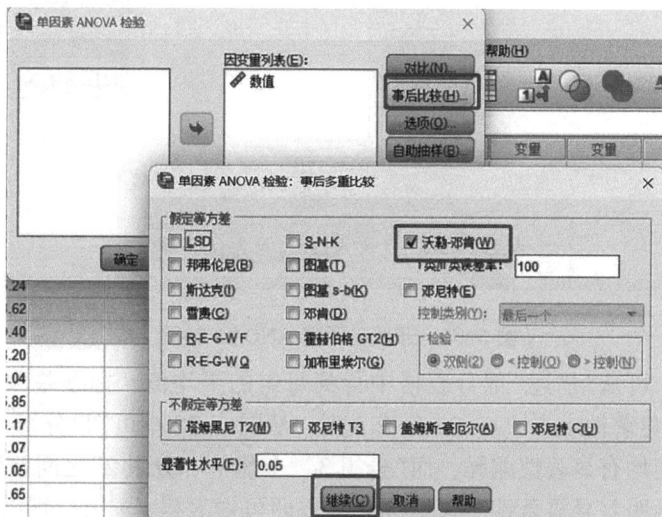

图 6-34　SPSS 单因素 ANOVA 事后比较设置

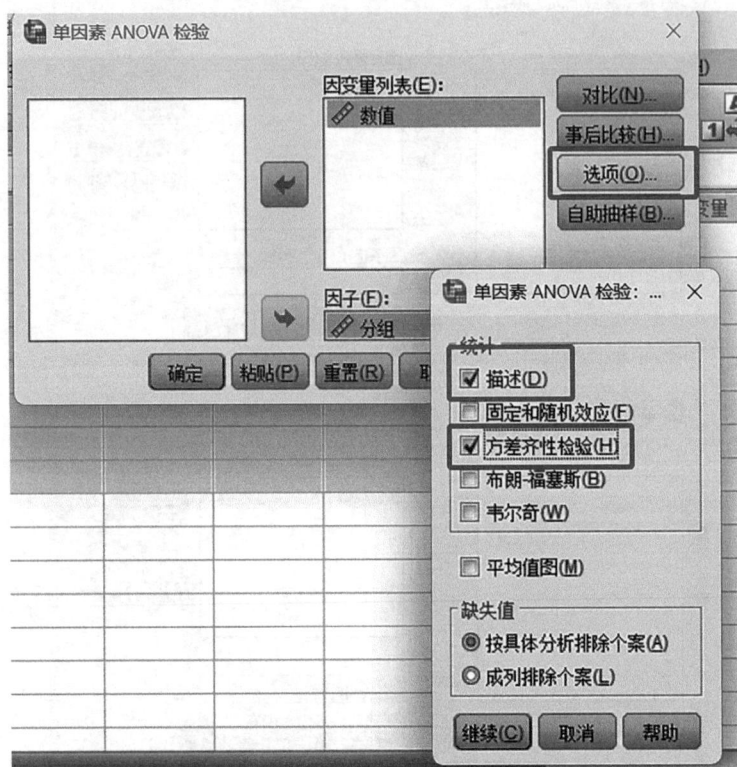

图 6-35 单因素 ANOVA 检验选项设置

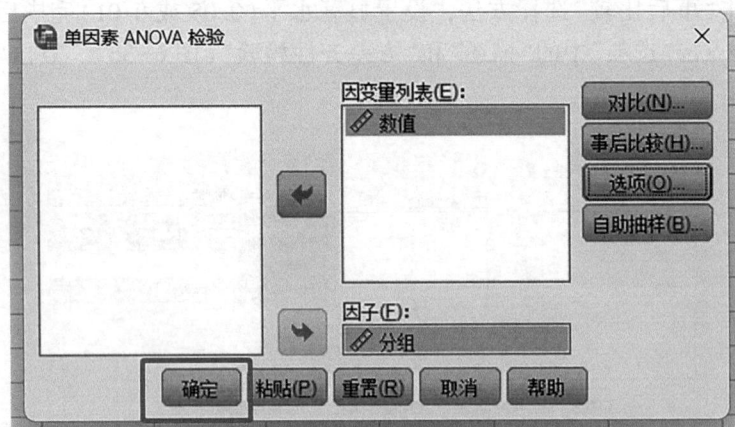

图 6-36 开始单因素 ANOVA 检验

⑥查看结果 可从"描述"部分表格中得到每组的平均值、标准差和标准误差等结果（图 6-37）。按照显著性水平 $P<0.05$ 分成 3 列，从图 6-38 中可知"分组 1"与"分组 3、4、2"与"分组 5"之间均有显著性差异，而"分组 3""分组 4""分组 2"之间差异不显著。

⑦在表格中标明差异显著性 根据这一结果即可做表格，4 组分别以 a、b、c 标明其显著性差异（表 6-12）。

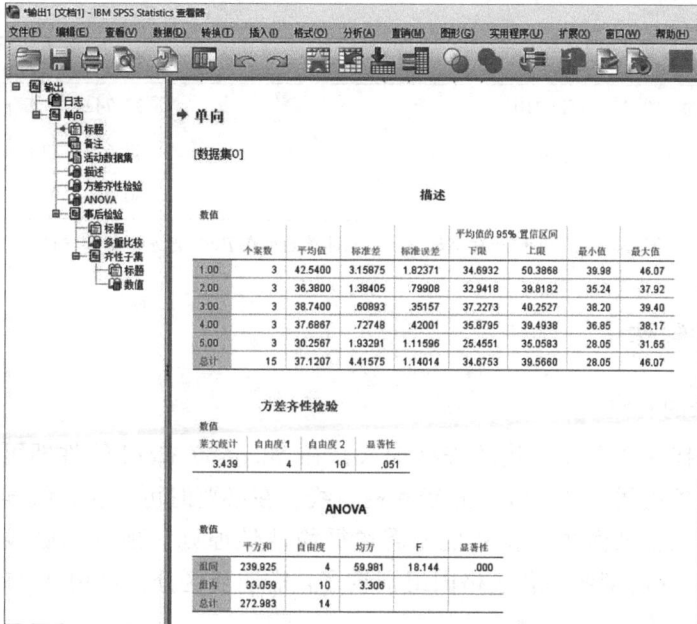

图 6-37　SPSS 单因素 ANOVA 检验结果

事后检验

齐性子集

数值

沃勒-邓肯[a,b]

分组	个案数	Alpha 的子集 = 0.05		
		1	2	3
5.00	3	30.2567		
2.00	3		36.3800	
4.00	3		37.6867	
3.00	3		38.7400	
1.00	3			42.5400

将显示齐性子集中各个组的平均值。

a. 使用调和平均值样本大小 = 3.000。

b. I 类/II 类误差严重性比率 = 100。

图 6-38　检验结果分析

表 6-12　5 个油茶品种的花器官形态学观察

品种 Cultivars	花瓣长度/mm
'华金' 'Huajin'	42.54±3.16 a
'华鑫' 'Huaxin'	36.38±1.38 b

（续）

品种 Cultivars	花瓣长度/mm
'湘林 210' 'Xianglin 210'	38.74±0.61 b
'湘林 97 号' 'Xianglin 97'	37.69±0.73 b
'德字 1 号' 'Dezi 1'	30.26±1.93 c

注：表中数据代表均值±标准误，不同小写字母表示不同油茶品种在 $P<0.05$ 水平下差异显著。

6.3.2 表格的制作

6.3.2.1 三线表的制作

三线表是科技论文中标准化的表格形式，在 Microsoft Word 软件即可完成制作。三线表通常只有 3 条横线，即顶线、底线和栏目线，在必要时可以在顶线与栏目线或底线与栏目线之间增加辅助横线。表格整体需遵循简洁性原则，顶线和底线采用 1.5 磅粗线，栏目线为 0.75 磅细线，若表格内组别较多且需明显区分，可用 0.75 磅的横虚线进行区分。

三线表的格式要素包括表序、表题、表头、表身、表注（表 6-13）。各要素的具体制作说明如下。

（1）表序

表序与表题之间空 1 个汉字间距，居中排列于表格顶线上方。英文表序写为 Table×，或缩写为 Tab.×。表题居中排在表格顶线上方。表序按全文连续编号，从阿拉伯数字 1 开始。如果有分表，可以在表序后增加"（a）（b）（c）"等分表号，如表 1（a）。即使全文只有 1 个表格，也需要编号为表 1。

（2）表题

表题是表格的标题，应当简明扼要地表达表格的主要内容，包括研究对象、时间、条件、关系、观测指标等核心信息。表题像论文标题一样，不宜过于简单或笼统，也不能过于烦琐冗长。英文表题需与中文对应，首字母大写（介词除外），其中学名需斜体。若表格跨页，续表顶线处需标注"续表×"并重复表头。

（3）表头

表头是位于顶线与栏目线之间的部分，又称项目栏或纵标目，需明确反映各列数据的属性。每列标目应包括数据说明或物理量的名称、符号和单位，三者排列顺序为"名称（符号）/单位"，推荐采用括号法以避免除号"/"引起的视觉混淆，如"土壤容重（ρ）/（g·cm^{-3}）"。复合单位需按国际标准以负指数形式表示，如"kg·hm^{-2}·a^{-1}"。若存在多级分类，可通过 0.75 磅虚线构建二级栏目线。

（4）表身

表身是在底线以上、栏目线以下的部分，包括表格内的数据或文字内容和 1 列或多列横标目，是表格的主体部分。单位或百分号（%）应标注于纵标目或横标目中，表身内仅保留纯数值。横标目是指表身中第 1 列的每行内容，通常在每行上放置不同的数据说明或物理量的名称、符号和单位,以便不同行的数据对应不同的说明内容或变量。缺失数据用"—"表示,显著性差异标记(如 ∗、∗∗)需与脚注说明对应。

(5)表注

表注是对表中内容予以说明的文字,例如,缩略语全拼写法、表中符号的含义、公式、实验方法、统计方法、统计量指标、资料来源等。表注位于表格底线下方,通常缩进 2 个字符(也可不缩进,但需全文统一),以"注:"开头,以句号结尾。如果有多条表注,应采用阿拉伯数字顺序编号书写。也可以使用星号"∗"或双星号"∗∗"、阿拉伯数字或英文字母等上角标在表格中需要注释的地方予以标记(顺序为先左后右、先上后下),并用对应的符号在表注中逐条说明。表注内容不应与正文叙述内容重复。如果表格或表格中的某些数据引自其他文献,须注明"数据来源:作者,年份",多个文献按出版年升序排列。

表 6-13　不同油茶授粉组合的成熟果实表型特征(均值±标准误)

母本	父本	单果重/g	横径/mm	纵径/mm	果形指数
'德字 1 号'	自然授粉	30.00±6.92[a]	35.44±3.54[a]	35.48±3.42[b]	1.00±0.04[ab]
	'华金'	30.03±9.88[a]	36.94±4.38[a]	38.52±4.12[a]	1.05±0.07[a]
	'华鑫'	28.46±4.49[a]	36.02±3.73[a]	36.49±2.96[ab]	1.02±0.08[ab]
	'湘林 210'	29.63±9.67[a]	37.77±4.35[a]	37.44±3.46[ab]	0.99±0.06[b]
	'湘林 97 号'	32.32±9.74[a]	38.37±4.15[a]	39.01±4.60[a]	1.02±0.07[ab]
'华金'	自然授粉	30.09±7.03[b]	38.22±4.17[b]	44.00±3.51[bc]	1.16±0.08[a]
	'德字 1 号'	39.83±12.74[a]	39.02±5.31[ab]	41.44±5.55[c]	1.06±0.05[c]
	'华鑫'	37.75±9.12[ab]	40.89±5.27[ab]	45.78±4.79[ab]	1.12±0.08[ab]
	'湘林 210'	40.78±8.71[a]	42.99±5.89[a]	49.11±5.23[a]	1.15±0.08[a]
	'湘林 97 号'	34.63±10.42[ab]	39.87±3.88[ab]	43.25±5.16[bc]	1.09±0.07[bc]
'华鑫'	自然授粉	35.56±9.85[b]	42.52±4.87[b]	36.41±1.12[c]	0.86±0.06[a]
	'德字 1 号'	39.94±11.59[ab]	43.91±4.42[ab]	36.68±5.21[c]	0.84±0.05[a]
	'华金'	40.66±8.50[ab]	46.34±2.67[a]	39.18±2.26[ab]	0.85±0.06[a]
	'湘林 210'	34.48±9.64[b]	44.14±3.94[ab]	37.29±3.21[bc]	0.85±0.06[a]
	'湘林 97 号'	46.76±8.75[a]	46.70±3.45[a]	39.77±4.13[a]	0.85±0.05[a]

注:不同小写字母表示同一母本不同父本在 $P<0.05$ 水平下差异显著。

6.3.2.2　三线表的排版

(1)续表

当表格内容跨页时,可采用转页接排(即续表)的方法处理。续表应重复横表头和单位标准,并在横表头上方居中或左对齐标注"表×(续)"或"续表"×字样(全文格式需统一),

表序和表题可省略。原表格最下端的行线使用 0.75 磅细线，续表顶线应用 1.5 磅粗线；续表与正文间不得插入文字，确保表格内容的连续性。若续表跨页至单双码页面，均需保持栏线严格对齐，避免视觉断层。

(2)卧排表

当表格宽度超过版心、高度小于版心时，可采用卧排方式，又称侧排。卧排表宜排满版心，宽度齐上、下版口，高度齐左、右版口。卧排表的正确方位应是"顶左底右"，即表顶朝左，表底朝右，无论位于双页码或单页码均需遵循此规则。跨页接排时，需重复横表头并标注"续表"标识，栏线位置需与前一页严格对应。若表格跨单双码页面，接排起始位置可灵活选择，但同一表格的接排方向须保持一致。

(3)合页表

如果表格的宽度相当于两个版心宽，可将表格排在由双码和单码两个页面拼合成的一个大版面上。跨页表格应从双码面跨至单码面，表号、表题居中，表注从双码面跨至单码面。跨页表格并合处的栏线应置于单码面，排细线，行线对齐。

(4)插页表

当表格尺寸明显超出版心且无法通过续、卧、合页方式处理时，方可采用插页表。插页表不受版心的限制，根据表格的实际大小决定印制的尺寸，将表格单独印好后插装在它所属的 2 个页码之间。由于该插页表尺寸大于开本，因此需要折叠在开本尺寸之内。鉴于插页表易导致装订错位、折痕断裂等问题，建议优先通过数据简化、拆分表格或调整版式避免使用。若必须采用，需在表题下方以楷体标注"(此表为插页表，请展开阅读)"，并用颜色标记折线位置以便识别。

6.3.3　图的制作和处理

6.3.3.1　矢量图与位图区别

矢量图和位图是科技论文中最常用的两种图片类型。

(1)矢量图

矢量图又称为向量图形，内容以线条和颜色块为主。线条的形状、位置、曲率和粗细都通过数学公式进行描述和记录。

常用处理工具：Illustrator、AutoCAD、CorelDRAW。

特点：矢量图与分辨率无关，将它缩放到任意大小和以任意分辨率在输出设备上打印出来，都不会遗漏细节或者影响清晰度，更不会出现锯齿状的边缘现象；色彩不丰富无法表现逼真的实物；占用的空间很小；适用于插图设计、文字设计和一些标志设计、版式设计等。

文件格式：Illustrator 的 *.AI、*.EPS，SVG、AutoCAD 的 *.dwg，dxf、CorelDRAW 的 *.cdr 等。

(2)位图

位图图像也称为点阵图像，位图是用我们称为像素的一格一格的小点来描述图像。当放大位图时，可以看见构成整个图像的无数单个方块。

常用处理工具：Photoshop。

特点：位图放大后会出现马赛克状，如清晰度不高的位图图像放大后会出现锯齿边缘；色彩丰富可逼真表现自然界各类实物；占用的空间很大，颜色信息越多占用空间越大，图像越清晰占用空间越大。

文件格式：*.bmp、*.pcx、*.gif、*.jpg、*.tif，Photoshop 的 *.psd 等。

6.3.3.2 图像的储存与导出格式

论文图像的提交，包括储存格式以及导出格式。一般 EPS 和 PDF 是最常用的存储格式，JPG、PNG 和 Tiff 是最常用的导出格式。

6.3.3.3 插图的制作规范

(1) 图像文件命名规范

为了让审稿人快速辨认以及找到对应的论文插图，提交的图像文件名有相应的规范。

中文期刊：图1、图2、图3。

一般英文期刊：Fig. 1 、Fig. 2、Fig. 3；或 Figure 1、Figure 2、Figure 3。

(2) 图像上的字体要求

字体选择：中文(宋体或黑体)；英文(Times New Roman 或 Arial 字体)；

字号：字号也就是字体大小，字号并没有严格限制，但整篇论文内的多幅插图中，同类型的文字部分的字体大小应保持统一。插图上的字号尽量选择 7~12 pt，插图上占篇幅最多的字体，建议选择 7 pt。

(3) 图表的线条粗细

线条图中坐标轴线条应使用黑色；线条粗细设置范围为 0.5~1.5 cm。如果线条过细，印刷时会出现断痕；线条过粗则会影响美观。因此图表坐标轴线条粗细应视插图尺寸的大小而定。同一类型图表线条需保持统一。

(4) 插图尺寸

目前的期刊多为分栏排版，分成左右两栏。论文插图的排版多分成 3 种形式进行排版，包括半版图(8 cm)、2/3 版图(14 cm)、整版图(17 cm)，按此标准设置尺寸可以对所有期刊通用。如果图片中包含多个部分，每个部分需要用 a、b、c 等标注。有的杂志要求使用大写的 A、B、C 等标注。

① 半版图　一张半版图可以包含 1 个或几个部分，算作一张图片。图片总宽度为 8 cm，不能小于 8 cm；高度无严格限制，但要小于 20 cm。

② 2/3 版图　一张 2/3 版图可以包含一个或几个部分，算作一张图片。图片总宽度为 14 cm，高度没有严格限制，但需要小于 20 cm。

③ 整版图　一张整版图可以包含一个或几个部分，算作一张图片。图片总宽度和高度要求同 2/3 版图。

(5) 图片压缩与文件大小

① 图像文件大小　学术期刊稿约对单个图片文件大小有限制，超过上限会无法传输到投稿系统，单个图片文件的大小最好不要超过 10 Mb。

② 图片压缩　为了便于投稿时插图文件尽量快速地上传传输，建议对于图片文件夹进

行压缩。在允许的范围内通过降低图片分辨率、合并图层、更改尺寸大小对图片体积进行缩小。

(6)不同类型图片的要求

在论文中常见的图片类型包括线条图、灰度图、彩色图、机制模式图。不同类型图片有不同的要求，具体如下。

①线条图　包括流式图、散点图、柱状图等。

储存格式：EPS 格式。

导出格式：JPG/TIFF 格式，分辨率 600~1000 dpi。

注意：图表坐标轴线条使用黑色，图表背景色以白色最佳。同一论文中不同插图间线条粗细保持一致，同一论文中不同插图字体、字号保持一致。

②灰度图　黑白显示的图片，如电镜照片、电泳条带等。

储存格式：EPS 格式。

导出格式：JPG/TIFF 格式，分辨率 300~500 dpi。

注意：内嵌的灰色图分辨率至少 300 dpi，文字尽量保持矢量特性。

③彩色图　包括植物照片、石蜡切片照片、荧光显微镜照片等。

储存格式：EPS 格式。

导出格式：JPG/TIFF 格式，分辨率 300~500 dpi。

注意：嵌入的彩色图分辨率至少 300 dpi，文字尽量保持矢量特性。

④机制模式图　是辅助反映课题设计、研究机制、实验通路等机理或机制的彩图，所有经过绘制的插图均可归类为机制模式图。

储存格式：EPS 格式。

导出格式：JPG/TIFF 格式，分辨率至少 500 dpi。

注意：机制图可使用 Illustrator 或 Photoshop 绘制（目前使用 PowerPoint 的也较多），根据绘制软件的不同，分成矢量图和位图两种，初学者建议用 Illustrator 绘制。

此外，在图片制作、处理、储存和导出的过程中，还需避免以下两点：第一，图片未达到指定分辨率而使用图片编辑软件强行放大，这样虽然分辨率达到，但会导致图片显示模糊，不符合要求。因此，在获取阶段就应该保存最高质量的原始图。第二，直接将软件输出的线条或图表使用截屏软件截图后制作的插图，导致无法达到印刷分辨率的要求。图表应该导出成矢量图格式然后再行插图制作。

思考题

1. 技术路线图和三线表如何制作？
2. 有哪些方法可以计算标准差并分析出显著性？
3. 学位论文和期刊论文中的图表有何区别？

第7章 科技论文和科技报告的撰写

【本章提要】

在知识经济时代，科技论文和科技报告的撰写能力，是学生和科研人员不可或缺的技能。掌握这一技能，对学生的专业成长和职业发展具有重要的促进作用。本章探讨了科技论文结构的含义，阐述了科技论文结构设计的原则及方法，并系统介绍了学位论文和期刊论文各部分的撰写方法及要求；介绍了科技报告的写作特点及写作技巧。通过本章的学习，重点掌握学位论文、期刊论文和科技报告的标准化写作流程与实用技巧，为开展规范化的科研写作奠定坚实基础。

在科技论文和科技报告的撰写过程中，学生的逻辑思维得到锻炼，形成严谨的研究思路，从研究目的、方法到结论，建立清晰的论证框架，能够更好地提升思维的条理性。在文献调研环节中，通过系统检索、筛选和整合海量学术信息，同步提升信息收集与分析能力，学会从海量信息中甄别有价值的内容，拓宽知识储备，培养精准识别有效信息的学术敏感度。此外，专业写作对语言表达的准确性要求，促使学生必须运用规范术语进行科学表述，并精准阐述复杂问题，这种训练能显著提升学生书面表达、分析问题、解决问题的能力，以及思维与表达能力。可以说，掌握科技论文和科技报告的撰写技能，不仅是学术研究的基本功，更是构筑核心竞争力的关键路径。

7.1 科技论文结构的设计

结构是科技论文的要素之一，是科技论文的骨骼、框架。结构合理能有效地揭示科技论文的主题，使主题贯通全文，还能使科技论文核心内容的表达层次清楚有序。因此，了解科技论文结构的设计，对提高科技论文的写作能力和论文质量有重要意义。

7.1.1 科技论文结构的含义

所谓结构，是指科技论文的总体布局和各部分材料的具体安排，包括层次的设置、段落的衔接、材料的安排、内容的过渡，以及如何开头、怎样结尾等。科技论文的结构要层次设置清晰，段落衔接紧凑，内容过渡自然；其结构设置的实质是要解决论文"言之有序"的问题。如果不通过结构设计将各部分进行穿插和编排，即使材料再丰富生动，也不能形成一篇好论文。因此，人们通常将主题比作科技论文的"灵魂"，将材料比作科技论文的"血肉"，而将结构比作科技论文的"骨骼"。只有"骨骼"健壮，"血肉"才能有所依附，"灵魂"也才能有所寄托。作者应精心设计结构，动笔之前潜心构思，写作之中苦心经营。

7.1.2　科技论文结构设计的原则

①反映客观规律　科技论文应反映客观事物的内部联系和发展规律。这就要求科技论文的结构严谨，形成内容衔接紧密、环环相扣、符合逻辑、层次清楚、顺其自然的结构。

②结构完整而协调　科技论文的结构要完整，即论文的各部分应齐全。例如，通常实验研究类科技论文应包括引言、材料与方法、结果与分析、讨论、结论和参考文献，这6部分内容要齐全，缺一不可。并且要根据主题的需要，设计各部分内容的篇幅大小和详略情况。如实验研究类科技论文中，引言应简明扼要，结论应高度概括，而"研究方法""研究材料"和"结果与分析"部分则应详尽，篇幅较大。

7.1.3　科技论文结构设计的内容

根据科技论文的内容及写作格式，结构内容可划分为3个部分。即前置部分，包括题目、署名、署名单位、摘要、关键词、中图分类号、文献标识码；主体部分，包括引言、正文、结论、致谢、参考文献；另有附录部分和结尾部分，包括基金项目、作者简介、附录等。

7.2　科技论文的撰写方法

科技论文的撰写格式，是指撰写科技论文时所应遵循的统一要求。国家标准《学术论文编写规则》(GB/T 7713.2—2022)对科技论文的撰写和编排格式作了明确的规定，它是广大科技工作者的撰著指南。

通常科技论文由前置部分、主体部分、附录部分和结尾部分组成。其中，前置部分包括题目、署名及署名单位、摘要、关键词；主体部分包括引言、正文、结论、致谢和参考文献；附录部分主要是主体部分的补充项，不是必备项；结尾部分主要是指分类索引、著者索引和关键词索引等，也不是必备项。但因科技论文的类型不一样，其各部分的撰写要求也有所差异，本节以学位论文和期刊论文的撰写要求和方法为重点，对各部分的写作要求和方法进行讲述。

7.2.1　题目

题目是科技论文内容的高度概括，基本功能是概括全文，给读者整体印象，并便于检索。论文中心内容的句子可以作为题目。在题目不能完全表达论文主体时可设副标题，进一步对题目作说明或补充。学位论文和期刊论文对题目的要求基本一致，中文题目控制在25字以内，英文题目控制在10个单词以内；但学位论文和期刊论文的题目在大小上具有较大的差异，学位论文题目较大，涉及内容较多，旨在全面反映研究范围、方法和目的，以展示学生对研究领域的深入理解，以便评审专家全面了解论文内容；而期刊论文内容更集中，涉及内容相对较少，更加注重针对性和深度，强调研究的新颖性和创新性，以吸引目标读者群体的注意；尤其是研究生发表的期刊论文一般是其学位论文的一部分内容，因而题目更小而聚焦。

题目是论文的"眼睛"。科技论文题目总体要求是恰当地概括文章的论题，即兼顾准确性和概括性(或精练性)两个方面。科技论文的题目应当严格按照科技作品的拟题方式，以及对题目的要求；同时，根据国家标准，其还有一些具体的要求。

第一，要包括文章的主要关键词，并有助于编制检索工具，因而要少用或不用虚词(如"关于""从……""基于……")。

第二，尽量使用正式科技名词，避免不常见的缩略词、符号、公式及品种名、商品名等。例如：

沙棘主产区土壤 PH 值与土壤养分的关系(pH 的错误使用)。
沙棘主产区土壤 pH 值与土壤养分的关系。
ABT 在赤桉组培芽丛生根中的应用(代名、缩略词使用不切当)。
生根粉(ABT)在赤桉组织培养芽丛生根中的应用。
豫桐 1 号等 3 个优良家系的选育(家系号不完整)。
油桐豫桐 1 号等 3 个优良家系的选育。

第三，简明，准确得体，恰如其分，一般不超过 25 字，必要时可加副标题。例如：

标题：桉树人工林可持续经营技术研究。
副标题：基于生态与经济效益平衡的探讨。

第四，外延和内涵要恰当，立场观点要明确。例如：

影响八月炸花芽分化量的主要分析(俗名不规范，未反映特定信息)。
影响三叶木通花芽分化量的主要因素分析(不利于目录和关键词)。
三叶木通花芽分化量的主要影响因子分析。

7.2.1.1 科技论文题目的要求

(1)贴切

论文题目要符合文章的内容，宽窄合适，恰如其分。

例如："山杏遗传变异评价及优株选择"，首先山杏分布广泛，遗传变异又涉及表型和基因组等的变异，而该论文只对内蒙古地区山杏进行了核仁表型的遗传变异研究。该题目犯了两个错误：第一，以个别地域的山杏概括整个地域。第二，以核仁表型遗传变异概括整个遗传变异。

正确的标题应为"内蒙古地区山杏核仁性状的遗传变异评价及优株选择"。

(2)简洁

科技论文的题目要简洁，避免多余的词汇。

当文字较长时可以选用副标题。以下是经常出现的错误：将同义词和近义词连用，如"……的分析探讨"。还有作者在科技论文题目中习惯加上"研究"二字。如"松属植物花粉形态观察研究"，"观察"与"研究"近义，可删掉，"松属植物花粉形态观察"这样更简洁。当标题过长(25 个字以上)时可考虑选用副标题。副标题的选用可以使科技论文的题目显得更加简洁。

(3)具体

科技论文的题目一定要具体，避免泛泛。

科技论文的题目要明确研究内容、范围和方向，使论文内容更加聚焦和深入，从而强化论文的学术价值和实践指导意义。如"抗生素对细菌的影响"，该题目中对抗生素和细菌的表述都不具体，很难理解是哪种抗生素对哪些细菌在什么方面的影响，应改为"多烯抗生素对植物寄生菌生长/繁殖的影响"。

（4）尽可能不用标点符号

题目中应该用关联词（如和、与、及、以及）代替标点符号，尽量避免使用标点符号。如"氮离子注入对杨树花粉形态、生活力、育性的影响"，应改为"氮离子注入对杨树花粉形态和生活力及育性的影响"。

7.2.1.2 科技论文题目的常见问题

（1）题目冗长，主题不明

示例1：山西省2023年森林草原防灭火综合演练技能比武暨秋冬季森林草原防火工作会议在吕梁林局举行。

共41个字符，题目冗长烦琐、重点不突出，使读者印象模糊，难以记忆和引证。

（2）题目较大，内容较少

示例2：森林火灾的预警与防治研究。

实际上，该文仅研究了雷击火的预防和治理问题。雷击火只是自然灾害的一种，显然原题目过于空泛和笼统。可以改为"雷击火的预警与防治"。

（3）拔高题目，夸大成果

有的作者为了吸引读者的"眼球"，或者因对自己研究领域的科技发展动态了解不够，常常把"……机理的研究""……的规律"之类词语用在题目中。当然，如果作者的研究确实达到了这个水准，那么这样做倒也无可厚非，但是一般应比较谨慎、客观。以"……现象的（一种）解释""……的机制探讨"等为题目比较恰当和慎重，也留有余地。

7.2.1.3 英文题目写作的要求

因其语法、表达习惯等不同，科技论文的英文题目除了注意以上中文题目的要求以外，还应注意以下要求，以确保题目的准确性、简练性和吸引力。

（1）准确反映文章的内容

题目字数一般12个词以下，不超过100个印刷符，要珍惜每个单词。使用含义明确、限定性高的词汇。

示例1：Research on a new variety of Manchurian birch.
水曲柳新品种研究。

Research on a hardy variety of Manchurian birch.
水曲柳强抗性新品种研究。

Research on a drought/coldness/salinity/shade tolerant variety of Manchurian birch.
水曲柳耐旱、耐寒、耐盐、耐阴新品种研究。

示例2：Effect of GA_3 on the florescence of poplar ornamental trees.
GA_3对杨树开花的影响。

Inhibition of GA₃ on the florescence of poplar ornamental trees.

GA₃对杨树开花抑制的影响。

上面两个题目示例中可以看出前一个标题不论从中文撰写，还是英文翻译，其词汇限定性较差。

（2）反映创新或特色

示例1：Effects of green pruning on growth of Pinus radiate.

活枝修剪对辐射松生长的影响。

示例2：Growth and nutrient dynamics of western hemlock with conventional or exponential greenhouse fertilization.

常规和指数施肥处理对西部云杉生长和养分动态的影响。

示例3：What is Ahead for Intensive Pine Plantation Silviculture in the South?

南方松树人工林集约经营管理主要方式是什么？

（3）符合题目的英语写作习惯

英文缩写词写作要符合标准。例如，IBM、DNA可用缩写表达，而胸径（Diameter at Breast Height，DBH），连年生长量（Current Annual Increment，CAI）等需要在正文中给出全拼后方可使用缩写。

英文题目撰写需要符合投稿杂志要求：仅第一个字母大写，或所有实词首字母全部大写，或所有字母全部大写，以及拉丁名要求斜体等。

（4）注意题目的结构与短语使用习惯

英文题目结构通常由名词性短语构成，动词以分词和动名词出现，标题非完全句，不要求主、谓、宾成分俱全。词序必须得当，避免歧义。

示例1：Denitrification and Bacterial Numbers in Riparian Soils of a Wyoming Mountain Watershed. （名词短语）

基于树木年轮模型分析气候变化对栎树直径生长的影响。

示例2：Soil Nutrient Dynamics under Plantation Stand following Natural Forest Removal. （分词短语）

人工林和天然林土壤养分动态研究。

示例3：The Triggering Effects of GA₃ on Differentiation of Floral Buds. （动名词）

GA₃对花芽分化激发效应分析。

（5）题目中常用句式

①Effect/influence/impact of sth. on sth.

②Response of sth. to sth.

③Change/increase/decrease/decline in some aspects after/ following/ induced by/ as a result of/in response to...

（6）题目中的常见问题

①语法错误

原句：The Effect of Climate Change on Forest Growth in Subtropical Areas and Its Mitigation

Strategies Are Studied.

问题：主谓结构混乱（"effect...are studied"主谓不一致），且冗余使用被动语态。

修改：Impacts of Climate Change on Subtropical Forest Growth Dynamics and Mitigation Pathways.

②繁简不当

原句：A Study on the Relationship Between Soil Nutrient Content and Growth Rate of Pinus massoniana Seedlings in Southern China's Red Soil Regions Under Different Fertilization Treatments(38词).

问题：包含实验地点、对象、方法等细节，超出标题信息承载量。

修改：Fertilization Effects on Pinus massoniana Growth-Soil Nutrient Interactions in Red Soils(14词).

③题目赘词

原句：Study on the Preparation and Application of Bamboo Charcoal-Based Slow-Release Fertilizers.

问题：Study on 为无效动词词组，降低专业度。

修改：Bamboo Charcoal Composite Fertilizers：Preparation Mechanisms and Nutrient Release Kinetics.

④介词误用

原句：Analysis of the Impact for Forest Fire Prevention Using Remote Sensing Technology in Fujian Province.

问题：误用"for"表达对象关系（正确介词应为"of"）。

修改：Remote Sensing-Based Forest Fire Risk Assessment in Fujian Province.

⑤冗余冠词

原句：The Development of a New Method for Monitoring the Health Status of the Chinese Fir Plantations.

问题：标题首词"the"违反科技论文标题首词实义化原则。

修改：Hyperspectral-Based Health Monitoring System for Chinese Fir Plantations.

7.2.2　署名

论文署名，不仅是作者应有的荣誉，也表示署名人对文章内容负责（文责自负），还便于文献部门编制著者目录、机构索引等二次文献。

署名权是版权的重要内容。一般来说，只有直接参加作品创作的人才能署名。但科技论文有它的特殊性，因为它还涉及发明权、发现权、科技成果权等，所以署名相对复杂。

7.2.2.1　署名的作用

（1）表明作者对论文享有著作权

《中华人民共和国著作权法》规定，署名权，即表明作者身份，在作品上署名的权利。可见，在论文上署名是国家赋予作者的一种精神权利，受法律保护；也是作者辛勤工作理所应得的一种荣誉，以此表明作者及其研究成果获得了社会的承认。

（2）体现作者文责自负的承诺

研究生在自己的论文上与导师联署姓名应慎重，必须征得导师同意，并请导师审定全文。论文一经发表，署名者就要对论文负法律责任，负政治上、科学上、技术上和道义上的责任。若论文出现剽窃、抄袭、伪造篡改实验数据的问题，或者存在《出版管理条例》禁载的内容，或者内容有严重的科学技术错误并造成严重后果，或者被指控有其他不道德问题，则署名者应负全部责任。

（3）便于读者与作者联系

在读完论文后，若读者想就某个问题与作者探讨，或者想求教或质疑，则可以直接与通讯作者联系。

（4）便于编制作者索引等二次文献

署名是编制作者索引等二次文献的重要信息，有助于选定关键词和编制题录、索引等，提供检索的特定实用信息，便于研究人员获取原始文献，提高检索效率。

7.2.2.2 署名的要求

学位论文通常署申请人和导师的姓名，如有多个导师对学位论文指导，可根据指导程度和贡献情况署多名导师。期刊论文的署名则较为复杂，一般具有多个署名作者，根据作者对论文的贡献大小来排列，第一作者通常是对文章贡献最大的人，也是文章的主要撰写者。通讯作者一般是对论文主体负责的人，也就是导师或项目设计者，或是对论文提供材料，并在研究过程中提供了经费并对研究开展了详细的指导的人。其位置在作者排名中可能靠前也可能靠后，这取决于具体的学术领域和期刊的规定。除了第一作者和通讯作者外，其他作者的排序也应根据他们对论文的实际贡献大小确定。此外，在同一篇期刊论文中，由于论文研究工作量大，需要多名研究人员合力完成，如果他们的贡献程度接近第一作者或通讯作者，可以考虑列为共同第一作者或共同通讯作者；在共同第一作者或共同通讯作者姓名右上角标注特殊的上标符号，如"#"或"†"，并在页脚处注明这几个作者对文章的贡献度相同。需要注意的是，共同第一作者和共同通讯作者的署名方法在不同期刊中可能有所不同，作者在投稿前需要向编辑部确认期刊的规定，以避免因违反规定而被迫撤稿。

署名基本原则为凡在集体研究成果基础上撰写的论文，应当多人共同署名，署名先后按贡献大小依次排列。

署名人 $\begin{cases} 选定研究课题和制订研究方案者 \\ 直接参加全部或主要部分研究工作并作出主要贡献者 \\ 参加论文撰写并能对内容负责者 \end{cases}$

至于部分工作的合作人员、受委托负责项目的分析、检验、观察和测试人员等无法对论文负责者，都不应署名，但要在致谢中列出，最好注明参加工作的内容。

署名作者应该给出所属单位和通讯地址，目的在于说明作者完成具体工作时所在研究单位，以及便于读者与作者联系。国内期刊会介绍主要作者基本情况及研究领域。

署名是科学界争议最大、纠纷最多的问题之一。在署名人、署名次序、署名单位方面都可能发生纠纷。例如，该署的没有署名，不该署的署了名。近年来，论文合署作者越来越常见，是科研合作日益广泛的体现，同时不能否认署名的不正之风起的推波助澜作用。为此，中国科学院邹承鲁等14位院士联名就包括论文署名在内的科学道德问题撰文，提出"论文署名首先是责任，其次才是荣誉"的观点。署名作者需对论文进行答辩，且要对文中错误或作伪行为承担相关责任。另外，因贡献大小通常难有客观评定的标准，关于署名次序的争论更多。

7.2.2.3 署名的规范

我国期刊论文的作者署名，通常按照《中国学术期刊（光盘版）检索与评价数据规范》和国家标准《中国人名汉语拼音字母拼写规则》（GB/T 28039—2011）执行。

第一，作者的姓名之间用"，"间隔；两个字的姓名，其姓与名之间空一字距。

例如：张 三，李 四。

第二，中国作者姓名的汉语拼音应姓前名后，中间为空格，复姓应连写；姓和名的开头字母均大写。

例如：Wang Lixin（王立新），Ouyang Ruoxiu（欧阳若修）

第三，中文信息处理中的人名索引，可以把姓的字母全大写。

例如：ZHANG Yi（张一）

第四，历史人物已有公认译名的，均应予保留。

例如：孙中山译为 Sun Yetsen，不译成 Sun Zhongshan。

第五，外国作者姓名的写法要遵照国际惯例。在正文中，是姓前名后还是名前姓后，应遵从该国或民族的习惯。

例如：Smith JC（在参考文献表里），J. C. Smith（在正文中）。

第六，期刊论文在通讯作者姓名的右上角标注星号"＊"。

第七，如果多位作者为共同第一作者或共同通讯作者的，也应在姓名右上角加注特殊符号，并加以说明。

例如：

Biphasic positive airwaypressurespontaneous breathing attenuates lung injuryin an
animal model of severe acute respiratorydistress syndrome

Leilei Zhou[1+], Rui Yang[2+], Chunju Xue[1], Zongyu Chen[1], Wenging Jiang[1], Shuang He[1],
Xianming Zhang[3*] and Guolin Wang[1*]

[+]Leilei Zhou and Rui Yang contributed equally to this work and should beconsidered co-first author.

[*] Correspondence：mzk2011@ 126. com；wzq19611231@ sina. com；wgl202@ qq. com

注意：知识产权属通讯作者和通讯作者单位的，研究生毕业后应获得通讯作者和通讯作者单位同意后才可继续使用该科技论文及相关成果。

7.2.3 署名单位

署名单位是指支持和承认研究工作的机构、大学和研究所等，是衡量科技论文、科研成果归属的重要依据。

7.2.3.1　署名单位的标注要求

（1）准确

署名单位名称应该是社会公认、规范的全称，不能是简称或内部称谓。例如，"北京林业大学林学院"若写成"北林大林院"，就是不准确的；"北林大"究竟指哪个大学，不确定；"林院"到底指什么，则更是无从猜想。

（2）简明

要求在叙述准确、书写清楚的前提下，力求简单、明了。换言之，既已列出邮编，就无须再写街、路、门牌号；署名单位名称既已有城市名，就无须再加注城市名；单位名称无法提示所在地的，应标注城市名（若单位所在城市不是直辖市，则还应标注省、自治区名）。例如：

东北林业大学，黑龙江哈尔滨　150040
中南林业科技大学，湖南长沙　410004

7.2.3.2　署名单位的标注方法

根据具体情况的不同，署名单位有以下 4 种标注方法。

（1）多作者均在同一工作单位

工作单位、所在城市名及邮编，外加圆括号，置于作者姓名的下方，居中排。例如：

张　三，李　四，王　五*
（东北林业大学林学院，黑龙江哈尔滨　150040）

（2）多作者在不同的工作单位

此时，通常采取在每位作者姓名后加注编号，然后在署名的下方按顺序标注的方式来表达。例如：

张　三[1]，李　四[1]*，王　五[2]
（1. 东北林业大学，黑龙江哈尔滨　150040；2. 中南林业科技大学，湖南长沙　410004）

（3）作者单位名称译成英文时，还应在邮编之后加上国名，国名前以","分隔例如：

Wang Feng, Zhang Heng, Sheng Xia *
（College of Information Science and Engineering, Northeastern University,
Shenyang 110819, China）

（4）如果多位作者属于同一单位中的不同下级单位

应在姓名右上角加注小写的英文字母 a，b，c 等，并在其下级单位名称之前加上与作者姓名上相同的小写英文字母。例如：

张　三[1a]，李　四[1b]*，王小波[2]
（1. 东北林业大学 a. 林学院；b. 生命科学院，黑龙江哈尔滨　150040；
2. 中南林业科技大学，湖南长沙　410004）

7.2.4 摘要

7.2.4.1 摘要的概念

摘要是科技论文的重要组成部分，也是论文内容基本思想的高度"浓缩"。国家标准《文摘编写规则》（GB 6447—1986）指出，摘要或文摘，英文是 abstract，摘要是"对文献内容准确扼要而不加注释或评论的简略陈述"。

7.2.4.2 摘要的作用

①导读作用　摘要科技论文的梗概和精华，读者可据此判定是否有必要阅读全文，方便读者阅读。因此，摘要承担着吸引读者和介绍论文主要内容的功能。

②检索作用　科技论文摘要被检索系统收录后，读者可通过检索系统，搜索到自己的目标论文，从而大大节省时间和精力。

由此可见，一篇创新内容多、学术价值高的论文，若摘要写得过简或写得不规范，则论文进入检索数据库后，被读者阅读和引用的机会就会大大减少，就实现不了它的价值，达不到预期目的。因此，作者应该多下功夫，认真地写好论文摘要。

7.2.4.3 摘要的分类

科技论文摘要可分为指示性摘要和报道性摘要两种类型。

①指示性摘要　简明地指出论文涉及的主题范围，定性地说明所探讨的对象、目的、方法和主要结论，而不定量报道其具体内容，行文一般为 50 至 100 字。这种摘要适合于综述、述评和论理性论文。

②报道性摘要　反映作者的主要研究成果、创新内容和尽可能多的定量和定性的信息。这类文章摘要信息量大，参考价值高，一般行文 200 至 300 字，一般不超过 400字，适用于实（试）验研究类论文，具体字数应根据学校（学位论文）或期刊社（期刊论文）要求。

科技论文一般应尽可能写成报道性摘要，而综述性、资料性或评论性的论文可写成指示性摘要。

7.2.4.4 摘要的构成要素

报道性摘要内容应包括目的、方法、结果和结论 4 个要素。

（1）目的

摘要应点明研究的宗旨及研究和解决的问题。

（2）方法

摘要应介绍所用的技术手段和方法，但应该详略得当。传统的方法一笔带过，应用的材料、新技术、新手段，则应清楚地描述。

（3）结果

摘要应指明文献中试验、研究结果、数据确定的关系。阐明研究对象的效果和性能。用核心数据说话，揭示事物之间的关系，突出效果和创新成果。

（4）结论

结论是指对文献中结果的分析、比较、评价、应用，以及提出的问题，今后的课题、假设、启发、建议、预测等的总结性语句。要注意阐明成果蕴含的意义，特别是这种意义与研究目的之间的联系。

一般情况下，目的和方法、结果和结论可分别合并。上述 4 要素中，结果和结论是重点，且不可缺少。

学位论文和期刊论文摘要在字数、内容侧重点和写作风格上存在差异，这些差异反映了两种论文类型在目的、读者群体和发表要求上的不同。具体差异如下。

(1) 字数方面

期刊论文的摘要通常较为精练，字数较少，一般在 200 至 400 字，有些甚至要求更加简短。学位论文的摘要则相对较长，因为需要更全面地概括整篇论文的内容。

(2) 内容侧重点方面

期刊论文摘要强调对研究目的、方法、结果和结论的简洁明了地阐述，以便读者快速了解论文的核心内容。学位论文摘要也包括这些要素，但因为需要展示学生对科研工作的深入了解，在撰写上会更加详细。

(3) 写作风格方面

期刊论文摘要的写作风格更加正式和严谨，语言简洁明了，避免冗余和模糊的表达，以便快速吸引读者和专家的注意。学位论文摘要虽然也要求具有严谨性，但更加注重对研究背景和意义的阐述，以及对研究方法和结果的详细描述，以满足学术评审的要求。

7.2.4.5 摘要的写作要求

(1) 简明性原则

应以最简练的语言表达丰富的内容。文摘开头不必重复标题名，不必加上"作者""本文""该文"等主语。但必须结构严谨、逻辑性强、语句简练、语义确切。

例如：某摘要中有这样一段话"研究了 3S 技术未来的发展方向，提出了几项技术的改进方案。"其中"未来"显得多余了，发展方向当然是未来的。

(2) 全面性和重点性原则

摘要写作既要全面又要重点突出，应当集中反映文章的全部内容，同时应根据其重要性进行详简不同的择摘，避免使用常识性的语句。

例如："由于无人机高光谱与原先遥感影像有很大差异，遥感影像的应用也应谨慎筛选。本文结合……介绍……"这篇摘要的第一句话是一般性常识，没有必要写入摘要，应该删去，这是常识性的东西不应在摘要中出现。

(3) 第三人称过去式的写法

摘要应写成"对……进行了研究""论述了……水平与发展方向"，避免写成"我省……""我院……"等格式。

(4) 摘要不能引用别人的文献

摘要是对文献内容的准确扼要而不加注释或评论的简略陈述。因此，在撰写摘要时，切忌引用其他文献。

7.2.4.6 中文摘要的示例

示例1：学位论文中文摘要

摘 要

杜仲橡胶是优质的天然橡胶资源，具有独特的结构与性能，可以开发出各种不同用途的新型工业材料，但由于杜仲叶片和果实含胶量低，导致生产成本居高不下，成为杜仲橡胶产业化的瓶颈。目前对杜仲橡胶生物合成的主要途径、调控机理以及关键酶基因的功能尚未明确。本文在杜仲全基因组和转录组测序的基础上，通过分析萜类物质合成相关酶基因的表达差异和亚细胞定位，提出了杜仲橡胶合成主要途径和关键时期，筛选出关键酶基因，从而在遗传水平上揭示杜仲橡胶的生物积累过程，对高产橡胶的优良杜仲品种培育提供重要的理论依据。本实验所得到主要结果如下：

1. 成功克隆了杜仲橡胶合成相关酶基因的基因组和 cDNA 全长。序列分析表明，*EuTIDS*1-5 的基因组全长分别为 6444bp、5063bp、13745bp、6476bp、3412bp，分别含有 11、12、12、11、12 个外显子；*EuTIDS*1-5 的启动子顺式作用元件中 CAAT box，TATA box，光相关的调控元件分别占有 36%～54%、14%～37%、3%～19%；*EuTIDS*1，特有根特异表达顺式作用元件；*EuTIDS*2，特有促进高效转录元件；*EuTIDS*4 特有茉莉酸甲酯、赤霉素表达顺式作用元件；*EuTIDS*5 特有乙烯表达顺式作用元件。

2. 确定杜仲橡胶合成的关键酶基因。通过果实和叶片不同时期荧光定量 PCR 检测表明，同期 *EuTIDS*1 基因在叶片中的表达量比果实高出 26%-86%，这与同期果实含胶量是叶片的 1.2-3.2 倍不吻合，*EuTIDS*3 在不同时期的杜仲叶片和果实中均有表达，但表达量的变化与胶含量变化规律不符，说明 *EuTIDS*1 和 *EuTIDS*3 基因与杜仲橡胶合成无明显相关性；*EuTIDS*5 基因的相对表达量在杜仲子房授粉 50d 后达到最高峰，该时期正好是杜仲橡胶快速积累期，橡胶环比增率达到最大，同时果实中 *EuTIDS*5 的表达量比同期叶片高出 48%-99%，这与同期果实含胶量是叶片的 1.2-3.2 倍较吻合，说明了 *EuTIDS*5 基因与杜仲橡胶合成密切相关。通过异源表达 35S∷*EuTIDS*5，共获得 *EuTIDS*5 转基因异源超表达植株 16 株，转基因烟草的异戊二烯含量达 0.28%，说明 *EuTIDS*5 表达有利于异戊二烯合成，35S∷*EuTIDS*5 转到杜仲树皮，发现胶丝比对照增多 2.5 倍，而 *RNAi-EuTIDS*5 转到杜仲树皮，发现胶丝只是照的 1/2，以上均说明了 *EuTIDS*5 参与杜仲橡胶合成，*EuTIDS*5 为杜仲橡胶合成关键酶基因。

3. 提出了杜仲橡胶合成的主要上游途径。杜仲橡胶是属于多萜类物质，通常认为萜类物质以 MEP 和 MVA 两种途径合成。杜仲转录组研究发现，MEP 途径 78% 的基因（*EuACOT*8-10、*EuHMGS*4-6、*EuHMGR*12，13，15-17、*EuMK*3-4、*EuPMK*3、*EuMDP*7-8，10-11）在叶片表达量比幼果高出 20%-90%，这与果实胶含量是同期叶片的 1.2-3.2 倍的现象不吻合，同时亚细胞定位表明，MEP 途径 *EuDXR*、*EuMCT*、*EuCMK*、*EuMDS* 被定位于叶绿体，这与非绿色器官根部和树皮含胶量是叶片的 2 倍以上现象不吻合，意味着 MEP 途径可能不是杜仲橡胶合成主要途径；而 MVA 途径 75% 的基因（*EuACOT*1-7、*EuHMGS*1、*EuHMGR*1-7，*EuMK*1-2、*EuPMK*1-2、*EuMDP*1-5）在幼果中的表达量比叶片高出 40%-98%，这与同期果实含胶量远远大于叶片含胶量吻合，而且 MVA 途径 *EuACOT*、*EuHMGR* 和橡胶合成相关基因 *EuTIDS*1–5 均被定位于内质网，提出杜仲橡胶由 MVA 途径在细胞质中完成大量积累，与叶绿体无必然联系，这与树皮和根皮器官含胶量远远超过叶片的现象较吻合，故推测杜仲橡胶合成的主要上游途径为 MVA 途径。

4. 提出了杜仲橡胶合成的关键时期。杜仲子房授粉 50d 后，杜仲橡胶增率达到最大；根据杜仲转录组测序分析，MVA 途径 75% 的基因（*EuACOT*1–6，8–10、*EuHMGS*1–6、*EuHMGR*2–7，11–18、*EuMK*1–4、*EuPMK*1–5，7–8，10–11）在幼果中的表达量分别比叶片和成熟果实高出 40%–98% 和 34%–99%；*EuIPI*、*EuMLP*、*EuREF*、*EuSRPP* 基因在幼果中的表达量分别比成熟果实高出 39%–73%、52%–99%、61%–97%、83%，同期幼果中 *EuTIDS*5 基因表达量和含胶增长速率均达到最大，推测杜仲橡胶合成的关键时期应为幼果的生长发育期。

示例2：期刊论文中文摘要

摘要：【目的】测定长柄扁桃发育期种子含油量和脂肪酸组分，解析长柄扁桃种子油脂累积及脂肪酸组分转化规律。【方法】以长柄扁桃发育期种子为材料，采用索氏提取法和气相色谱仪法测定种子油脂含量和脂肪酸组分含量，确定长柄扁桃种子油脂累积特点及脂肪酸组分转化规律。【结果】长柄扁桃种子油脂累积呈"慢—快—慢"的变化模式，可将油脂累积期分为 3 个阶段，即油脂缓慢累积期（花后 15 至 50 d）、油脂快速累积期（花后 50 至 78 d）和油脂减缓累积期（花后 78 至 106 d）。油脂累积过程中先后检测出油酸、亚油酸、亚麻酸、棕榈酸、硬脂酸、棕榈油酸和二十碳烯酸，随着种子发育硬脂酸、棕榈酸和二十碳烯酸等饱和脂肪酸含量逐渐下降，而油酸、亚油酸等不饱和脂肪酸含量逐渐增长，成熟种子中不饱和脂肪酸含量高达 94.64%，其中油酸含量达到 75.61%，亚油酸含量达到 18.20%。相关性分析表明，长柄扁桃种子发育过程中油酸、亚麻酸、棕榈油酸含量间呈显著正相关，均呈逐渐增加趋势；棕榈酸、硬脂酸和二十碳烯酸间呈显著正相关，在种子发育过程中呈递减趋势；油酸和亚麻酸与亚油酸、棕榈酸、硬脂酸、二十碳烯酸呈显著负相关。【结论】长柄扁桃种子发育期约为 100 d，种子油脂累积呈"慢—快—慢"的"S"型变化模式，根据油脂含量的变化规律，将油脂形成过程划分为 3 个阶段；长柄扁桃种子油脂累积是复杂的脂肪酸组分转化过程，累积过程中先后出现 7 种脂肪酸组分。本研究结果可为长柄扁桃种子最佳采收期的确定、提升长柄扁桃种子油脂产量、改善油脂品质和科学栽培管理提供理论支撑。

7.2.5 英文摘要

7.2.5.1 英文摘要的撰写要求

（1）篇幅

通常英文摘要应是中文摘要的转译，与中文摘要含有相等的信息量，但不完全与中文摘要一一对应，简洁、准确即可，篇幅不超过 180 个实词为宜。

（2）时态

在撰写英文摘要时，对时态的把握十分重要。常用一般现在时、一般过去时，少用现在完成时、过去完成时，基本不用进行时态和其他复合时态。

①一般现在时　主要用于阐述研究目的、研究内容、结论、建议等。此外，涉及公认事实、自然规律、真理等，也用一般现在时。

示例1：This study（investigation）is conducted（undertaken）to. . .

示例2：The anatomy of secondary xylem in stem of Davidia involucrate and Camptotheca acuminate is compared.

示例3：The author suggests. . .

②一般过去时　用于叙述过去某一时段的发现，某一研究、实验、观察、调查等过程。用一般过去时描述的发现或结果，往往不能确认是自然规律，而仅是描述当时如何；所描述的研究、实验、观察等过程，明显带有过去时的痕迹。

示例4：Four kinds of liquid-liquid systems were examined.

示例5：The heat-pulse technique was applied to study the stem-sapflow of two main deciduous broad-leaved tree species in July and August，1996.

③现在完成时及过去完成时　现在完成时用于将从前曾发生的或从前已完成的事情与现在联系起来；而过去完成时用于表示过去某一时间以前已完成的事情，或在一个过去的事情完成之前就已完成的另一过去行为。

示例6：Concrete has been studied for many years.

④主动语态　因谓语动词采用主动语态时，有助于文字清晰简洁、表达准确，故目前大多数期刊都提倡使用主动语态。

示例7：The history and development of the tissue culture of poplar are introduced systematically.

7.2.5.2　撰写英文摘要的注意事项

撰写英文摘要时，应注意避免一些常见的错误。

（1）不要漏掉定冠词 the

the 用于表示整个群体、分类、时间、地名以外的独一无二的事物，表示形容词最高级时，一般不会用错；但用于特指时，the 常常被漏用。

（2）不要用阿拉伯数字作为首词

示例8：Five hundred *Dendrolimus tabulaeformis* larvae are collected. . .

其中的 Five hundred 不应写成500。

7.2.5.3　英文摘要的示例

示例1：学位论文英文摘要

Abstract

This paper uses a maximum entropy model to predict the historical, current and future distribution of potential suitable area for *P. mira*. The spatial variation of *P. mira* in the suitable areas of China under the background of climate change is predicted, and provides a scientific basis for the development of *P. mira* industry in response to climate and environmental changes. In this study, 216 distribution data and 34 environmental factors of *P. mira* were screened using R language and ArcGIS. The ENMeval package was invoked to optimize the parameters of the maximum entropy ecological niche model (Maxent); and a correlation analysis of 34 environmental factors was conducted to screen the environmental factors involved in the modelling and to assess the environmental dominant factors in the *P. mira* habitat using the Jackknife. The optimized model was used to analyze the geographical distribution of the current habitat of *P. mira*, to project the potential habitat of *P. mira* during the Last glacial maximum and the Mid Holocene, and to analyze the changes in its historical potential geographical distribution. Based on the IPCC 6th climate the model was also used to predict the future distribution trends of *P. mira* under different climate scenarios. The main results of the study showed that:

(1) The ENMeval optimisation results show that the optimal model has a combination of linear, quadratic, fragmented, product and threshold features and the regulation ratio is 1. 5. The AUC of the optimised model for the subject work characteristic curve analysis method is 0. 976, with a low training omission rate, low complexity and prediction results that are generally consistent with the actual findings, shows that the prediction model is extremely reliable and has excellent accuracy.

(2) The Jackknife results showed that Isothermality, Annual difference in temperature, Annual precipitation, Maximum temperature in the hottest month and Altitude were the main environmental factors influencing the distribution of *P. mira* in China, and that temperature and altitude were the main factors influencing the distribution of *P. mira* suitable area; their contribution values were significantly greater than those of precipitation and soil factors, both of which determine the potential geographical distribution of *P. mira* in China on a large scale.

(3) Comparing the suitable area of *P. mira* in China under two historical periods and three future climatic scenarios, we conclude that the suitable area of *P. mira* shrank considerably during the LGM to MH, and the distribution area also shifted to higher altitude areas. In the future climate scenario, as the warming intensifies, some of the low latitude suitable areas of *P. mira* will become unsuitable areas, and the suitable areas will migrate to higher altitudes. Global warming has changed the distribution pattern of *P. mira* in China, and the expanded and lost areas of *P. mira* suitable area are located at the edge of the suitable area, which are sensitive areas and need to be paid adequate attention to these areas. As for the reserved area, it is possible to consider establishing a resource protection zone in this area to provide scientific guidance for the conservation and breeding of *P. mira*.

示例 2：期刊论文英文摘要

Abstract：【Objective】 In order to provide a theoretical basis for effective conservation and rational utilization of *Amygdalus mira* resources in Xizang, genetic diversity and population structure of 21 populations of *A. mira* were studied using SSR markers, and correlation between genetic structure and geographical distribution, altitudinal gradient were also analyzed. 【Method】 A total of 420 individuals from 21 populations were assayed by 25 pairs of SSR primers. Genetic diversity parameters, principal coordinates analysis(PCoA), and analysis of molecular variance

（AMOVA）were carried out using GenAIEx 6. 5 and Arlequin v3. 1 software. NTSYS software was used for cluster analysis based on the matrix of Nei's genetic distance. STRUCTURE, STRUCTURE Harvester, CLUMP, and Distruct software were used to analyze genetic structure. 【Result】Result showed that both genetic diversity and inbreeding were moderate within *A. mira* populations. The average number of alleles, effective number of alleles, expected heterozygosity, observed heterozygosity, Shannon's information index, and inbreeding coefficient were 3. 8, 2. 5, 0. 52, 0. 44, 0. 95, and 0. 17, respectively. The highest level of genetic diversity was in the P17 population（Ne = 4. 7, He = 0. 63, Ho = 0. 56, and I = 1. 57）, while the lowest was in the P18 population （Ne = 1. 7, He = 0. 30, Ho = 0. 22, and I = 0. 49）. According to STRUCTURE, Principal coordinates analysis （PCoA） and UPGMA cluster analysis, 420 individuals could be divided into three genetic clusters, which were significantly correlated with geographic altitudes. Mantel test showed that the genetic distance among the populations was significantly correlated with geographic distance（r = 0. 50, *P*<0. 01）and geographic altitude（r = 0. 61, *P* < 0. 01）. AMOVA analysis showed that 16. 3% genetic variation was among the populations, which indicate that the level of genetic differentiation among population is moderate, while, a high genetic variation（83. 7%）was within populations. 【Conclusion】It was suggested that the genetic diversity of *A. mira* in Xizang plate was moderate. The impact of geographical isolation and elevation gradients on genetic diversity was shown within populations. The degree of genetic differentiation was high, which could be due to the habitat fragmentation, elevation gradient, and the mountains block that caused by the effect of geographical isolation. The natural resources of *A. mira* in Xizang was seriously disturbed by human activities, and inbreeding among individuals was frequent. Therefore, the genetic diversity will gradually decrease if protection measures are not taken in time. Based on the genetic structure analysis, three protection units of *A. mira* in Xizang have been determined, and the human activities should be prevented. We suggest that it be conserved in situ and the exchange of genes between different groups should be promoted to protect the genetic diversity of *A. mira* in Xizang.

7.2.6 关键词

7.2.6.1 关键词的概念

所谓关键词，是指从文献中提炼出来的能表达文献主题内容的词或词组。它既能反映文献的重要信息，又起着检索作用，是文献的主题精华。

关键词具有如下特性：从论文中提炼出来的；最能反映论文的主要内容；在同一篇论文中出现的频数最多；可为编制主题索引和检索系统使用。

一篇科技论文通常选取 3 至 8 个词作为关键词，并另行排在摘要的左下方。为便于国际交流，应在英文摘要下方标注与中文对应的英文关键词。

7.2.6.2 关键词的作用

（1）导读作用

读者看一篇文献时，未读全文，仅从关键词即可了解文献的主题，把握文献的要点。

（2）检索作用

读者若要查阅某方面的文献，只需输入关键词，即可从数据库中搜索到包含该关键词的全部文献，既快捷又准确。

7.2.6.3　关键词的类型

（1）主题词

主题词是指各学科领域文献中经常出现的，在信息检索中有较高的利用价值和一定的使用频率的名词术语，这部分规范化后的语词已收录在《汉语主题词表》中。

主题词的组配应是概念组配，包括以下2种方式。

①交叉组配　即2个及以上具有概念交叉的主题词所进行的组配，其结果表示1个专指的概念。如"无人机，林分蓄积量，三维重建"。

②方面组配　即1个表示事物的主题词与1个表示事物某个属性或某个方面的主题词所进行的组配，其结果表示1个专指概念。如"杉木人工林，碳储量，激光雷达"。

错误示例："松树，监控，方法"。这组关键词中，"监控"为泛化动词，非规范主题词"方法"属于无效补充词。因此，可修改为"松材线虫病，多光谱遥感，早期诊断"，符合"病害名称+技术手段+研究目标"的逻辑链。

（2）自由词

自由词则是对检索论文具有实际意义的、能较好地表达论文主题的、没有经过规范的语词，即还未收入《汉语主题词表》中的词或词组，主要用于补充和扩展主题词。

7.2.6.4　关键词的确定

关键词的标引要围绕着文章的主体因素。所谓"主体因素"是事物及主要方面的名称，是所论述的主题中关键性的概念，如学科名称、技术方法、重要学术术语、人名、地名等。中文关键词还要译成相应的英文关键词。多个关键词之间用分号分隔，以便计算机自动切分。每篇文章可选3至8个关键词。

（1）关键词选取

在关键词选取时，首先要认真审读论文，熟悉论文主题内容，然后按照题名关键词、摘要高频词、正文主题词的顺序，将表述科技论文主题内容的关键实词逐一抽取出来。

关键词抽取时，首先将题名中表示学科范畴、科学研究对象、研究方法、技术方法、生产工艺、加工技术、设施设备、环境条件等的名词术语抽取出来，如果所抽取的关键词还不能完全表述论文的主题内容，再从摘要中去抽取，最后从正文中提炼部分词语作为补充，以保证关键词标引的系统性和完整性。无论从题名、摘要中抽取的关键词，还是从正文中提炼的关键词，都必须科学而准确地表达论文的特定主题。

（2）关键词转换

从题目、摘要、正文等处抽取出来的关键词是描述文献主题内容的自然语言，还不能完全形成检索标识，要将关键词转换为正式的主题词和规范的自由词，才能很好地符合信息检索要求。所谓概念转换是指将所抽取的论文关键词中的非正式主题词转换为正式主题词，如将"痢特灵"转换为"呋喃唑酮"、将"生长率"转换为"生长速率"、将"仔鱼"转换为

"鱼苗"等。

7.2.7 引言

7.2.7.1 引言及其作用

引言又称前言、绪言、序言、导言，是论文主体部分的开端，相当于"引论"，即"提出问题"，回答"为什么要研究(why)"。

引言是读者注意力的焦点，读者往往以此查阅论文研究的背景、目的意义和内容，以及判断论文的质量和作者的水平，因此要认真撰写。

7.2.7.2 引言的写作内容及注意事项

科技论文的引言在写作内容和结构上具有一定的固定模式，但学位论文和期刊论文的引言部分在结构与功能导向上存在一些差异。

学位论文的引言更加详细和全面，而期刊论文的引言则更加简洁和聚焦。学位论文引言写作的目的是为研究提供背景信息，帮助读者理解研究的起源、重要性和研究问题的提出；阐述研究的范围、目的、假设(如果有的话)以及研究问题或目标；概述论文的结构，为读者提供一个清晰的阅读指南。在内容上主要包括研究背景、研究意义、研究范围与目标、文献综述、研究方法、技术路线以及论文的整体结构。

而期刊论文引言写作的目的是迅速吸引读者的注意力，明确研究的核心问题和创新点，为研究提供必要的背景信息，更加简洁和聚焦；能够引导读者进入论文的主题，为后续的研究方法和结果做铺垫。内容主要包括研究背景与重要性、研究问题与创新点、研究目的与假设、文献综述(可选)、研究方法。

(1)引言的写作内容要点

①研究背景与科学问题　为什么写这篇论文，科学问题是什么？

②研究现状和学术定位　相关领域前人研究情况，包括已经解决了什么问题，还有什么问题没有解决需要继续开展研究。

③理论依据和技术方案　确立研究的理论支撑，说明技术方案相较于传统方法的突破性，表明论文的创新性和科学性。

④研究目的与意义价值　拟解决的实质性问题及其目的意义，体现研究的学术性、价值性。

(2)引言的写作注意事项

引言只是起定向引导的作用，不宜过长。学位论文为了反映作者掌握本门学科基础理论和专门知识的情况，允许有比较详尽的文献综述段落；期刊论文中不必保留详尽的文献综述段，需高度概括前人研究的情况，以能恰当地体现该文的创新程度、学术水平为限。引言注意事项如下。

①仅需叙述说明　无需论证和其他如图式等表述手法。

②简明　不注解基本理论，不介绍基本方法，不推导公式等。

③不自我评价　既不自吹自播，也不自我谦虚。避免"填补空白""国内领先"及"才疏学浅、谬误难免"之类词语出现。

④评价有价值　对引言评价要有实质内容，避免出现过于主观地、简单地"前人没有研究过""没有报道过""未见报道"之类的话语。

7.2.7.3　引言撰写要求

①开门见山　引言应起笔切题，简明讲清课题研究的来龙去脉。

②重点突出　引言重点介绍相关研究进展、背景、研究思路等即可，避免将正文内容在引言中叙述，以免削弱引言的作用。

③客观叙述　实事求是、客观公正地叙述，避免使用"填补空白""国内首次"之类词语自吹自擂，也不要使用"本人才疏学浅""作者水平有限"之类客套话，更不能贬低前人或他人的工作。究竟水平如何，读者自有公断，作者无需自我评价。

④不现图表，无须证明　除非极特殊情况，引言中不应出现插图和表格，也不要推导和证明数学公式，更不能出现与主题无关紧要的内容。

⑤语言平实，勿用套话　不要使用"众所周知""大家知道"之类的开头语。

7.2.7.4　引言的写作示例

油桐（*Vernicia fordii*）属大戟科（Euphorbiaceae）油桐属（*Vernicia*）的落叶乔木，与油茶（*Camellia oleifera*）、核桃（*Juglans regia*）、乌桕（*Sapium sebiferum*）并称我国四大木本油料树种（林青，2016；李泽等，2017）。桐油是植物油中最优质的干性油，其具有干燥快、比重轻、光泽好、防腐、防锈、耐酸碱、绿色环保等特点，是制造绝缘材料、环保型涂料以及合成新型复合材料的优质原料，广泛应用于工业、建筑、印刷等行业（谭晓风，2006；Zhang *et al.*，2020）。油桐原产于我国，已有 1000 多年的栽培历史，在我国秦岭、淮河以南的 16 个省区都有分布及栽培（谭晓风等，2011；Zhang *et al.*，2020）。油桐曾在世界上具有很高的影响力和知名度，是我国传统的大宗出口商品，但从 20 世纪 80 年代末期开始，人工合成漆的迅速发展导致桐油价格急剧下降，进而使油桐栽培面积大幅度减少，全国已有的 3 个油桐种质基因库也基本被毁，且大量的优质种质资源遭到严重的破坏并丢失（黄瑞春等，2011）。2005 年，中南林业科技大学谭晓风教授带领团队开展了油桐种质资源的收集、保存、评价利用和良种选育工作研究，主要对全国各个地方科研单位保存的油桐种质资源进行了收集，将不同的种质资源编号保存在湘西州森林生态研究实验站并进行生物学调查及良种选育，最终选育出 4 个优良无性系，2020年 4 月通过湖南省林木品种审定委员会审定，分别命名为'华桐 1 号''华桐 2 号''华桐 3 号''华桐 4 号'，并在其适生区进行大面积推广，但品种推广主要靠家系的种子繁育，子代并不能完全保持 4 个品种的优良性状，且目前还未建立 4 个品种的采穗圃和母本园，导致油桐优良品种不能进行无性化繁育推广，不利于油桐的稳产丰产及产业的长期发展。

常见的油桐无性繁殖方法主要包括扦插、组织培养和嫁接这 3 种。蓝金宣等（2021）研究了不同植物生长调节剂、留叶方式及树龄对扦插生根的影响，生根率最高为 56.67%，且生根周期长，根系生长一般，不利于油桐产业化育苗；周幼成等（2020）研究了不同的植物生长调节剂对千年桐春梢扦插生根的影响，发现在浓度为 500 mg·L^{-1} 的 ABT-1 生根粉溶液中浸泡处理 30 min 的穗条扦插生根率仅为 43.97%，且扦插苗易感染枯萎病、造林质量差。油桐组织培养的研究，早在 2009 年就通过使用无菌苗茎段诱导产生不定芽，进而生根的方式建立了油桐的组培快繁体系（张姗姗等，2009）；谭晓风等（2013）利用油桐种胚萌发的无菌苗叶片诱导其产生愈伤组织，再通过愈伤组织诱导不定芽获得了再生植株；林青等人通过油桐无菌苗叶柄及下胚轴诱导愈伤组织及不定芽获得了再生植株（林青等，2014；Lin et al.，2016）。但这些外植体都是合子胚萌发的实生苗，研究的主要目的是为今后油桐分子育种提供完整的组培体系，并没有在生产中实现无性化、工厂化育苗。嫁接是现代农业发展中不可或缺的一种无性繁殖技术，双子叶植物嫁接理论技术相对成熟，也有最新研究结果表明，单子叶植物中也可通过胚性愈伤组织进行嫁接（Gregory et al.，2021）。关于油桐嫁接育苗研究也有报道（徐永杰等，2011；程继先，2014；李柏霖，2018），在以北缘产区油桐为材料进行嫁接育苗技术研究中，采用秋季芽接嫁接成活率可达 80% 以上，但在北缘产区越冬受冻会导致嫁接苗死亡，同时，在油桐种植区芽接效率低，成本高，嫁接芽成枝后容易被大风吹断，不利于产业化生产（赵自霞，2017）。此外，利用千年桐 1 年生的砧木嫁接油桐，由于存在培育周期长，嫁接效率低、整体生产成本高等原因并未在生产中推广应用。因此，油桐嫁接时仍存在良种无性扩繁难、时间限制大、成活率低、生产成本高等关键生产问题，导致油桐嫁接繁殖技术体系还不成熟，严重限制了油桐良种的无性化育苗及推广。

嫁接作为一种高效可行的育种方法，不仅能提高嫁接接穗在植物中的生长性能，还能增强果实品质、生产特性和抗病性等，前人研究表明，不同品种类型的砧木可对同一接穗品种的生长及产量产生影响，并且可遗传至嫁接后的第 2 代（Kundariya et al.，2020）。大量研究表明，千年桐抗枯萎病的能力强，利用千年桐作砧木，三年桐优株无性系作接穗嫁接的油桐，不仅能保持抗枯萎病的能力，而且生长快，结实早，盛果期长，能够实现丰产稳产的目的（吴光金等，1988；何方等，2016）。早在 1979 年芽苗砧嫁接技术就用于油茶、板栗（Castanea mollissima）、核桃、银杏（Ginkgo biloba）和山核桃（Carya cathayensis）等大宗经济林树种的嫁接，已在经济林育苗中成为一种有效的无性繁殖方法（李明鹤，1979）。目前在生产上芽苗砧嫁接技术应用最多的树种是油茶，近 3 年，油茶通过芽苗砧嫁接技术年育苗量均在 2 亿株以上，每人每天可嫁接 2 000 株以上，具有成本低、嫁接效率及成活率高、极大地缩短了育种周期等特点，在产生巨大的经济效益的同时还具有广阔的市场和应用前景。本文通过研究不同砧木物种、不同嫁接方式、不同嫁接时间等因素对油桐芽苗砧嫁接的影响，旨在于建立了油桐芽苗砧嫁接无性繁殖技术体系，解决了油桐栽培中良种推广品系混乱、无性繁殖技术不成熟的关键生产问题，为今后油桐良种无性繁育提供一条新途径，对油桐产业的健康可持续发展及乡村振兴战略的实施具有重要意义。

7.2.8　材料和方法

材料和方法亦是科技论文写作的重点，在林业科技论文写作中，规范的材料描述、严谨的实验（试验）设计和可靠的实验（试验）方法是保证论文结果是否可信的关键。在这部分内容中一定要交代清楚材料的来源、样本数量（含重复次数）、品种（物种)、时间(栽植或繁育、试验开始与结束)、林分特征(林龄、立地条件)等信息。测试方法中要写清楚仪器设备和实验方法，教材中有的方法简单介绍，引用相关文献即可。学位论文和期刊论文的材料与方法部分的写作内容和方法基本类似，要交代要清楚具体研究材料和研究方法，使别人一看就明白所研究的材料类型、数量及采用的方法。

7.2.8.1　材料和方法的写作要求

(1)必要而充分

必要即必不可少。与主题无关的材料与方法，不论来得多么不容易也不要采用。充分即量要足够，必要的材料与方法若没有一定的数量，有时难以论证清楚问题，即所谓"证据不足"。有了足够的量，才能从中选出足够且必要的材料与方法。供试材料、实验(试验)设计、所用仪器、测试标准和方法等，都要写得具体。不然的话，实验(试验)结果可信程度就不高，别人就无法重复和验证。

(2)真实而准确

真实指不虚假，材料与方法来自客观实际，即来自社会调查、生产实践和科学实验(试验)，而不是虚拟或编造的。准确即完全符合实际。科技论文十分强调科学性，任何一点不真实、不准确的材料与方法，都会使观点失去可信度和可靠性，从而使科技论文的价值降低或完全丧失，因此，研究方法、调查方式和实验(试验)方案的选取要合理，实验(试验)操作和数据的采集、记录及处理要正确，才能获得真实而准确的材料。写作时要尽量用直接材料，对间接材料要分析和核对。形成发展材料时，要保持原有材料的客观性，力求避免由主观因素可能造成失真。

(3)典型而新颖

典型即材料与方法能反映事物的本质特征。这样的材料与方法能使道理具体化，描述形象化，有极强的说服力。要获得典型的材料与方法，调查和研究工作必须深入，否则，难以捕获事物的本质。应善于从众多、繁杂的材料与方法论中取其具有代表性的，而将一般性的材料与方法不吝舍去。新颖即新鲜，不陈旧。要使材料新颖，关键是要做开拓性工作，不断获得创新性成果；同时，收集文献资料面要广，量要大，并多作分析、比较，从中选取能反映新进展、新成果的新材料，而摒弃过时的陈旧材料。

(4)详略得当

实验(试验)的材料按来源分为 3 种：第一种，直接材料，即作者亲自通过调查或科学实验(试验)得到的材料；第二种，间接材料，即作者从文献资料中得到的或由他人提供的材料；第三种，发展材料，即作者对直接材料和间接材料加以整理、分析、研究而形成的材料。如果所采用的方法是直接材料，要在保密规定允许、读者对于结果不易误解或怀疑以避免混乱或引起争论的情况下，详细交代，必要时可用示意图、方框图或照片等配合表述。如果是间接材料，即完全采用别人建立的方法，特别是经典的方法，可一笔带过，注明文献出处即可。但须注意，只能参考原创者，而不是参考引用者。引用时要在全面理解的基础上合理取舍，避免断章取义，更不能歪曲原意。如果是发展材料，即在别人方法基础上有所改进或改良的方法，应写出并说明改动的原因，并把改进部分的细节进行必要介绍，其他部分注明文献出处。

(5)逻辑性强

叙述实验(试验)过程，应采用研究过程的逻辑顺序，而不采用进行实验(试验)的先后时间顺序。根据主要可变量的变化顺序来写，并重视所述顺序的连贯性。如果题材复杂，包括很多细节，那就要突出主要线索。应给出诸如实验(试验)所用原料或材料的技术要求、数量、来源以及制备方法等方面的信息，有时甚至要列出所用试剂的有关化学性质和物理性质。实验(试验)方法应介绍主要的实验(试验)过程，但不要机械地以年、月的次序进行描述，而应该将各方法结合起来描述。

7.2.9　结果与分析

该部分内容是科技论文数据的总结分析，结合图表制作所有必要的实验(试验)数据、实际例证、插图等，都要详细列出来。一篇科技论文质量的高低，主要取决于结果与分析这一部分的真实性、准确性和严密性，必须认真撰写。结果与分析部分只写数据结果和总结，不需要把教科书的理论知识放到结果里，也不需要引用别人的参考文献。因此，结果分析里不引用参考文献。

实验(试验)数据要经过整理分析，绘制成图或表列入文中，同时要交代数据处理方法和误差分析，不能一味把表格数据罗列到结果分析里，要对数据进行高度概括总结，分析差异是否显著，做到用数据说话并得到对应的结果。整理实验(试验)数据时，不能只选取符合自己预期的数据而随意抛弃那些与自己预期相反的数据，剔除数据必须有确凿的根据，因为在这些"反常"现象背后，也许意味着重大发现。

结果与分析部分实质上是通过逻辑方法和数学方法，对各种数据和结果进行定性或定量分析，找出研究对象的本质属性和内在联系。因此，要有理有据，论点分明，论据充分，论证严谨，层次清晰。读者通过这一节能够准确地把握本研究所取得的成果。学位论文和期刊论文的结果与分析部分的写作内容及方法基本一致，均需要清晰地呈现研究发现，并对这些发现进行深入的比较与分析；不同点主要是体现在写作内容的详细程度上，学位论文的结果与分析部分通常包含所有的发现，并尽可能详尽地分析这些结果，包括一些可能无法解释的现象或问题；而期刊论文由于篇幅限制，其结果部分通常更加简洁，分析部分也会更加精练，聚焦于对结果的直接解释和与研究的直接相关性。

7.2.9.1　结果与分析的写作要求

(1)理顺写作思路

结果与分析与科技论文的其他部分相比，内容更丰富，写作难度更大。有的作者把主体部分写得条理不清，论述单薄，或者内容庞杂，逻辑紊乱，因此，理顺思路是至关重要的。

(2)找准分析角度

分析角度的选择是以最能突出科技论文的主题为线索的。例如，《棉花枯黄萎病的气候成因分析》，其分析至少可以从两个角度进行：第一，从生物学角度论述，基于枯黄萎病在棉花苗期即可呈现症状、现蕾期为发病高峰这一事实，分析花历年不同生育时段气象条件与枯黄萎病发病程度的关系，从而归纳气候成因。第二，从农业气象角度论述，分析温度湿度、光照、降水等气象要素年际变化或月际变化与棉花受枯黄萎病菌危害实况的关系，通过综合分析确定其气候成因。

有的作者对分析角度的选择不够重视，甚至出现多角度重复分析的情况。在科技论文中，一般不宜变换角度或多角度交叉分析，一旦处理不当极易造成主次不清、层次紊乱、前后矛盾，不利于突出主题，阐明论点。另外，选择分析角度除了力求准确，还要新颖独特。

(3) 分析问题要全面透彻、推陈出新

有的科技论文就某一具体问题进行分析研究时缺乏深度，总希望走捷径、图省事，甚至套用已陈旧过时的观点，沿用以往不够完善的计算方法或分析手段。这种科技论文即使写得再"精彩"，也很难说是一篇优秀的科技论文。

(4) 结果的取舍要客观与实事求是

结果的表达一定要保持客观性，选取的数据必须实事求是，不可随意丢弃失败的数据和阴性结果，更不允许掺杂作者的主观臆断和推测，或以偏概全，决不可按照个人的想象决定数据的取舍，更不能伪造数据。对于异常的数据，不要轻易删掉，要反复验证，查明是因工作误差造成的，还是事情本来如此。

(5) 精心制作图表，准确反映内容

科技论文中的图和表可以直接、准确、形象地说明试验结果，是高质量科技论文的支撑。但有的作者错误地认为，图表越多越能显示科技论文水平高和内容丰富，很少考虑讨论问题的实际需要和图表本身的特殊功能，或以 2 至 3 组数据拼凑图、表，或毫无节制地绘制线条、罗列项目。更有甚者，不经任何加工整理就把原始数据和资料凌乱地摆在插图和表格中。

(6) 在层次之间构成有机联系

结果与分析部分的层次很重要。如何使科技论文层次之间构成有机联系，这既依赖于作者对该研究专题的深入思考，以及与之相关的学科成果的应用和借鉴，也取决于作者对科技论文写作规范的熟悉程度。有些作者在写作之前已拥有了大量的资料，但科技论文写成之后，有可能出现层次混乱的现象，不是文不对题，就是上下文脱节，这是应竭力避免的。加强科技论文层次之间有机联系的方法，除了紧紧抓住主题，拟定一份周密详细的写作提纲，并严格按提纲逐条安排材料外，还要加强逻辑思维，对科技论文进行反复修改，直到满意为止。同时，还必须依靠长期的学习、写作实践和经验积累。

7.2.10　讨论

讨论部分是科研论文中不可或缺的一环，紧随结果部分之后，为作者提供了展示其思考深度和学术洞察力的舞台，是展示作者学术水平和研究深度的重要环节。

7.2.10.1　讨论的写作内容

讨论是科技论文中写作难度最高的部分，也是评价一篇论文质量高低的关键。讨论是作者根据自己的创造性劳动所得到的有关试验结果和收集的资料，通过理论分析所得到的新认识。讨论部分需要对研究结果进行深入分析和解释，提炼出研究结论，并探讨研究的理论和实践意义。学位论文和期刊论文在讨论部分写作的篇幅与深度上存在差异，如学位论文讨论部分通常较长，内容详尽，涵盖对研究结果的全面解读、与前人研究的深入对比、研究的局限性及后续研究方向的探讨等；而期刊论文由于篇幅限制，讨论部分更加简洁明了，聚焦于对主要结果的直接解释和与研究的直接相关性，更强调研究的创新性和实际应用价值。但在写作内容上学位论文和期刊论文不存在太大的差异，一般应包括以下几点：试验结果的概括叙述；这些研究结果说明了什么现象，得出了什么规律，解决了什么实际问题或理论问题；对前人有关本研究的论述进行检验，指出哪些与此次试验结果相吻合，哪些有出入，是否与试验地不同、品种不同、调查季节不同等因素有关，分别加以论证、修改，总之，最后能够自圆其说；通过本次试验，如发现未解决的问题和不足，要比较客观地叙述，并尽可能对这些问题的关键所在、今后研究方向和解决途径等，提出建议或意见。

7.2.10.2　讨论写作的注意事项

(1)对结果的解释要重点突出，简洁、清楚

讨论的重点要集中于作者的主要论点，尽量给出研究结果所能反映的原理、关系和普遍意义。如有意外的重要发现，也应在讨论中做适当解释或提出新的研究问题，但不能对其过于关注而迷失最初的研究问题。讨论的内容应基于"研究结果"中的实验(试验)结果，不能出现新的有关"结果"方面的数据或发现。

为有效地回答所研究的问题，可适当简要地回顾研究目的并概括主要结果但不能简单地罗列结果，因为这种结果的概括是为讨论服务的，即由主要结果引导出相关的讨论。

(2)推论要符合逻辑，避免实验数据不足以支持的观点和结论

根据结果进行推理时要适度，论证时一定要注意结论和推论的逻辑性。在探讨实验(试验)结果或观察事实的相互关系和科学意义时，无需得出试图去解释一切的重大结论。如果把数据外推到一个更大的、不恰当的结论，不仅无益于提高作者的学术贡献，甚至现有数据所支持的结论也会受到怀疑。要如实指出实验(试验)数据的欠缺或相关推论和结论中的任何例外，绝对不能编造和修改数据。

(3)观点或结论的表述要清楚

尽可能明确地指出作者的观点或结论，并解释其支持还是反对已有的认识。此外，要大胆地讨论工作的理论意义和可能的实际应用，清楚地告诉读者该研究的新颖性和重要之处。结束讨论时，避免仅使用诸如"有待进一步研究"之类苍白无力的语句。实际上，有许多读者会优先阅读论文中"讨论"的结束部分。如果作者在此不清楚地说出自己的重要结果和相关结论的科学意义，读者就有可能对论文的其他部分失去兴趣。

（4）对结果科学意义和实际应用效果的表达要实事求是，适当留有余地

在讨论中应选择适当的词汇来区分推测与事实。例如："在所测定的陆地生态系统中，无论是高纬度的森林土壤还是北极的冻土都有不同程度的 CO_2 释放。这表明，即使在寒冷的晚冬，北极冻土中仍有土壤微生物的活动。尽管 Steudler 等[14]认为当土壤被冰雪覆盖或土壤温度下降到 0 ℃附近时，土壤与大气间的 CO_2 交换过程停止，但最近的研究则显示当土壤温度接近或低于 0 ℃时，土壤微生物仍有活性，仍继续进行呼吸[7,11,12,15,16]。因此，他们认为北极及高纬度陆地生态系统起着大气 CO_2 源的作用。我们的结果为这一观点提供了直接证据。"

7.2.11　结论

结论是整篇论文的结尾，是基于理论推导与实验数据的系统论证后得到的核心成果总结，对全篇论文起着"画龙点睛"的作用。从内容上说，结论是从本研究的全部内容出发，经过推理、判断、归纳等过程而得到的新的观点、新的结论，归纳成几条即可。此外，结论是对全文的总结并得出 1 至 3 条明确的结论，而不是把结果分析的内容重复体现，更不是摘要的内容。学位论文撰写中有很多学生误以为把摘要的内容复制粘贴到结论中就行。结论的写作，讲究措辞严谨、逻辑严密、文字具体。结论的语句，更要斩钉截铁，不含糊其词，模棱两可，不夸大不缩小，对那些尚不能肯定的内容，在措辞上要留有余地。

学位论文和期刊论文在结论部分写作上存在较大差异。学位论文结论部分通常较为详细，单独设置一章，一一列出具体研究结论，不仅要总结研究结果，还可能包括对研究意义的深入阐述和对未来研究方向的展望。而期刊论文结论部分更加精练，仅需要一小段凝练出研究的重要结论，主要聚焦于对研究结果的直接总结，强调研究的创新点和实际应用价值，避免过多的冗余信息。

7.2.11.1　结论的写作内容

（1）归纳研究结果

归纳研究结果是结论写作的一种常见方法。结论要指出研究结果说明了什么问题，得出了什么规律的东西，解决了什么理论或实际问题，要提出有代表性的论点或数据，总结其规律。以加深读者对研究结果及科技论文本身的印象和理解。要从讨论的内容中归纳、总结出研究的新发现、新认识或新的观点。要对研究对象本质和规律性的认识进行科学、抽象和高度概括。

（2）判断研究的价值

结论的内容应着重反映研究结果的理论价值、实用价值及适用范围，并可提出建议或展望，也可指出有待进一步解决的关键性问题和今后研究的设想。

（3）指出论文的局限性

任何一篇科技论文都是在一定的条件下完成的，往往涉及一个领域的一个方面或一个方面的一个问题。随着科学技术的发展以及人们对科学认识的不断加深，肯定会使某一科学理论和方法更趋完善。在结论中坦诚地指出科技论文的局限性，既能反映作者谦虚的治

学态度，也能为后人继续研究提供思路，指明方向。当然并不是所有的结论写作都要具备上述内容，作者可根据研究结果的具体情况而定。

7.2.11.2 结论的写作要点

科技结论的写作需要注重内容的准确性、语言的明确性、结构的清晰性，具体写作要点如下。

(1)准确、简洁

结论的语言应严谨、精练、准确、逻辑性强，凡归结一个认识，肯定或否定一个观点，都要有根据，不能模棱两可、含糊其词，不能用"大概""或许""可能是"等词语，不要用"抛砖引玉"之类的客套话，也不宜用"有很高的学术价值""填补国内(外)空白"等自我评价的语句。这些说法都是不严谨的，使用这些词语会令读者对研究结果的真实性和科学性产生疑虑。结论应条理分明，内容较多的科技论文，其结论可以研究结果的重要性依次排列、分项编号逐条列出。结论中一般不再出现图表，主要是文字表达，可以引用科技论文中得出的一些关键数据，但不宜过多。

(2)避免雷同

在结论写作中，不能以研究结果代替结论，造成对研究结果的简单重复，从而完全丧失了结论存在的价值。也不能把结论与摘要、引言重复，缺乏从专业角度提升研究结果的真正意义。

(3)内容完整

结论的内容应完整，要善于捕捉一些隐藏的信息，但也不能杜撰。科技论文应该在准确表述文意的前提下给出相应的结论。有的研究工作仅是从某一个角度出发通过实例论证，分析得到了某个结论，但作者在结论中却忽视交代其研究工作的前提、条件或假设，以至于出现了以点概面的论断。有的结论内涵小于或大于科技论文的主题范围，使结论不确切。有的科技论文观点含糊不清，结论不明确，甚至没有结论，整篇论文缺乏逻辑性等。以上情况都会降低科技论文的理论性和完整性。

(4)结论要恰当

结论的写作应是将研究过程加以去粗取精、去伪存真、由表及里、由一般到本质的深化过程。总结出的主要观点是根据研究结果通过判断、推理而形成的，反映事物内在的、有机的联系，符合客观事物的规律。在判断、推理时不能离开研究结果，并要与引言相呼应，还要与正文其他部分相联系，不作无根据的或不合逻辑的推理和判断。论据不充分时，也不能轻率地否定或批评别人的结论。总之，结论要有说服力、恰如其分、不放大、不缩小，不能想当然。

7.2.11.3 结论撰写示例

示例1：学位论文结论

第五章　结论

针对我国对杜仲产业发展的需求，本研究以杜仲为原材料，采用第二代 Illumina 测序技术和第三代 PacBio 测序技术，并结合单分子光学图谱辅助组装技术，获得的高质量杜仲基因组，并借助杜仲基因组测序的结果，对杜仲的系统进化地位、环境适应性及杜仲橡胶的生物合成进行研究，得出的主要结论如下：

（1）本研究以杜仲为原材料，采用第二代、三代测序技术，并结合单分子光学图谱辅助组装技术，获得了 1.18 Gb 的杜仲基因组图谱，覆盖了杜仲预测基因组大小的 99.16%，其中 contig N50、scaffold N50、super scaffold N50 的长度分别为 17.06 kb、1.03 Mb、1.88 Mb。杜仲基因组共注释出 26 732 个蛋白编码基因，其中约 93.19%（24 902）个蛋白编码基因得到了功能注释。另外，杜仲基因组中含有 723 Mb 的重复序列，约占杜仲基因组的 61.24%，其中 Gypsy 类型和 Copia 类型的转座子为主要类型，与其他植物相比，杜仲 Copia 类型转座子对杜仲基因组的扩增贡献较大。另外，充分利用杜仲全基因组测序数据，得到了完整的杜仲叶绿体基因组，其大小为 163 341 bp，共注释出单拷贝基因 115 个，包括 80 蛋白编码基因、31 个 tRNA 和 4 个 rRNA。

（2）本研究揭示了杜仲全基因组重复事件，与共有祖先的菊分支植物相比，杜仲只存在一次全基因组复制事件，缺少近期的 WGD；确定了杜仲在植物界的系统进化地位，杜仲均属于丝缨花目，与唇形类植物和桔梗类植物为姐妹分支，位于被子植物菊分支的基部类群；杜仲作为丝缨花目植物与桔梗类植物和唇形类植物的分歧时间为 129 百万年前，可以追溯到白垩纪，早于目前化石记录时间。

（3）通过比较基因组学和比较转录组学分析，探究杜仲环境适应性的分子基础。与其他植物相比，一系列与生物和非生物胁迫相关的基因，例如，*PR17*、*Callose synthetase* 和 *SYP12* 发生了明显的扩张现象，*PIP1*、*HSP90*、*MT* 和 *APX* 基因持续具有较高的表达水平；另外，参与杜仲次生代谢物质（木脂素、生物碱及黄酮类化合物）合成相关基因，即 *CAD*、*STR*、*CAO* 和 *CHI* 发生扩张现象。因此，杜仲通过抗逆相关基因及次生代谢物质合成相关基因的扩张及高表达来提高杜仲环境适应性及防御病虫害的侵入。从药理学的角度分析，杜仲次生代谢物质含量提高，有助于杜仲活性成分的积累，可提高杜仲的药用价值。

（4）本研究通过鉴定杜仲橡胶合成相关基因，与其他植物比较，杜仲 *FPS* 和 *REF/SRPP* 基因数量发生扩张现象。通过进化分析表明，杜仲橡胶与三叶橡胶的 *FPS* 和 *REF/SRPP* 基因存在不同的分支，说明杜仲橡胶与三叶橡胶的 *FPS* 和 *REF/SRPP* 基因功能不同，杜仲橡胶的合成为独立起源进化；通过结合萜类物质合成相关基因的时空表达模式和杜仲橡胶合成的积累规律比较杜仲橡胶和三叶橡胶的生物合成模式得出，参与杜仲橡胶合成主要基因为 Ⅱ 类 *FPS* 及 *SRPP*，而参与三叶橡胶生物合成的基因为 *CPT* 和 *REF*。杜仲基因组是丝缨花目第一个完成基因组测序的植物，也是真双子叶植物中继番茄、马铃薯、芝麻之后为数不多完成基因组测序的菊分支植物。杜仲基因组的破译对菊分支植物的进化起源研究提供了新的基因组参考，将对探究杜仲特异性状的形成机制提供了重要的理论基础，为推动杜仲产业化进程提供了科学依据。

示例 2：期刊论文结论

4. 结论

本研究在湘西国家油桐种质资源库和湖南武冈油桐科技小院进行试验，嫁接苗整体成活率可达 70% 以上，嫁接时间、嫁接方法、移栽管理及接穗的质量对嫁接成活影响显著。研究发现最适宜油桐芽苗砧嫁接的时间为 6 月；最佳嫁接方式为劈接结合塑料膜绑扎；以油桐生长旺盛的半木质化枝条带芽茎段为穗条，芽饱满，在芽上端长度

1 cm，芽下端长度 3 cm，叶柄长度 0.5 cm，砧木直径在 0.8 cm 左右，切面长度 1.5 cm，在 15 cm 的苗床上搭建透光率为 25% 的遮阳网，且嫁接口高于地面成活率最高；三年桐和千年桐幼苗做砧木对油桐芽苗砧嫁接成活率影响不显著，为了提高油桐抗病能力，则选择千年桐作为油桐芽苗作砧木。在本研究的各因素处于最优水平下，油桐芽苗砧嫁接成活率可达 90% 以上，是一项适宜油桐无性繁殖的育苗技术，可实现产业化推广。

7.2.12 致谢

科技论文通常不是一个人独自能完成的，往往需要他人的合作与帮助。因此，当研究成果以论文形式发表时，作者应对曾经在研究过程中及论文撰写中给予指导和帮助的组织和个人表示感谢。学位论文的致谢排在结论之后，有"致谢"一节；而期刊论文大多数不专列一节，而是在篇首页以脚注形式标出。通常科技论文的致谢对象为对选题、构思、撰写予以指导或建议者，对考察或实验过程作出某种贡献者，或在关键技术、物质、经费、材料、信息方面给予过帮助者。即致谢是针对提供过实质性帮助和作出过某种贡献的单位或个人，但尚不能对论文负责，亦不能对论文进行答辩。对署名作者不必致谢。

7.2.12.1 致谢对象

(1) 学位论文致谢对象

主要人员：导师是特别致谢的对象，因为导师对学位论文有实质性的专业贡献。此外，还会感谢学院内的其他老师、同学、家人等，他们在学习或生活中给予了支持。

其他对象：还可能包括帮助组织被试、编制程序、收集数据、提供资料的同行，以及调查问卷的发放对象、访谈对象等。

(2) 期刊论文致谢对象

主要机构：更多地感谢提供资金或科研条件的机构，如基金资助机构、大学或研究机构等。

相关人员：也会感谢对论文有帮助的人员，如研究团队、实验助理、文章校对者等，但相对较少涉及个人生活中的支持者。

综上所述，学位论文致谢更侧重于个人在学习和生活中的支持者，而期刊论文致谢则更侧重于科研过程中的资助机构和合作者。

7.2.12.2 致谢的撰写要求

(1) 直书其名，可加职务

对于被感谢者，可以在致谢中直书其名，也可以在人名后加上"教授""高级工程师"和"研究员"等技术职称或专业技术职务，以示尊敬。

(2) 言辞恳切，实事求是

言辞诚恳，应对被感谢者曾给予的支持或帮助表示诚挚的敬意；实事求是，切忌为突出自己而埋没他人。

（3）态度端正，不落俗套

切忌借致谢之名而列出一些未曾给予过实质性帮助的名家姓名，行拉关系之实；切忌以名家的青睐来抬高自己论文的身价，或掩饰论文中的缺陷和错误；切忌强加于人，即论文未经被感谢者审阅，或者论文虽经审阅但与审阅者观点相左，而强行"感谢"。

7.2.13　参考文献

7.2.13.1　参考文献的作用

参考文献是指作者在写作过程中曾经参考引用过的文献资料。学位论文的参考文献排在致谢之后，数量较多，包括多年前的重要文献，以体现研究生对文献资料的全面掌握；期刊论文的参考文献，排在结论之后，数量有限，通常引用近几年的高质量文献以及年份较久远的奠基性文献，以体现研究进展和最新的学术观点。

科技论文著录文后参考文献，具有以下 4 个作用。

可以反映作者的科学态度和求实精神，体现对前人及其劳动成果的尊重。同时，可使读者看出哪些是前人已有的成果，哪些是作者劳动的结晶。否则，引用他人的观点、数据或成果而不在参考文献中列出，就难免有剽窃、抄袭之嫌。

可以省去诸多不必要的重复性叙述，以节省书刊篇幅。同时，提高作品的文字水平，使其结构紧凑，核心突出。

可以表明作者对该学科领域了解的广度和深度，便于读者判断该论文的水平与价值。

指明所引用文献的出处及其依据，便于读者溯本求源，进一步学习和研究。

7.2.13.2　参考文献的引用原则

遵循以下原则，可确保参考文献的引用既符合学术规范，又能有效支持论文的观点和论据，提升论文的整体质量和可信度。

①凡是引用他人的数据、观点、方法和结论，均应在文中标明，并在文后参考文献中列出。

②所引用文献的主题应与论文密切相关，可适量引用高水平的综述性论文。

③引用的文献应尽量是近期发表的，能够反映当前某学科领域的研究动向或水平（应优先引用著名期刊上发表的论文）。

④引用的文献首选公开发表的，不涉及保密等问题的内部资料也可以列入参考文献。

⑤只引用自己直接阅读过的参考文献，尽量不转引。尤其是不得将阅读过的某一文献后边参考文献表中所列的文献作为本文的参考文献。

⑥应避免过多地（甚至是不必要地）引用作者本人的文献。

⑦严格按照国家标准《信息与文献 参考文献著录规则》（GB/T 7714—2015）规定的格式著录文献，确保各著录项目正确无误。

7.2.13.3　参考文献的著录格式

（1）文内著录位置

这里以顺序编码制为例，说明参考文献在科技期刊中的文内著录位置。

①对引文中的著者进行著录　文中若写出著者，著录序号应放在著者姓名右上角。

【例】钱三强教授[1]指出：……

②对著作进行著录　如引文为某一著作，应在著作名的右上角进行著录。

【例】新闻出版署制定的《图书质量管理规定》[2]中，将……

③对引文进行著录　对引文进行著录时，著录序号必须放在引号之外。

a. 引文为非完整语句时的著录：著录序号应放在引号之外的右上角，且位于句号之内。

【例】美国学者 BUSA 认为，"可能早在七八世纪就已经有了圣经语句的索引"[25]。

此例中的著录是对引文的著录，故只能标在引号外；又因引文为非完整语句，句号不是原文中的内容，因此不能放在引号之内。

b. 引文为完整语句时的著录：著录序号应放在句号和引号之外右上角。

【例】"私人通信和未发表的著作，一般不宜列入参考文献表，可紧跟在引用的内容之后注释或著录在当页的地脚。"[3]

此例中的著录是对引文为完整语句的著录，句号为所引原文中的标点符号，是引文的一个组成部分，故不能写在引号之外，而只能放在引号之内，否则，会让人误以为所引文句为非完整语句。

④引用参考文献中的数据、结论、观点、材料等的著录。

a. 引用的部分为词或词组：若引用参考文献的有关数据或材料等且引用的部分又不构成一个句子时，应在相应的词或词组右上角著录，而不应标在所在句子之后，以准确地著录出所引用部分而不致产生误会。

【例】计算结果与试验资料[1]的对比如下。

此例要说明论文中的计算结果和文献[1]中的试验资料对比。如果著录于句子后，就会使人误以为计算结果和试验资料及其对比结果均来源于文献[1]。

b. 引用部分为句子的著录：引用参考文献中的句子时，应著录于标点符号之内。

【例】美国 1984 年期刊的销售额高达 120 亿美元[1]。

⑤参考文献序号作为文句的组成部分时不作角码排印。

【例】谷氨酸-丙酮酸转氨酶(GPT)活性测定用比色法，粗酶液的提取参照吴良欢等[14]介绍的方法，比色测定参照参考文献[15]的方法。

(2)文后著录位置

以顺序编码制为例。

①普通图书　[序号]主要责任者. 书名：其他书名信息[文献类型标志/文献载体标志](任选). 其他责任者(任选). 版本(第 1 版不注). 出版地：出版者，出版年：引文页码[引用日期]. 获取和访问路径. 数字对象唯一标识符.

[1]常思敏. 科技论文写作指南[M]. 北京：中国农业出版社，2008：162-187.

②专著中析出的文献　[序号]析出文献主要责任者. 析出文献题名[文献类型标志/文献载体标志](任选). 析出文献其他责任者(任选)//专著主要责任者. 专著名：其他专著名信息. 版本(第 1 版不注). 出版地：出版者，出版年：析出文献页码[引用日期]，获取和访问路径，数字对象唯一标识符.

　　[1]程根伟.1998年长江洪水的成因和减灾对策[M]//许厚泽，赵其国.长江流域洪涝灾害与科技对策，北京：科学出版社，1999：32-36.

　　③会议录中析出文献　[序号]析出文献主要责任者，析出文献题名[文献类型标志/文献载体标志](任选)析出文献其他责任者(任选)//会议录主要责任者.会议录题名：其他题名信息，会议地址：会议名称，会议年份：析出文献页码[引用日期].获取和访问路径.数字对象唯一标识符.

　　[1]黎欢，颜志森.广东科技期刊论文写作中常见的语法错误辨析[C]//中国高校学术出版(V).济南：中国高校科技期刊研究会第16次年会论文集，2012：129-131.

　　④期刊　[序号]主要责任者.期刊中析出文献题名：其他题名信息[文献类型标志/文献载体标志](任选).期刊名：其他刊名信息，出版年，卷(期)：页码[引用日期]，获取和访问路径，数字对象唯一标识符.

　　[1]李晓东，张庆红，叶瑾琳.气候学研究的若干问题[J].北京大学学报(自然科学版)，1999，35(1)：101-106.

　　[2]李丙穆.理想的图书馆员和信息专家的素质与形象[J].图书情报工作，2002(2)：5-8.

　　[3] DESMARAIS D J, STRAUSS H, SUMMONS R E, et al. Carbon isotope evidence for the stepwise oxidation of the Proterozoie environment [J]. Nature, 1992, 359：605-609.

　　⑤报纸文献　[序号]主要责任者.题名[文献类型标志/文献载体标志](任选).报纸名，年-月-日(版次)[引用日期].获取和访问路径，数字对象唯一标识符.

　　[1]丁文祥.数字革命与竞争国际化[N].中国青年报，2000-11-20(15).

　　⑥其他连续出版物　[序号]主要责任者.题名：其他题名信息[文献类型标志/文献载体标志](任选年，卷(期)一年，卷(期).出版地：出版者，出版年[引用日期].获取和访问路径数字对象唯一标识符.

　　[1]中国图书馆学会.图书馆学通讯[J].1957(1)-1990(4).北京：北京图书馆，1957-1990.

　　⑦专利文献　[序号]专利申请者或所有者.专利题名：专利号[文献类型标志/文献载体标志](任选).公告日期或公开日期[引用日期].获取和访问路径，数字对象唯一标识符.

　　[1]姜锡洲.一种温热外敷药制备方案：8810567.3[P].1989-07-26.

　　⑧标准文献　[序号]主要起草责任者.标准名称：标准代号标准顺号发布年[文献类型标志文献载体标志](任选)[引用日期].获取和访问路径，数字对象唯一标识符.

　　[1]段明莲，白光武，陈浩元，等.信息与文献 参考文献著录规则：GB/T 7714—2015[S].

　　⑨学位论文　[序号]主要责任者.题名[文献类型标志/文献载体标志](任选).保存地：保存者，年份[引用日期].获取和访问路径，数字对象唯一标识符.

　　[1]张志祥.间断动力系统的随机扰动及其在守恒律方程中的应用[D].北京：北京大学数学学院，1998.

　　⑩报告　[序号]主要责任者.题名[文献类型标志/文献载体标志](任选).出版地：

出版者出版年：页次[引用日期]. 获取和访问路径. 数字对象唯一标识符.

[1]隋允康，王希诚.DDDU(2)程序原理和结构的简要说明[R]. 大连：大连工学院工程力学研究所，1984.

⑪中文古籍文献　[序号]主要责任者. 题名：其他题名信息[文献类型标志/文献载体标志](任选)其他责任者，版本. 出版地：出版者，保存地：保存者，出版年(其他纪年形式)[引用日期]. 获取和访问路径. 数字对象唯一标识符.

[1]王夫之. 宋论[M]. 刻本. 金陵：曾氏，1865(清同治四年).

⑫电子资源　非纸张型载体的电子资源(不包括电子专著、电子连续出版物、电子学位论文，电子专利)著录格式如下：[序号]主要责任者. 题名：其他题名信息[文献类型标志/文献载体标志](必备)(更新或修改日期)[引用日期]，获取和访问路径(必备)，数字对象唯一标识符(必备).

[1]萧钰. 出版业信息化迈入快车道[EB/OL].（2001-12-19）[2002-04-15].

[2] DEVERELL W, IGLER D. A companion to California history［M/OL］. NewYork：John Wiley&Sons，2013：21－22（2013－11－15）［2014－06－24］. http：//onlinelibrary，Wiley.

⑬其他类型文献　[序号]主要责任者. 题名[文献类型标志/文献载体标志](任选). 出版地：出版者，出版年.

7.2.13.4　参考文献表编制的两种方法

①顺序编码制　文献表中各篇文献要按它在正文中被引证的次序依次列出，以在正文中出现的先后次序号为序。

②"著者-出版年"制　文献表中各文献首先按文种集中，依次按中、日、西、俄等；然后按作者姓名拼音顺序和出版年排列。

其中以顺序编码制使用最多，但两种编码制都有其缺点，如都不能反映文献参考价值大小。顺序编码制在同一文献多次引用时不好处理(或机械顺序编码从而造成参考文献表中重复；或一次标注而打乱文中顺序)，而"著者—出版年"制标注复杂，不利于文中和表中对照。目前有采用变异的编排方式的，即按参考价值大小排列。

7.2.14　附录

附录是科技论文主体部分的补充项。应排在参考文献之后。附录包括以下5类内容：主要仪器设备技术性能；重要内部文献资料，及其他不便列入文献表的资料；代表性计算实例、重要公式推导、计算框图、计算程序等；一些实地照片，或者正文里图片太多可以考虑放到附录里；重要原始数据。

7.2.15　基金项目

在科技论文中标注基金项目是一项重要的学术规范，以明确研究成果的资金来源和支持机构，也体现了对资助机构的感谢和尊重。标注基金项目的方式和位置有一定的规范，学位论文基金项目信息一般在论文的封面或致谢部分提及，且可能包含对基金项目的简要介绍和资助情况的说明，但详细程度不一。期刊论文基金项目信息通常位于论文的首页底部，以简短的形式标注基金项目的名称和编号，较少包含详细介绍。

标注基金项目时要确保信息的准确性和一致性，遵循以下规范，以确保科技论文中的科研项目标注准确无误，既是对资助机构的尊重，也是对学术诚信的体现。

（1）标注的范围

标注的范围仅限于与项目计划书内容密切相关的研究成果。包括直接实现项目预期计划的研究成果，以及为实现计划所做的铺垫工作，如实验装置的研制与准备、数值模拟中的算法等。切忌在与研究计划不相干的论文中加标注，以免被视为学术不端行为。

（2）标注的时限

标注应限于在研究计划执行年限内完成或发表的相关研究成果。实践中的时限可以稍作延伸，例如，对于应在 2015—2017 年期间完成的项目，若在 2014 年年底之前已完成与项目计划相关的论文，投稿时就可以标上刚获资助的项目。

（3）标注的方式

标注的方式国内外有所不同。国内，常在论文的首页脚注中或附录加以标注；在国外发表的论文，需在末页附上。基金委只把加了标注的论文列为项目成果。

（4）标注的项数

一篇论文中标注的资助项目数不宜过多，一般 1 至 2 个，不超过 3 个。由于科研经费渠道增多，一些研究人员可能在一个课题上获得多个项目资助，但最好有所筛选，略去部分标注，以免给人留下不好的印象。

（5）标注的具体内容

基金项目标注需明确具体，例如，常为"国家自然科学基金资助项目＊＊＊＊＊＊＊＊（项目批准号）"，英文表述为"Project ＊＊＊＊＊＊＊＊ supported by National Natural Science Foundation of China"，可缩写为"Project ＊＊＊＊＊＊＊＊ supported by NSFC"。

7.2.16　作者简介

在完成学位论文时通常还要列出作者简介，主要包括作者的教育背景、研究方向、学术成就以及相关经历。这些信息对于理解论文的研究内容和质量具有重要意义，同时也反映了作者在学术界的地位和影响力，具体可参考表 7-1。

表 7-1　作者信息内容

姓名	研究方向	
承担或参加科研项目	1. 国家自然科学基金项目，杨树……，2016—2020 年，30 万元，主持人/参加 2. "十二五"农村领域国家科技计划课题，阔叶树速生丰产林……2015—2019 年，100 万元，主持人/参加	
获奖情况	2011 年，国家奖学金 2010 年，学校奖学金 2010 年，……	

(续)

授权专利	……
审定良种	……
获植物新品种权证书	……
科研成果鉴定	……
发表论文	……

7.3 科技报告写作

7.3.1 科技报告的写作特点

科技报告是科研项目调查、实验、研究的成果或进展情况的报告。通常用于描述科学研究、技术开发或技术评估的结果和发现,包括成功的经验和失败的教训,是科技文献信息的重要组成部分。科技报告出现于 20 世纪初,随后迅速发展,成为科技文献中的一大门类。科技报告的写作特点主要体现在以下几个方面。

7.3.1.1 专业性和准确性

科技报告要求作者具备深厚的专业知识,能够准确、清晰地传达复杂的技术信息和研究成果,其信息必须准确无误,包括数据、引用和结论。

例如,在科技报告中,对于林木良种的选育过程,需要详细描述种质资源的收集、评价、筛选及新品种培育等步骤,并准确展示选育成果,如新品种的主要性状表现、遗传稳定性及适应性等。

7.3.1.2 逻辑性和条理性

科技报告的内容通常按照研究背景、目的、方法、结果、讨论和结论等结构进行组织,其结构应该逻辑清晰,条理分明,便于读者理解和把握报告主旨。

例如,在撰写报告时,可以按照以下顺序进行:首先介绍研究背景和意义,明确研究目的;其次详细描述研究方法和技术路线;再次展示研究内容和结果,包括选育和培育技术的实施情况及效果分析;最后进行讨论和结论,评估技术的可行性和实用性,并提出改进建议。

7.3.1.3 数据支撑和实证分析

科技报告注重数据支撑和实证分析,通过收集、整理和分析大量的实验数据或实地调查数据,来支持研究结论和建议。

例如,在报告中,可以运用统计学方法对试验数据进行处理和分析,如使用 SPSS 软件计算不同处理对林木生长的影响及显著性水平,并通过图表形式直观展示数据分析结果。

7.3.1.4 客观性和严谨性

科技报告需要保持客观性和严谨性,避免主观臆断和夸大其词,应基于事实和数据,避免主观意见和个人情感的干扰，确保研究结果的可靠性和科学性。

例如，在报告中，对于存在的问题和不足之处，需要客观地指出，并提出合理的改进建议，而不是回避或掩盖问题。

综上所述，科技报告的写作特点体现了其作为科技文体的一种，既具有科技文体的共性特征，又结合了涉及领域的专业性和实践性。在撰写科技报告时，应充分考虑这些特点，以增强报告的说服力和实用性。

7.3.2　常用科技报告类文体编写格式

科技报告类文体是一种常见的书面交流形式，用于传达信息、分析问题、提出建议或总结研究成果。以下是常用科技报告类文体的编写格式。

7.3.2.1　封面

封面主要包括报告名称、支持渠道、编制单位、编制时间、报告类型和提交日期，如图 7-1 所示。

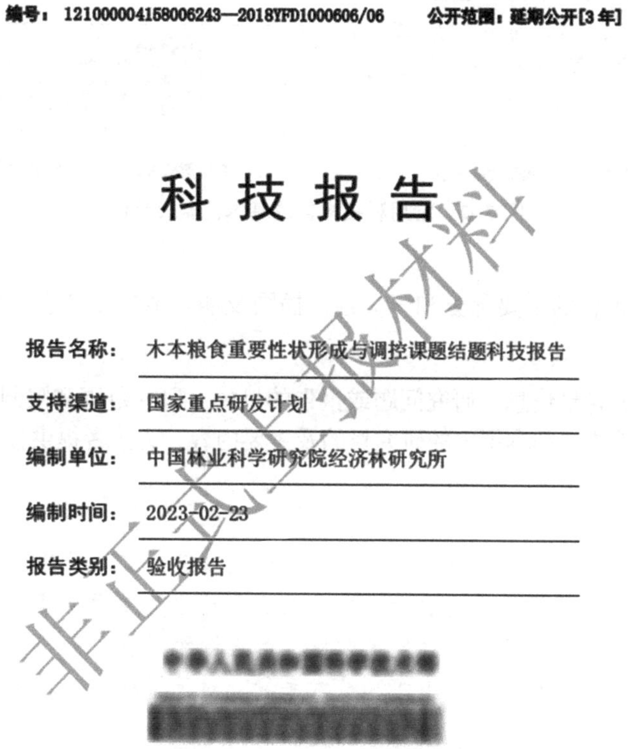

图 7-1　常用科技报告的封皮示例

7.3.2.2　科技报告基本信息表

科技报告基本信息表主要包括报告名称、报告作者及单位、公开范围、摘要、关键词、项目信息等，如图 7-2 所示。

molecular regulatory network was established, and one regulatory mechanism for late flowering character formation was revealed. One gene for determining sweet/bitter traits and two genes for regulating fatty acid synthesis related to apricot quality were excavated, and the formation mechanism of sweet/bitter traits and fatty acid synthesis mechanism of apricot kernel were revealed. (3) A male flower control technique for monoecious persimmon was developed; A prevention and control technique of persimmon fruit top rot was developed. A technology of frost resistance control of apricot in flowering period was developed. Five regulatory mechanisms were well elucidated, 15 genes were mined, and 4 technologies were developed.

科技报告基本信息表

	中文：木本粮食重要性状形成与调控课题结题科技报告
1.报告名称	英文：Science and Technology Report on the conclusion of the Formation and regulation of important characters of woody grain

序号	报告作者	报告作者英文	所在单位	所在单位英文
1	傅建敏	Jianmin Fu	中国林业科学研究院经济林研究所	Research Institute of Non-timber Forestry, Chinese Academy of Forestry
2	孙鹏	Peng Sun	中国林业科学研究院经济林研究所	Research Institute of Non-timber Forestry, Chinese Academy of Forestry
3	王琳	Lin Wang	中国林业科学研究院经济林研究所	Research Institute of Non-timber Forestry, Chinese Academy of Forestry

2.报告作者及单位

8.关键词	中文：柿；仁用杏；花发育；果实发育；产量品质；关键基因；调控机制；遗传转化
	英文：Persimmon；Kernel-apricot；Flower development；Fruit development；Yield and quality；Key genes；Regulatory mechanism；Genetic transformation

9.课题信息

课题名称	木本粮食重要性状形成与调控		
主管部门	科学技术部	计划名称	国家重点研发计划
课题编号	2018YFD1000606	计划领域（专项）	主要经济作物优质高产与产业提质增效科技创新
第一承担单位	中国林业科学研究院经济林研究所	组织机构代码/统一社会信用代码	121000004158006243
单位类型	科研机构	单位所在省	河南省
合作单位	中国林业科学研究院亚热带林业研究所；中南林业科技大学；华中农业大学；辽宁省果树科学研究所；内蒙古农业大学；中国林业科学研究院林业研究所；北京市林业果树科学研究所；沈阳农业大学		
总经费	733.00	国拨经费	733.00
省拨经费	0	地方财政经费	0
自筹经费	0	课题负责人	傅建敏
起始年月	2018-01	截止年月	2022-12
项目编号	2018YFD1000600	项目名称	特色经济林重要性状形成与调控
项目承担单位	浙江农林大学	项目负责人	黄坚钦

10.联系人

姓名	孙鹏	E-Mail	ptsunpeng@caf.ac.cn
单位	中国林业科学研究院经济林研究所	电话	18037577593

3.公开范围及延期公开	延期公开 3年 延期公开原因：报告中部分内容尚未发表。
4.编制时间	2023-02-23
5.报告编号	121000004158006243--2018YFD1000606/06
6.备注	
7.摘要	中文：针对我国柿、仁用杏产量不高、品质不稳的问题，围绕其产量和品质形成的重要性状，揭示了柿花性别分化、仁用杏早/晚花等花发育性状的形成与调控机制；阐明了柿甜/涩风味、杏种仁甜/苦等果实和种仁发育性状的形成和调控机制；建立了柿属植物高效稳定遗传转化和瞬时转化技术体系；研发了柿主栽品种雌雄花比例调控技术、柿果顶腐病综合防治技

第5页/共216页　　　第3页/共216页

图 7-2　常用科技报告的基本信息表示例

7.3.2.3　目录

目录主要包括报告的主要部分和子标题，插图及插表清单以及它们在文档中的页码。

7.3.2.4　引言

引言包括报告的背景信息、研究问题或报告的目的、研究范围和限制。此部分简明扼要地阐述科技研究的重要性和本报告的研究目的及主要内容，为读者提供报告的背景和概述。

示例

1. 引言

在当今社会，林业作为生态环境建设的重要组成部分，其可持续发展对于维护生态平衡、促进经济社会可持续发展具有重大意义。然而，林业发展面临着诸多挑战，如种质资源匮乏、林木生长周期长、病虫害频发等问题，严重制约了林业的快速发展。因此，开展林业科技研究，探索新的林业发展模式和技术手段，对于推动林业现代化进程具有至关重要的作用。

本研究旨在通过选育林木良种、优化栽培技术、研发病虫害防治新技术等手段，为解决林业发展面临的瓶颈问题提供科技支撑。本报告将详细介绍我们在这一领域的研究成果，包括新品种的选育过程、栽培技术的优化方案以及病虫害防治新技术的研发进展等，以期为林业科技工作者和相关部门提供参考和借鉴。

7.3.2.5　方法

方法是描述研究或报告的方法论，主要包括研究设计、数据收集和分析方法等。

示例

2. 方法

本研究采用了多种科学方法来确保研究的准确性和有效性。以下是本研究主要使用的方法:

(1)种质资源收集与评估

在全国范围内广泛收集不同地理种源的林木种质资源。对收集的种质资源进行生长性状、适应性、抗逆性等指标的评估。

(2)新品种选育

基于评估结果,选择优良单株进行杂交育种,采用人工控制授粉技术。对杂交后代进行多代选育,筛选出具有优良遗传性状的新品种。

(3)栽培技术优化

设计不同的栽培模式,包括密度、施肥量、灌溉方式等。在试验林地进行栽培试验,记录并分析不同栽培模式对林木生长的影响。

(4)病虫害防治技术研究

调查林木病虫害发生情况,鉴定主要病虫害种类。研发并试验新的生物防治、化学防治和物理防治技术。

(5)数据分析

使用 SPSS 等统计软件对收集的数据进行方差分析、相关性分析等。根据分析结果,评估不同处理对林木生长和病虫害防治效果的影响。

本研究通过综合运用上述方法,系统地开展了林业科技研究,以期为解决林业发展面临的瓶颈问题提供科学依据和技术支撑。

7.3.2.6　结果

结果主要展示研究或调查的数据和发现,并使用图表、表格和图形来辅助说明。

示例(图 7-3)

3. 结果

3.1　西伯利亚杏晚花形成关键时期

利用石蜡切片技术观察早晚花芽分化过程,将其花芽分化进程分为 10 个时期,其中前 6 个时期为花芽分化阶段,后 4 个时期为雌雄蕊后继发育阶段。通过形态组织学分析比较晚花型和普通花型花的仁用杏的花芽分化进程,确立晚花型仁用杏花芽分化时间为 7 月 13 日左右,普通花型仁用杏花芽分化时间为 7 月 5 日左右,两者分化开始时间不同,且晚花型仁用杏的整个分化进程(从分化初期至雌蕊分化期)均较普通花型晚 7 至 10 天。通过形态组织学分析观察晚花型和普通花型花的仁用杏的花芽石蜡切片,确立晚花型和普通花型仁用杏花的内休眠时长一样,均为 11 月上旬至翌年 1 月初。但由于晚花型仁用杏的分化进程推迟,其整个发育过程均推迟。因此,休眠解除后,晚花型仁用杏需发育更长时间才至开花。因此,仁用杏晚花形成的关键时期为花芽诱导的分化初期。

7.3.2.7　结论

总结研究的主要发现,强调研究的重要性和影响,提出未来研究的方向或建议。

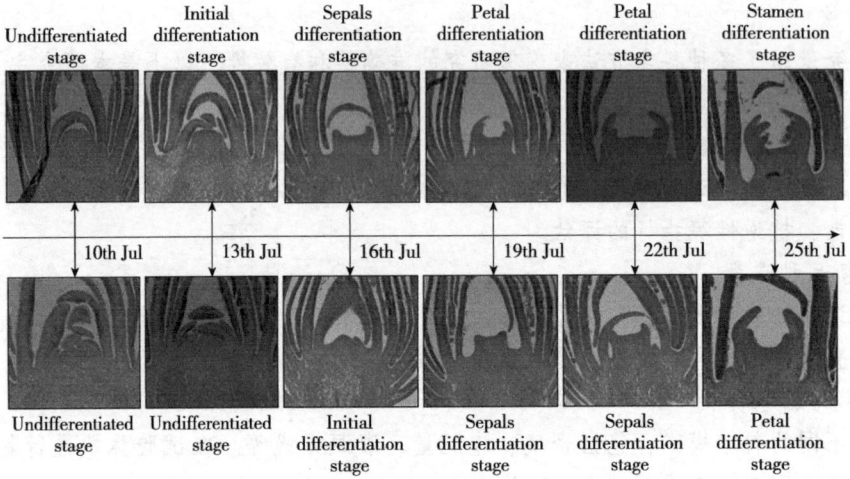

图7-3 早晚花花芽分化进程比较

注：上面为早花，下面为晚花，从左到右，早花对应的阶段依次为未分化阶段、初始分化阶段、萼片分化阶段、花瓣分化阶段、花瓣分化阶段和雄蕊分化阶段；晚花对应的阶段依次为未分化阶段、未分化阶段、初始分化阶段、萼片分化阶段、萼片分化阶段和花瓣分化阶段。

示例

4. 结论

本研究针对林业发展面临的挑战，通过系统的实验和数据分析，得出以下主要结论。

(1)种质资源与新品种选育

成功收集了丰富的林木种质资源，并筛选出具有优良性状的种质。基于这些种质，通过杂交育种和多代选育，成功培育出两个生长速度快、适应性强的新品种，为林业生产提供了优质的遗传材料。

(2)栽培技术优化

通过试验不同的栽培模式，发现合理密植和适量施肥对林木生长有显著的促进作用。优化后的栽培模式提高了林木的生长速度和质量，为林业的可持续经营提供了技术支撑。

(3)病虫害防治技术

针对主要病虫害，研发了有效的生物防治和化学防治技术。这些技术的综合应用显著降低了病虫害的发生率，保障了林木的健康生长，减少了因病虫害导致的经济损失。

(4)综合效益评估

新品种的选育、栽培技术的优化以及病虫害防治技术的应用，共同提高了林业的生产效益和生态效益。这些科技成果的推广和应用，有望为林业的可持续发展作出重要贡献。

综上所述，本研究通过系统的林业科技研究，取得了显著的成果。这些成果不仅为林业生产提供了优质的遗传材料和技术支撑，还为林业的可持续发展奠定了坚实的基础。未来，应进一步加大林业科技研发的投入，推动科技成果转化和应用，以实现林业的更高质量发展。

7.3.2.8　参考文献

参考文献部分要列出报告中引用的所有文献，按照特定的引用格式，具体要求见 7.2.13 参考文献。

7.3.2.9　附录

附录部分可提供额外的、对理解报告有帮助但不是主要内容的资料，如原始数据、详细的方法描述、相关证明材料等。

7.3.3　常见科技报告写作案例

科技报告的写作通常遵循科技报告的一般特点，但会特别关注某一领域的科学研究和技术应用。以下是一个简化的林业科技报告示例框架，旨在展示其基本结构和内容要点。

示例

标题：××市林木良种选育与高效培育技术研究报告

一、引言

1. 研究背景：介绍当前林业发展的重要性、面临的挑战以及本项目研究的意义。例如，随着社会对生态环境要求的提高和木材需求的增加，林木良种选育和高效培育技术成为推动林业可持续发展的重要手段。

2. 研究目的与意义：明确本研究旨在通过林木良种选育和高效培育技术的研发与应用，提高林木生长速度、抗逆性和木材质量，为林业生产提供科技支撑。

二、研究方法

(1) 试验设计：描述试验地点、试验材料(如思茅松、西南桦等)、试验规模、试验周期等。

范文：

①样地设置　将试验样地划分为若干个小区，每个小区面积相等，确保试验条件的一致性。在每个小区内随机选择一定数量的林木作为试验对象，记录其初始生长状态。

②因素设定　例如，光照条件：通过调整遮阳网或人工光源，设置不同的光照强度，研究光照对林木生长的影响。水分条件：通过灌溉量的控制，设置不同的土壤湿度水平，研究水分对林木生长的影响。土壤养分：在试验小区内施加不同种类和量的肥料，研究土壤养分对林木生长的影响。修剪管理：通过对部分林木进行不同程度的修剪，研究修剪对林木生长和形态的影响。

③数据收集　定期测量林木的生长指标，包括直径、高度、树冠宽度等。使用光合作用测定仪测量林木的光合速率，评估其生长潜力。收集土壤样本，测定土壤湿度、pH 值、养分含量等环境参数。

④试验周期　本试验预计持续两年，每年进行 4 次数据收集，分别在春、夏、秋、冬四季进行。

(2)技术路线(图7-4):

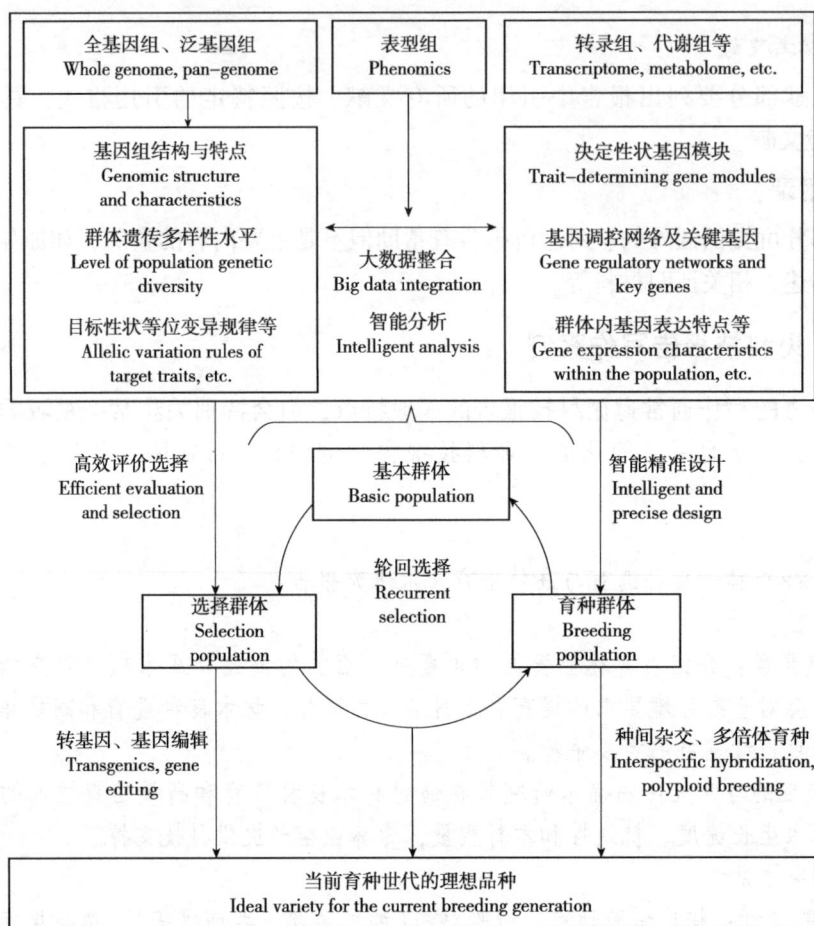

图7-4　技术路线

引自：康向阳. 论林木常规育种与非常规育种及其关系[J]. 北京林业大学学报，2023，45(6)：1-7.

三、研究内容与结果

(1)林木良种选育：描述选育过程，包括种质资源收集、评价、筛选及新品种培育等。展示选育成果，如新品种的主要性状表现、遗传稳定性及适应性等。

(2)高效培育技术：介绍施肥、灌溉、修剪、病虫害防治等关键培育技术的实施情况。分析技术效果，如林木生长量、木材质量及经济效益等指标的变化。

(3)数据分析：运用统计学方法(如 SPSS 软件)对试验数据进行处理和分析，探讨不同处理对林木生长的影响及显著性水平。

四、讨论

(1)技术可行性分析：评估选育与培育技术的可行性、实用性和推广价值。

(2)存在问题与改进建议：指出研究过程中遇到的问题及可能的原因，提出改进建议。

五、结论与展望

(1)研究结论：总结研究成果，明确林木良种选育与高效培育技术的效果及贡献。

(2)未来展望：提出后续研究方向和计划，如进一步优化选育与培育技术、扩大试验规模及推广应用等。

六、参考文献

列出报告撰写过程中引用的所有文献资料。

注意，以上仅为一个简化的示例框架，实际科技报告的内容会更加详细和具体。此外，不同类型的科技报告(如项目结题报告、专题研究报告等)在结构和内容上可能会有所差异。

7.3.4　项目编制说明的写作内容

项目编制说明是项目文档的重要组成部分，它详细描述了项目的背景、目标、研究内容、研究基础、进度安排、组织实施和保障措施及风险分析等方面。

①背景调研　描述项目的背景，包括市场调研、需求分析和项目的起源，国内外总体研究情况和水平、最新进展和发展前景。

②明确项目目标　清晰地定义项目的目的和预期成果。

③研究内容　拟解决的关键科学问题、关键技术问题，针对这些问题拟开展的主要研究内容，针对项目研究拟解决的问题采用的方法、原理、机理、算法、模型等。

④研究基础　已有工作基础、研究成果、研究队伍相关科研条件支撑状况等相关基础。

⑤进度安排　包括项目主要研究任务的研发进度、年度及重点节点安排、中期目标等。多采用甘特图等图表细化描述。

⑥组织实施　项目的运行管理，财务管理。

⑦保障措施　项目实施的政策、组织和资源支撑条件，知识产权对策、成果管理及合作权益分配。

⑧风险分析　从技术风险、市场风险、政策风险等方面分析项目实施可能面临的风险并提出对策。

示例

林业生态修复项目编制说明

一、项目背景

近年来，由于自然和人为因素，某地区的林业资源遭受严重破坏，生态环境恶化，生物多样性减少。为了改善这一状况，我们计划实施林业生态修复项目。

二、项目目标

本项目的目标是恢复受损的林业资源，改善生态环境，提高生物多样性，同时促进当地社区的可持续发展。

三、项目内容

林业资源调查：对受损区域进行详细的林业资源调查，包括树种、林龄、林分结构等。

生态修复方案制定：根据调查结果，制定有针对性的生态修复方案，包括补植补造、封山育林、病虫害防治等。

实施生态修复：按照方案进行生态修复工作，包括补植补造、抚育管理、病虫害防治等。

效益监测与评估：对项目实施后的生态效益进行监测与评估，包括林木生长情况、生物多样性变化等。

四、实施步骤

准备阶段：组建项目团队，进行项目策划和资金筹集。

调查阶段：进行林业资源调查，制定生态修复方案。

实施阶段：按照方案进行生态修复工作。

监测评估阶段：对项目实施后的生态效益进行监测与评估。

五、组织实施

成立项目管理小组，负责项目的整体规划、执行、监控和评估。设立技术团队，负责造林技术的设计、指导和实施。建立财务与后勤支持团队，确保项目资金的合理使用和物资供应。制定详细的时间表，包括各阶段开始和结束的时间节点，确保项目按时完成。

六、保障措施

(1)政策与法规保障

项目符合国家和地方的林业政策、法规。

(2)资金保障

设立专项资金账户，确保项目资金的专款专用。定期进行财务审计，确保资金使用的透明度和合规性。

(3)技术与培训保障

提供必要的技术培训，确保项目团队和技术人员具备实施项目所需的专业技能。引入外部专家进行技术指导，确保造林技术的科学性和有效性。

七、风险分析

(1)自然风险

气候变化可能影响造林成活率和生长速度。自然灾害(如火灾、病虫害)可能对造林成果造成破坏。

(2)技术风险

造林技术不当可能导致林木生长不良或死亡。缺乏足够的技术支持可能影响项目的实施效果。

(3)资金风险

资金筹集不足或管理不善可能导致项目中断或延误。

(4)社会风险

当地社区对项目的抵触或不支持可能影响项目的顺利实施。土地使用权争议可能导致造林地点的不确定性。

(5)应对措施

制定应对自然灾害的应急预案，加强病虫害防治。引入外部技术支持，加强技术培训，确保造林技术的科学性。设立专项资金管理机制，确保资金的稳定投入和合规使用。

加强与当地社区的沟通与合作，解决土地使用权争议，提高社区参与度。

八、预期效益

通过本项目的实施，预计可以恢复受损的林业资源，提高生物多样性，改善生态环境。同时，项目的实施还将促进当地社区的可持续发展，提高居民的生活质量。

7.3.5 项目总结报告的写作技巧

项目总结报告着重从组织实施角度，围绕项目任务书的内容，报告项目完成情况及取得的重要进展，主要包括项目的总体目标及考核指标实现程度、组织实施及管理运行情况、人员、资金等支撑条件落实情况等。以下是项目总结报告的具体写作内容及写作技巧的详细介绍。

7.3.5.1 本年度总体进展情况

主要包括项目的指标及考核指标完成情况。例如，本年度，项目按照既定的研究计划和目标顺利推进。项目团队克服了种种困难，确保了研究工作的连续性和有效性。通过实地调查、实验室分析以及数据分析与建模，对研究区域的林业资源有了更为深入的了解，并在生态技术研究和经济效益分析方面取得了显著进展。

7.3.5.2 项目年度人员及经费投入使用情况

主要包括项目资金到位、支出情况和经费使用监督管理情况、人员投入情况等。例如，人员情况：本年度项目团队保持稳定，核心研究人员积极参与，确保了项目的顺利进行。同时，我们也聘请了一些外部专家进行咨询和指导，为项目的深入研究提供了有力支持。经费使用情况：本年度项目经费得到了合理使用。主要用于实地调查、实验室设备购置与运行、数据分析以及人员差旅和会议等方面。我们严格按照预算进行开支，确保了经费的有效利用。

7.3.5.3 项目组织实施管理工作

主要包括项目组织管理情况、项目间协作情况和组织实施风险及应对情况。例如，在项目组织实施管理方面，我们注重团队协作和沟通，定期召开项目进展会议，及时解决问题和调整研究计划。同时，我们也加强了项目文档的管理和归档工作，确保了项目数据的完整性和可追溯性。此外，我们还积极与相关部门和机构进行合作与交流，推动了项目的顺利实施。

7.3.5.4 项目取得的重要进展及成果

围绕项目目标介绍项目研究工作的重要进展及应用前景；阐明人才、专利、技术标准在项目中的实现情况、对学科/行业产生的重要影响以及研究成果合作交流、转移转化和示范推广情况等。示例如下。

重要进展：①完成了对研究区域林业资源的全面调查，掌握了翔实的林业资源数据。②在林业生态技术研究方面取得了突破，研发出了适合该区域的生态技术。③进行了深入的经济效益分析，为林业的可持续发展提供了经济支撑。

成果：①发表了 12 篇高质量的科研论文，提升了项目团队在林业科研领域的影响力。②研发出的林业生态技术得到了相关部门的认可和推广应用。③为研究区域的林业发展规划提供了科学依据和技术支持。

综上所述，本年度项目取得了显著的进展和成果。未来，将继续深化研究工作，推动林业科研事业的发展，为林业的可持续发展贡献更大的力量。

思考题

1. 科技论文的核心结构包括哪些部分？各部分需规避哪些常见错误？
2. 如何优化标题与摘要以提高检索率？
3. 科技论文与科技报告的主要区别是什么？
4. 科技报告的前置部分需包含哪些内容？

第8章 期刊论文的投稿及发表

【本章提要】

本章介绍了期刊论文的投稿及发表过程中期刊的选择方法、投稿前的准备及注意事项，讲述了投稿信、催稿信、回复信、延时修回申请信、作者顺序更改信、感谢信等的写作技巧和方法，以期为研究生期刊论文的质量提升及顺利发表提供参考。

期刊论文经历了选题、实验设计、材料准备、研究过程、数据分析、图表处理、论文撰写和修改后，投稿及后期的修改也是至关重要的一步。期刊论文的投稿是研究生学习阶段需要掌握的技能，在投稿甚至撰写论文前就要了解期刊类别、投稿周期、投稿途径、投稿技巧等，进而为科研成果的顺利发表做好准备。中文期刊论文的投稿相对较简单，而英文期刊论文的投稿相对复杂，如果对投稿过程不了解，会浪费大量的时间和精力去反复投稿，影响论文的正常发表。因此，学习本章内容对于研究生的期刊论文投稿及发表效率的提升具有重要意义。

8.1 学术期刊的选择

选择适宜的学术期刊投稿对科研成果今后的推广和引用具有重要意义，它直接影响到研究成果的传播、应用以及作者的学术声誉，级别高且业内公认的期刊越容易得到科研人员的阅读、引用和推广，发挥更大的经济效益；但在选择投稿期刊时，应根据投稿论文的研究方向、研究内容和撰写质量等情况再确定具体投稿期刊。

8.1.1 学术期刊的选择策略和建议

（1）了解期刊的特色与影响力

在筛选投稿期刊时，首先应了解期刊的特色和影响力，包括期刊的影响因子、SCI（Science Citation Index）收录状态、学科内的排名、国际声誉以及读者群体等；其次应基于其研究领域和论文主题，选择具备较高学术影响力和知名度的期刊，以提升论文的学术认可度和影响力。目前，关于期刊影响力可根据其数据库类型判断，主要分为国际核心期刊和国内核心期刊，具体分类如下：

①国际核心期刊 分为 SCI、SSCI、EI 和 ISTP。

SCI（Science Citation Index）《科学引文索引》，创刊于 1961 年，由美国科学信息研究所（ISI）创建并出版，收录了涉及数、理、化、农、林、医、生物等理工基础科学研究领域的期刊，其收录的文献能全面覆盖全世界最重要和最有影响力的研究成果。

SSCI（Social Sciences Citation Index）《社会科学引文索引》，是 SCI 的姊妹篇，收录经济、法律、管理、心理学、区域研究、社会学、信息科学等 55 个学科领域的 3000 多种人文社会科学类的权威学术期刊论文。

EI(The Engineering Index)《工程索引》，创刊于 1884 年，是著名的工程技术类综合性检索工具。范围比 SCI 更大一些，EI 期刊和 SCI 期刊也是有一些交叉的。发表 EI 论文相比 SCI 论文要容易一些，国内一些中文期刊也被 EI 收录，如《林业科学》，但《林业科学》未被 SCI 收录。

ISTP(Index to Scientific & Technical Proceedings)《科技会议录索引》，由 ISI 出版，1978 年创刊，主要收录报道世界上每年召开的科技会议的会议论文，可快速有效地查找某个会议的主要议题和内容。

②国内核心期刊 主要分为北京大学图书馆"中文核心期刊"、南京大学"中文社会科学引文索引来源期刊"和中国科学引文数据库。

北京大学图书馆"中文核心期刊"又称北大核心，是北京大学图书馆联合众多学术界权威专家鉴定，国内几所大学的图书馆根据期刊的引文率、转载率、文摘率等指标确定的。每 3 年或 4 年评选一次，是国内最早的核心期刊目录，是除南大核心和中国科学引文数据库以外学术影响力最权威的一种，在学术界和科研评价中具有较高的认可度，涵盖了自然科学、工程技术、社会科学、人文科学等多个领域。

南京大学"中文社会科学引文索引来源期刊"(Chinese Social Science Citation Index，CSSCI)，简称 C 刊或南大核心，由南京大学中国社会科学研究评价中心开发研制而成，是我国人文社会科学领域的重要检索工具和核心期刊目录。它采用定量与定性相结合的方法，从全国 2700 余种中文人文社会科学学术性期刊中精选出学术性强、编辑规范的期刊作为来源期刊，每两年评选一次，主要收录社会或自然科学领域的期刊。

中国科学引文数据库(Chinese Science Citation Database，CSCD)创建于 1989 年，收录我国数学、物理、化学、天文学、地学、生物学、农林科学、医药卫生、工程技术、环境科学和管理科学等领域出版的中英文科技核心期刊和优秀期刊千余种。CSCD 是 SCI 平台上第一个非英文语种的数据库，数据库内容丰富、结构科学、数据准确，具有较高的学术影响力。

这些核心期刊评价体系和收录范围各有侧重，但在学术界都具有较高的认可度和影响力。选择适合自己研究方向的期刊进行发表，可以有效提升学术成果的权威性和影响力。

在发表国际、国内核心期刊论文时，也会涉及一些专业名词，例如：

影响因子(Impact factors，IF)：是国际上通行的期刊评价指标，通常期刊的影响因子越大，它的学术影响力和作用也越大。IF=(期刊前 2 年发表论文在该年的被引用次数)/(该刊前 2 年发表论文总数)。

自引率：指该期刊全部被引用次数中，被该刊本身引用次数所占的比例。自引率=(被本刊引用的次数)/(期刊被引用的总次数)。

他引率：指该期刊全部被引用次数中，被其他刊引用次数所占的比例。他引率=(被其他刊引用的次数)/(期刊被引用的总次数)。

由此可见，国际、国内核心刊物较多，作者可结合自己的情况选择相应的期刊；国际、国内核心期刊论文发表难度也较大，审稿周期相对较长，建议作者提前做好发表的准备。

（2）明晰期刊的发表标准与审稿流程

在选定期刊的过程中，仔细研究期刊的发表标准和审稿流程是不可或缺的一环。由于不同期刊的要求和流程各异，作者应详细了解并遵守期刊的规定，确保论文满足其发表要求，从而提高论文的接收率和通过率。

（3）探寻相关研究领域的期刊

为了找到最适合自己投稿的期刊，作者应探寻与自己研究方向和主题相近的期刊。通过文献检索、学术交流和专业论坛等途径，作者可以了解这些期刊的发表要求、审稿流程和学术影响力等信息，为选择合适的期刊提供有力支持。

（4）考虑个人发表需求与目标

在选择期刊时，作者还需考虑个人的发表需求与目标。这包括个人的学术水平、研究方向和职业发展规划等因素。选择符合个人发表需求和目标的期刊，将有助于提升作者的学术影响力和职业发展。

（5）合理利用选刊工具

Journal Finder 和 Jane 等选刊工具可以根据论文摘要或关键词等信息，快速从数据库中智能检索和匹配，为使用者推荐符合需求的期刊。这些工具可提供期刊的详细信息，如影响因子、审稿周期和开放获取政策等相关信息，帮助作者更好地了解期刊特点。

（6）考虑期刊其他因素

如审稿速度、录用率、读者群体、可见度、版面费、版权政策等，这些因素都会影响论文的传播范围和影响力，以及作者的发表成本。

此外，考虑期刊的审稿时间和要求也是必要的。了解期刊的审稿周期和具体要求，如写作格式、引用格式、字数限制等，有助于合理安排研究进度和投稿时间，确保论文能够顺利通过审稿。还可以向学长学姐或导师咨询发表论文时选择期刊的经验和技巧，获取宝贵的参考建议和启示。

8.1.2　权威林业学术期刊

以下是广泛认可的林业学术期刊，适合不同需求的研究者投稿。

8.1.2.1　中文权威林业学术期刊

（1）《林业科学》

创刊于 1955 年，由中国科学技术协会主管，中国林学会主办。主要刊登森林培育、森林生态、林木遗传育种、森林保护等多方面的文章，设有学术论文、研究报告等多个栏目。作为中国林学会主办的权威刊物，《林业科学》是众多林业科研人员关注和投稿的重要平台。在国内林业科研界具有极高的地位，代表了我国林业科学研究的前沿水平。被 EI、Scopus 等众多国际知名数据库收录，在国际上也有一定的影响力，能够吸引国际上林业领域的优秀研究成果。曾多次获得国家期刊奖等重要荣誉，是中科双奖期刊。

(2)《北京林业大学学报》

创刊于 1979 年，由教育部主管、北京林业大学主办，国内外公开发行。《北京林业大学学报》是中国精品科技期刊、F5000 顶尖学术论文来源期刊、中国科技核心期刊、中文核心期刊、中国科学引文数据库统计源期刊、中国科技论文统计源期刊。《北京林业大学学报》是国内各类核心期刊检索数据库以及国外 Scopus 数据库等来源期刊，也是 300 多种中国精品科技期刊之一。2022 年，JCR（Journal Citation Report）影响因子 4.274，世界主要林学期刊排名第 8 位，在国际出版平台开放获取出版。在国内林业学术期刊中影响力长期处在前列，对推动我国林业学科发展和人才培养发挥着重要作用。

(3)《中南林业科技大学学报》

创刊于 1981 年，由湖南省教育厅主管，中南林业科技大学主办。主要刊登林学、植物学、生态学、木材学等方面的学术论文、研究报告等。《中南林业科技大学学报》是中国科技核心期刊、中国中文核心期刊。据 2024 年 9 月中国科学技术信息研究所数据，在"2023 年林学类期刊"中核心影响因子排第 1 位，综合评价排名第 1；在"2023 年农业大学学报类期刊"中核心被引频次排第 2 位，核心影响因子排第 1 位，综合评价总分排第 3 位。2025 年被国际知名数据库 EBSCO 收录，提升了其国际影响力。

(4)《世界林业研究》

创刊于 1988 年，由国家林业和草原局主管，中国林科院林业科技信息研究所主办。主要报道世界各国林业的发展道路、政策法规等内容，设有"综合述评""各国林业"等栏目。《世界林业研究》为 CSCD 中国科学引文数据库来源期刊，在国际林业研究领域有一定的知名度，能够及时反映全球林业研究的最新动态和趋势，为国内林业科研人员了解国际林业发展提供了重要窗口，促进了国际间林业学术交流与合作。2001 年入选"中国期刊方阵"，被评为"双效期刊"。

(5)《林业与环境科学》

创刊于 1985 年，由广东省林学会、广东省林业科学研究院主办，为双月刊。主要关注林业与环境科学领域的最新研究成果，涵盖森林培育、生态修复、环境监测等方面内容。《林业与环境科学》是省级期刊，被知网、维普、万方、JST 等数据库收录。在林业与环境科学交叉领域有一定影响力，是该领域科研成果传播和交流的重要平台，为推动地方和国内林业与环境科学的发展和繁荣作出了积极贡献。

8.1.2.2　英文权威林业学术期刊

(1) *TreePhysiology*

Oxford University Press 出版，以树木生理学研究为重点，专注于树木生长、营养、水分吸收和转运等方面，发表实验和理论研究、综述和评论文章。*Tree Physiology* 最新影响因子为 3.5，CiteScore 指数为 7.11。在 JCR 分区中，学科 FORESTRY 为 Q1。已被国际权威数据库 SCIE 收录，在树木生理学领域处于领先地位，在推动树木生理学的发展、为林业生产和生态保护提供理论依据等方面发挥着重要作用。

（2）*Agricultural and Forest Meteorology*

创刊于 1964 年，由 Elsevier 出版商出版，聚焦农林科学、林学和气象与大气科学的交叉领域，主要刊载气象学与气候学在农业和林业生产中应用方面的研究论文和综述。*Agricultural and Forest Meteorology* 最新影响因子为 5.6，CiteScore 指数值为 10.3，在农林科学领域具有重要地位，被国际重要权威数据库 SCIE 收录。其发表的研究成果对指导农业和林业生产实践、应对气候变化等具有重要意义，能为相关领域的科研人员和从业者提供重要的理论支持和实践指导，在国际上有很高的知名度和影响力。

（3）*Forest Ecology and Management*

国际性的林业与生态学期刊。主张将森林生态学与森林管理联系起来，重点关注生物、生态和社会知识在人工林和天然林的管理和保护中的应用。*Forest Ecology and Management* 最新影响因子为 3.7，在 JCR 分区中为 Q1，中国科学院 SCI 分区为农林科学 2 区。年文章数为 545 篇，有一定的发文量。在林业与生态学领域具有广泛的影响力，是该领域科研人员交流的重要平台，其研究成果对全球森林生态系统的管理和保护具有重要的指导作用。

（4）*Forests*

2010 年由 MDPI 出版，是开放获取期刊。内容涵盖林业、森林生态学、树木生物学、森林管理和保护等多个领域，发表原创研究论文、评论和研究简报。*Forests* 最新影响因子为 2.4，CiteScore 为 3.3，在中国科学院 SCI 分区（2022 年 12 月最新升级版）中为农林科学 2 区。为林业领域的研究提供了一个广泛的交流平台，促进了全球林业科研成果的传播和共享。

这些期刊不仅在国内具有较高的影响力，其中一些也在国际上享有盛誉，能够为林业领域的研究者提供一个广阔的交流平台，促进国际间的学术交流与合作。选择合适的期刊对于研究成果的传播和影响力的扩大具有重要意义。

8.2　期刊收稿方向

期刊的收稿方向是指期刊主要接受的学术研究领域或主题。期刊的收稿方向广泛多样，涵盖多个学科领域，包括但不限于林学、作物、园艺植物、分子生物学、基因组学、种苗、造林等。这些领域涵盖了从基础科学研究到应用技术发展的广泛内容，旨在推动科技进步和创新发展。

例如，《林业科学》主要收稿方向为森林培育、森林生态、林木遗传育种、森林保护、森林经理、森林与生态环境、生物多样性保护、野生动植物保护与利用、园林植物与观赏园艺、经济林、水土保持与荒漠化治理、林业可持续发展、森林工程、木材科学与技术、林产化学加工工程、林业经济及林业宏观决策研究等方面的文章。常设有学术论文、研究报告、综合评述、研究简报、科技动态、新品种报道等栏目。读者对象为国内外从事林业各个领域研究的科技人员、林业管理干部以及高等院校的师生。

此外，还有一些期刊，如《园艺学报》主要刊载有关果树、蔬菜、观赏植物、茶及药用植物等方面的学术论文、研究报告、专题文献综述、问题与讨论、新技术、新品种以及研究动态与信息等，适合园艺和林学专业人员投稿。该期刊为中国园艺学会和中国农业科学院蔬菜花卉研究所主办的学术刊物，被中国科学引文数据库来源期刊、中国核心期刊(遴选)数据库收录，是北京大学《中文核心期刊要目总览》来源期刊，为果树、蔬菜、观赏植物、茶及药用植物等领域的学者和专家提供了一个发表研究成果的平台。

综上所述，不同期刊的收稿方向根据其专业定位和读者群体而有所差异，作者在选择投稿期刊时应根据自己的研究领域和期刊的收稿要求选择合适的期刊进行投稿。

8.3 投稿前的排版要求和注意事项

8.3.1 投稿前的排版要求

在期刊论文投稿之前，需确保论文排版格式符合目标期刊的排版要求。为了确保论文符合期刊的具体要求，投稿之前应仔细阅读目标期刊的投稿指南，并根据指南中的具体要求进行排版。此外，许多期刊会在其官方网站上提供详细的排版要求和模板，这些模板应作为排版的主要参考依据。以下是一些关键的排版要求和建议。

8.3.1.1 页面设置

大多数期刊要求使用 A4 纸张进行排版，页边距通常设置为上下左右各 2.5 cm，行间距一般设置为 1.5 倍，以确保文本内容在页面中分布均匀，不会过于拥挤或空旷，方便阅读。

8.3.1.2 字体与字号

推荐使用常见的、易于阅读的字体，中文没有特殊规定一般用宋体，其次是仿宋(工作中常用)，而英文、数字、符号及单位符号等用 Times New Roman 字体，有些期刊也有要求用 Arial 字体等。正文部分一般使用小四号或者 12 号字体，标题部分则可以适当加大字号或加粗，以突出其重要性。

8.3.1.3 标题格式

论文题目应居中排列，其他标题应左对齐，字号可以比正文稍大一些。在没有特殊要求的情况下，以看着美观、大方、层次分明为主要依据。

8.3.1.4 段落格式

段落首行应该缩进两个字符，使文章结构更加清晰；段落应设置两段对齐，段前段后要空出间距，避免使用回车(Enter)键，选定菜单栏段落，设置段前段后的间距即可调整。

8.3.1.5 引用格式

在引用其他研究者的成果时也要遵循一定的引用格式规范(如 APA、MLA 等)，并在文末列出详细的参考文献。如《林业科学研究》期刊对引用格式有如下明确要求。

①中英文文献中独立作者的文献在文中的引用格式：如(韩兴国等，2000)、(Pickett，1989)；两个作者的文献在文中引用格式：如(马克平和陈灵芝，1999)或(Jone & Peter，2001)；多个作者文献在文中的引用格式：如(马克平等，2000)、(Jone *et al.*，2001)。文

献如在文中叙述中引用，两个作者的文献引用格式：马克平和陈灵芝（1999）……或 Jone 和 Peter（2001）……

②同一作者文献在文中同一处引用，不同的年代用逗号分开，并按年代排序，如对长白山主要生态系统中地面生、树生苔藓植物分布格局与环境因子的关系进行了系统研究（郭水良，1999，2000，2001）。

③不同作者文献在文中同一处引用，按文章年代排序，如研究了群落的数量分类和排序（阳含熙等，1985；钱宏，1990）。

④参考文献中著录同一作者在同一年出版的多篇文献时，出版年后应用小写字母 a，b，c 等区别。

8.3.1.6 分栏

有些期刊可能要求文章分栏排版。如果不是期刊特定的要求，通常不需要自己设置分栏。

8.3.1.7 页边距和页眉页脚

在学术期刊中，页边距和页眉页脚一方面能提升阅读体验、规范排版布局，确保页面美观有序，方便读者阅读与查找内容；另一方面有利于编辑印刷，强化学术规范并辅助信息传递，保障出版质量，维护学术严肃性，助力学术交流。因此，期刊可能会对页边距和页眉页脚有特定要求，需要检查并调整这些设置。

（1）页边距设置

一般情况下，上下边距设置为 2.54 cm，左右边距为 3.17 cm。该设置能为正文、页眉、页脚等内容提供合适空间，也符合大多数人的阅读习惯，使页面看起来较为舒适、美观，增强视觉平衡感。但特殊情况下，部分学术期刊可能有自身排版需求或特殊内容要求，此时则需要作者对应要求进行修正。

（2）页眉页脚设置

①页眉　通常包含期刊名称、论文题目或章节标题等信息。若期刊有中英文双语要求，可能会同时呈现中英文的期刊名称和论文题目。对于多作者的论文，有的期刊还会在页眉显示第一作者姓名。

②页脚　一般以页码为主，也可添加作者姓名、出版日期、期刊卷号期号等信息。页码的格式一般为阿拉伯数字，可居中、居右或居左排列。一些期刊还会在页脚添加版权声明、DOI 号等内容。

③分隔线　部分期刊会在页眉下方或页脚上方添加一条水平分隔线，以与正文区分开来，增强页面的层次感和规范性，分隔线的粗细、样式可根据期刊整体设计而定。

8.3.1.8 参考文献格式

参考文献格式通常需要严格遵守期刊的特定要求。如《园艺学报》就明确要求参考文献按著者—出版年制著录。按英文字母顺序排列。排序在文中引用时应在相应位置与文后文献一一对应引用，文献的对应引用需仔细核实。

示例

GAO DONGSHENG. 2001. Studies on endodormancy biology of deciduous fruit tree in protected cultivation[D]. Tai'an：Shandong Agricultural University. (in Chinese)

高东升.2001. 设施果树自然休眠生物学研究[博士论文]. 泰安：山东农业大学.

HAMEED M A，REID J B，ROWE R N. 1987. Root confinement and its effects on the water relations，growth and assimilate partitioning of tomato (*Lycopersicon esculentum* Mill.) [J]. Annals of Botany，59：685-692.

XU CHANGJIE，ZHANG SHANGLONG. 2002. Advances in research of genes responsible for carotenoid biosynthesis in citrus[J]. Acta Horticulturae Sinica，29(Supplement)：619-623. (in Chinese)

徐昌杰，张上隆.2002. 柑橘类胡萝卜素合成关键基因研究进展[J]. 园艺学报，29：619-623.

8.3.2 投稿前的注意事项

在将论文稿件和有关信函发给期刊编辑部之前，应按下列次序进行最后一次检查，完成稿件质量评估。主要检查文稿的下列项目是否符合特定要求。

8.3.2.1 题目

其字数符合拟投稿期刊的特定要求，题目页已清楚地标注了通讯作者的详细通信地址、E-mail、电话和传真号码。

8.3.2.2 摘要

摘要的内容和格式符合拟投稿期刊的特定要求。

8.3.2.3 插图

插图已按照在论文中出现的先后顺序连续编号。

8.3.2.4 表格

表格已另页单独录排，并按照在论文中出现的先后顺序连续编号，每张表格的表题可以使读者在不参阅正文时能理解表格的内容。

8.3.2.5 参考文献

检查正文中所引用的观点、数据、事实、插图和表格等，每一引用处均已在参考文献表中正确地列出；依据参考文献原文，对照检查参考文献表中各文献的著录项目，确保各著录项准确、完整；各文献的序号正确、连续，且已在正文中分别有引用标注。

8.3.2.6 有关说明或声明

检查是否已满足拟投稿期刊有关说明或声明的特定要求，例如：是否需要注明论文字数；是否需要附上全部作者签名的声明信，以声明每位作者的责任和贡献，声明已获得全部致谢人的书面同意等。

示例：《林业科学》期刊投稿须知

(1)《林业科学》文题：表达文章最主要的特定内容，字数一般不超过20字。

(2)《林业科学》作者署名：署名人应为直接参加课题研究工作的主要贡献者、论文撰写者、对作品具有答辩能力的直接责任者。顺序按贡献大小排列。所在单位用"1、2……"

上角标表示。

(3)《林业科学》作者单位：包括标准全称，单位所在市(县)和邮政编码。

(4)基金项目：请在首页脚注中注明资助项目名称及编号。

(5)中文摘要与关键词：报道性摘要，概括研究目的、方法、主要结果和结论等，一般 800 至 1000 字；关键词为反映文章核心内容的标准名词术语 3 至 6 个。

(6)英文摘要与关键词：文题、作者署名、作者单位、关键词与中文对应。英文摘要使用规范的英语表达，一般用第 3 人称，被动语态，现在时或一般过去时；内容以"拥有与论文同等量的主要信息"为原则，详细介绍研究目的、方法、结果和结论等，篇幅长于中文摘要。

(7)正文：导言——简要叙述论文的写作背景和目的，相关领域内前人做过的相关工作和研究概况，本文要解决的问题及意义等，导言部分不设标题；材料和方法——准确、翔实地介绍研究材料(数据、现象等)的来源，试验条件、规模，历时长短，材料的特点、数量，详细描述试验设计、数据的采集和统计方法等；结果与分析——尊重事实，对结果进行准确表述，并作出科学、理性的分析；结论与讨论——在与前人研究结果进行比较的基础上，客观、准确地总结、概括出论文在理论及技术上的突破、方法上的创新及尚需进行研究的内容等。

(8)参考文献：文献的引用采用著者-出版年制。

①作者亲自阅读过，且在文章中直接引用、可提供原文备查的原始文献。

②公开发表的文献及允许公开的内部资料。

③以国内外有代表性的学术期刊文献为主，专著类文献不超过 30%。

④注意引用最新、权威性文献。

⑤引用文献不少于 10 篇。

8.4 撰写投稿信和推荐审稿人

投稿信是个人或集体向出版社、学术期刊提交稿件时附带的专用信件，一般随稿件同时寄发，主要是介绍稿件的有关情况，给编辑部考虑是否采用稿件时作参考。目前，SCI 期刊论文的投稿，同时要求提交一封投稿信，个别中文期刊也要求提交投稿信。目的是介绍论文内容、阐述其独特价值、表明投稿意图，并附上作者联系方式和简短自我介绍。

8.4.1 投稿信内容

投稿信的写作格式与一般书信相同，具体如下：

①称呼　第一行顶格写对方的称呼，如"《××》杂志编辑部"或"××编辑老师"。

②开头　另起一行，空两格写问候语，如"你们好！"或"您好！"。

③正文　正文的内容应根据具体情况来写，主要是介绍自己稿件的有关情况。一般应反映出以下几方面内容。表示对期刊的关注之情，并作出诚挚、中肯的评价，切忌措辞唐突或过分溢美之词。如实介绍自己的有关情况；写明投稿的缘由和稿件的有关情况；希望

对方对稿件提出宝贵意见；希望对方采用稿件，并适当表达谢意；希望对方及时复信，表明是否采用稿件的明确态度。

④结尾　另起一行，写祝敬语，如"祝好"之类。

⑤署名和日期　最后写明名字和日期。

以下是投稿信的示例，可根据具体投稿要求进行适当调整。

示例1：中文期刊的投稿信

尊敬的[编辑/收件人的姓名]：

您好！

我叫[你的姓名]，是一名[你的职业或身份简述，如"自由撰稿人""研究生"等]。我非常荣幸地向贵社/期刊投稿，论文标题为《[作品标题]》。在深入研究了贵社/期刊的出版方向和宗旨后，我相信我的论文与您的需求高度契合。

《[作品标题]》是一篇关于[简要描述论文主题或内容，如"仁用杏花期调控机制"]方面的论文。我花了[创作时长，如"数月时间"]进行调研、实验验证和撰写，力求[指出论文的独特之处或价值，如"解析了仁用杏花期早晚的调控因子及其关键基因，为读者提供新的思考角度"]。我相信，这篇论文不仅能够吸引贵社/期刊的目标读者群体，还能为他们带来[具体价值，如"理论指导、生产指导"]。为了便于您的审阅，我已将论文全文以附件形式随信附上。同时，我也准备了论文的摘要和关键词，以便您更快地了解其核心内容。如有需要，我随时准备提供更多相关信息或进行进一步的沟通。

期待您的宝贵意见，并衷心希望《[作品标题]》能在贵社/期刊上发表，与更广泛的读者分享。感谢您在百忙之中审阅我的投稿，期待您的回复。

此致

敬礼！

[你的姓名]

[你的联系信息]

记得在发送前仔细校对投稿信，确保没有语法错误或拼写错误，并根据实际情况调整内容，以展现你的专业性和对稿件的热情。

示例2：SCI期刊的投稿信

Dear Editors：

My name is [your name], is [Brief description of your occupation or status]. I have the great honor to submit my paper to your society/journal with the title of "[title of work]". After a thorough study of the publishing direction and purpose of your club/journal, I believe that my paper will be highly suited to your needs.

No conflicts of interest in manuscript and all authors are in agreement with the content of the manuscript. This work is not under active consideration for publication elsewhere, has not been accepted for publication, nor has it been published.

In this work, we explored [the topic or content of the thesis, for example, "Regulation mechanism of the blooming period of apricot for human use"].

I hope this paper is suitable for [title of work].

We deeply appreciate your consideration of our manuscript and we look forward to receiving comments from the reviewers.

Thank you and best regards.

Yours sincerely,

××××

Corresponding author：

Name：××××

E-mail：××××@××××

8.4.2　审稿人的选择

为了使审稿公平、公正、合理，科技论文的专家审稿通常都是匿名进行，审稿专家的姓名和单位对作者保密；送审稿中不显示作者姓名及单位；作者不能指定审稿专家，但期刊编辑部允许作者推荐若干名审稿人，后期可选其中一二人。是否选作者推荐的专家，最终由期刊定夺。审稿人的选择是学术出版中一个关键环节，它直接影响到论文的评审质量和速度。选择审稿人时，应考虑其专业领域与稿件内容的匹配度、学术成就以及公正性。以下是推荐审稿人的几项注意事项。

（1）专业领域匹配

选择与稿件涉及的研究领域相同的专家，这样审稿人可以更轻松地评估论文内容。如果研究领域不匹配，可能会导致审稿人拒绝审稿或因对研究内容不熟悉而影响评审质量。

（2）提高效率和保证质量

选择合适的审稿人可以提高审稿效率，保证审稿质量，并加快出版流程。熟悉论文主题的审稿人可以更快地完成评审，缩短论文发表周期。

（3）避免利益冲突

推荐审稿人有助于编辑部筛选出没有明显利益冲突的专家，从而确保评审的公正性。

8.5　稿件处理与发表流程

8.5.1　编辑部处理流程

编辑部处理流程主要涉及稿件的接收、登记、初审、专家评审、修改、终审、排版、校对、出版等多个环节，确保稿件的质量和学术水平，同时提高出版效率和稿件的可读性。以下是对编辑部处理流程的详细介绍。

（1）稿件接收与登记

编辑部通过在线系统或邮件接收作者提交的稿件，并进行登记，为每篇稿件分配一个唯一的编号。

（2）初审

责任编辑对稿件进行初步审查，检查稿件的写作规范，是否存在学术不端行为、政治性错误等，决定是否符合期刊的最低要求。

（3）专家评审

对通过初审的稿件，编辑部会送交同行专家进行专业评审，专家从学术角度评估稿件的学术水平，并提出修改建议。

（4）修改

根据专家的评审意见，作者进行必要的修改，编辑部可能要求作者多次修改，直到稿件符合出版要求。

（5）终审

责任编辑综合专家的评审意见，提出最终的处理建议，编辑部主任或主编进行最终审核，决定稿件的录用、退修或退稿。

（6）排版与校对

稿件被录用后，进行排版和校对工作，确保格式正确、内容无误，提高出版物的整体质量。

（7）出版

完成所有流程后，编辑部将稿件交付印刷，确保按时出版，同时保存好原始稿件和相关资料。

此外，为了提高效率和保证质量，编辑部还会采用一些技术手段，如使用远程稿件管理系统处理稿件，采用"三审三校"制度等，以确保稿件的学术质量和出版效率。整个流程要编辑部的各个部门和人员密切合作，确保每个环节都能高效、准确地完成。

8.5.2 催稿信

催稿信是作者在投稿后，在要求时间内未收到期刊编辑部关于稿件状态更新的情况下，向编辑部发送的询问信函。撰写科技论文催稿信时，应当保持礼貌、专业，并明确表达催稿的意图。以下是催稿信的示例模板，可根据实际情况进行调整。

示例1：中文期刊的催稿信

尊敬的编辑部老师：

我是[你的姓名]，来自[你的单位]，目前正就[论文题目]一文与贵刊合作。我于[提交日期]提交了该论文，并已收到关于论文正在审稿的通知。

考虑到论文发表的时间安排对我的研究项目及后续工作的重要性，我想请问论文当前的审稿进度如何？是否有可能在近期内得到审稿意见或下一步流程的通知？

我理解审稿过程需要一定时间，并对此表示尊重。然而，由于项目时间的限制，我希望能尽快获得有关论文状态的更新，以便及时做出相应的安排。

非常感谢您在百忙之中处理我的稿件，并期待您的回复。如有任何需要我配合的地方，请随时告知。

最后，我再次向您表达我的歉意，并感谢您对我的支持和帮助。如果您有任何问题或者需要进一步的沟通，请不要犹豫，随时告知我。

祝好！

[投稿人姓名]

[联系方式]

示例 2：SCI 期刊的催稿信

Dear Editors：

Sorry for disturbing you. I am ［your name］, from ［your organization］, and I am currently cooperating with your journal on ［thesis topic］. I submitted the paper on the ［submission date］ and have received notice that the paper is under review.

I am writing to inquire about any updates regarding the manuscript review process and to kindly request an estimated timeline for when I may expect to receive feedback regarding the revised manuscript. As it has been two months since the initial review was completed, I would appreciate any information you could provide me.

I greatly appreciate the time and effort that the editorial team and reviewers have dedicated to this manuscript, and I amthankful for the opportunity to publish in ［Journal Name］. Please let me know if there is any additional information or revisions needed from me at this point to expedite the review process.

Thank you very much for your time and consideration.

Best regards！

Yours sincerely，

××××

Corresponding author：

Name：××××

E-mail：××××@××××

8.5.3　回复信

科技论文的审稿人绝大多数治学严谨，很注重信誉。他们很认真地阅读每一篇论文，并提出中肯的建议。因此，收到审稿人关于论文的修改意见后，一定要平心静气，理性分析和理解审稿人的意见，找出问题的所在。以下是科技论文投稿期间回复信的写作注意事项：①逐条回答所有问题，不能有遗漏。②尽量满足意见中需要补充的实验；确实满足不了的，也要说明不能处理的合理理由。③对于你不认同的意见，要委婉地回答，做到有理、有据、有节。④审稿人向你推荐的文献一定要引用，并加以讨论。以下是科技论文稿件回复信的示例。

示例 1：中文期刊的回复信

尊敬的 ［编辑/审稿人姓名］：

您好！

非常感谢您及审稿人对我的科技论文《［论文题目］》的审阅和宝贵意见。我已仔细研究了审稿意见，并对论文进行了相应的修改和完善。

在此，我逐条回复了审稿意见，并附上了修改后的论文稿件。希望这些修改能够满足期刊的发表要求，并进一步提升论文的质量。

针对审稿意见一：［具体回复内容，说明如何根据意见进行修改］。

针对审稿意见二：［具体回复内容，说明如何根据意见进行修改］。

……(逐条回复其他审稿意见)

再次感谢您的辛勤工作和专业指导。我期待您的进一步反馈，并希望论文能够尽快进入下一步发表流程。如有任何需要进一步说明或补充的地方，请随时与我联系。我将竭诚配合，确保论文的顺利发表。

祝工作顺利！

此致

敬礼！

附件：修改后的论文稿件

示例 2：SCI 期刊的回复信

Dear Editors and Reviewers：

Thank you for your letter and for the reviewers' comments concerning our manuscript entitled "Paper Title"（ID：××××）. Those comments are all valuable and very helpful for revising and improving our paper, as well as the important guiding significance to our research. We have studied comments carefully and have made correction which we hope meet with approval. Revised portion are marked in red in the paper. The main corrections in the paper and the responds to the reviewer's comments are as flowing：

Responses to the reviewer's comments：

Reviewer #1：

1. Response to comment：（……简要列出意见……）.

Response：××××××

2. Response to comment：（……简要列出意见……）.

Response：××××××

We appreciate for Editors/Reviewers' warm work earnestly, and hope that the correction will meet withapproval.

Once again, thank you very much for your comments and suggestions. Please feel free to contact me if you need any further clarification or supplement. I will cooperate wholeheartedly to ensure the smooth publication of the paper.

Good luck with your work！

Best regards！

Attachment：Revised paper draft

8.5.4　延时修回申请信

科技论文投稿返修期间，若因某种原因而无法在期刊编辑部要求的期限内返修，需要写一封延时修回申请信，申请延长返修时间。科技论文延时修回申请信应直接、明确地陈述延期的原因。例如，可以提到由于实验数据分析的复杂性、实验设备故障、合作者的延迟等不可抗力因素，导致无法在原定时间内完成论文的修订工作。同时，应详细解释这些原因如何影响了论文的修订工作。可以从多个角度展开，例如，技术难题的具体描述、已经尝试过的解决方法、时间管理上的困难以及外部因素对论文进度的影响。此外，提出解决方案，例如，可以说明作者本人已经与导师和实验室的同学进行了讨论，并制定了详细的实验计划。这些措施将确保在延期后能够按时完成论文的修订工作。最后，向期刊编辑表达歉意，并感谢他们的理解和支持。强调对期刊的重视和对审稿人意见的尊重，同时保证会在延期期限内提交完整的修改稿，并配合期刊的要求进行进一步的修改和改进。通过这样的申请信，可以清晰地表达延期的必要性和合理性，同时也展示了申请人对论文质量的重视和对期刊的尊重。以下是延时修回申请信的示例。

示例1：中文期刊的延时修回申请信

尊敬的［编辑/审稿人姓名］：

您好！

我是［你的姓名］，来自［你的单位］，关于我提交的论文《［论文题目］》，非常抱歉因个人/团队原因无法按照原定时间完成修改并返回稿件。

由于［具体说明延误的原因，如数据补充、实验验证、合作作者意见不统一等］，导致修改工作进度有所滞后。我深知这可能会给贵刊的出版计划带来不便，对此我深感歉意。

为了尽量减少对贵刊的影响，我恳请能够给予一定的延时修回期限，预计将在［具体说明预计完成修改的日期］前完成所有修改并返回稿件。我将全力以赴确保修改质量，并争取尽快提交。

非常感谢您的理解和支持，也感谢贵刊一直以来对我的研究和工作的关注与支持。如有任何需要进一步说明或配合的地方，请随时与我联系。

再次对给您和贵刊带来的不便表示诚挚的歉意，并期待您的积极回复。

祝工作顺利！

此致

敬礼！

示例2：SCI期刊的延时修回申请信

Dear ［Name of editor/reviewer］：

Hello！

I am ［your name］, from ［your organization］, about the paper I submitted ［paper title］, I am very sorry that due to personal/team reasons, I cannot finish the revision and return the manuscript as scheduled.

We are very grateful for your effort for our manuscript "××××××"(ID: ××××) and the chance of major revision to improve our manuscript for publication in ×××××.

Due to ××××, I was ××××× because this accident and the resulting delay for my manuscript.

However, I am in a situation where I am approaching the end of my academic program, and I need the publication of this manuscript to fulfill my graduation requirements. I apologize sincerely that I did not submit the revised manuscript before the deadline. Could you please extend the due date to ××××? I assure you of my commitment to submitting the revised manuscript at earliest possible convenience.

I apologize for any inconvenience that I may cause. Thank you for your consideration and your kind help!

Yours sincerely

××××

8.5.5 作者顺序更改信

在科技论文投稿后，若需要更改作者顺序，必须经过首轮同行评审之后，并且必须符合国际出版伦理委员会（COPE）的标准才可更改。所有原作者及新增作者都必须签署一份声明，说明更改的原因，并确认全体作者一致同意对作者进行添加、删除或重新排序。作者顺序更改只能在稿件被接收之前进行，并且必须得到期刊编辑的批准。如果在论文已经公开发表之后变更，还需要作者刊登相关声明，说明具体的变更情况以及原因。以下是作者顺序更改信的示例。

示例 1：中文期刊的作者顺序更改信

尊敬的［编辑/审稿人姓名］：

您好！

我是［你的姓名］，论文《［论文题目］》的第一作者（或相应作者位置）。我代表所有作者向您致以诚挚的问候，并感谢您及贵刊对我们研究工作的关注与支持。

在此，我写信是希望就论文的作者顺序进行一项重要的更正。经过我们所有作者的深入讨论和一致同意，我们认为当前的作者顺序并不完全反映各位作者在论文中的实际贡献。为了确保学术诚信和公平性，我们决定对作者顺序进行如下调整：

原作者顺序：［列出原作者顺序］。

更改后的作者顺序：［列出更改后的作者顺序］。

此次更改已经得到所有作者的确认和同意，我们也将确保这一更改在论文的所有相关材料中得到体现，包括但不限于论文本身、投稿系统以及任何未来的发表或引用。

我们深知这一更改可能会给您和贵刊带来一些额外的工作，对此我们深感歉意，并衷心感谢您的理解和支持。我们相信，这一更改将更加准确地反映各位作者在论文中的贡献，也有助于维护学术界的公正性和准确性。

如您需要任何进一步的说明或文件，请随时与我们联系。我们期待贵刊能够接纳这一更改，并继续支持我们的研究工作。

再次感谢您的辛勤工作和专业指导，期待您的积极回复。

祝工作顺利！

此致

敬礼！

附：所有作者同意更改作者顺序的声明

示例 2：SCI 期刊的作者顺序更改信

Dear［Editor/reviewer］：

Hello!

I am［your name］, the first author（or corresponding author position）of the paper "［Paper

Title]". On behalf of all authors, I would like to extend my sincere greetings to you and thank you and your journal for your interest and support in our research work.

I am writing to make an important correction regarding the order of authors of the paper. In order to ensure academic integrity and fairness, we have decided to adjust the author order as follows:

Order of original authors:[List order of original authors].

Author order after change:[List author order after change].

This change has been confirmed and agreed by all authors. This change may cause some additional work for you and your publication, for which we apologize and sincerely thank you for your understanding and support. If you require any further instructions or documentation, please feel free to contact us. We look forward to your acceptance of this change and your continued support the research work.

Thank you again foryour hard work and professional guidance and look forward to your positive reply.

Good luck with your work!

Best regards!

Attached:A statement that all authors agree to change the order of authors

8.5.6 感谢信

在科技论文投稿阶段或论文被接受录用期间，需要对期刊编辑部回复感谢信。例如，编辑部对稿件的处理、对稿件延期返修的批准、对稿件的录用等邮件都需要回复感谢信。通过撰写感谢信，不仅可以表达感激之情，还能加深与受益方之间的关系，是一种非常有效的沟通方式。以下是作者对编辑部的感谢信示例。

示例 1：中文期刊的感谢信

尊敬的编辑部全体成员：

我怀着无比感激的心情，写下这封感谢信，对贵编辑部在我论文投稿、审稿及发表过程中给予的大力支持和帮助表示深深感谢。

在我撰写论文的过程中，贵编辑部提供了许多宝贵的建议和指导，使我能够更加深入地研究问题，更加准确地把握论文的主题和要点。在投稿后，贵编辑部以高效、专业的态度对我的论文进行了细致的审稿，提出了许多有针对性的修改意见。这些意见对我论文的完善和提高起到了至关重要的作用。

经过贵编辑部的精心编辑和排版，论文最终得以顺利发表。这一成果的取得，离不开贵编辑部全体成员的辛勤付出和无私奉献。我深知，每一篇论文的发表都凝聚着编辑部成员的心血和智慧，你们为学术界的繁荣和发展作出了不可磨灭的贡献。

在此，向贵编辑部表示最诚挚的感谢！感谢你们在我论文投稿、审稿及发表过程中给予的大力支持和帮助！感谢你们为学术界作出的杰出贡献！我将永远铭记你们的帮助，并在未来的学术研究中继续努力，为学术界的繁荣和发展贡献自己的力量。

再次感谢贵编辑部全体成员的辛勤付出和无私奉献！祝愿贵编辑部在未来的工作中取

得更加辉煌的成就!

　　此致

　　敬礼!

　　[作者姓名]

　　[日期]

示例 2：SCI 期刊的感谢信

Dear Editor：

Thanks very much for your kind work and consideration on publication of our paper. After careful editing and typesetting by your editorial department, the paper was successfully published. The achievement of this result is inseparable from the hard work and selfless dedication of all members of your editorial department. I am fully aware that the publication of each paper embodies the efforts and wisdom of editorial members, who have made indelible contributions to the prosperity and development of the academic community. On behalf of my co-authors, we would like to express our great appreciation to editor and reviewers.

Thank you and best regards.

Yours sincerely,

××××

Corresponding author：

Name：××××

E-mail：×××× @ ××××

8.6　作者与校稿

8.6.1　作者的角色和责任

　　作者署名是科技论文研究的重要组成部分，体现了作者对论文的贡献和责任。在完成初稿后，作者应进行自我校对，检查语法、拼写和格式错误，并最终完成核准；作者需要根据反馈进行修改，提高稿件的质量。

　　科技论文作为科研成果的主要呈现方式，其作者承担着重要的责任和义务。作者需要保证署名与排序合理，作者简介、工作单位、资助经费来源等信息真实可靠。科技论文最重要的功能是与同行交流，促进科技发展。因此，论文一经公开发表，作者有义务与同行读者共享与论文相关的数据资料、实验(试验)或调研方法等。当读者提出合理的交流时，作者应积极并真诚地予以合作。任何科研成果的取得都是一个反复争论、不断试错和逐步渐进的过程，科研人员之间的争论也是对研究的现象、数据和结论不断修正的过程。论文作者要习惯于被学术同行质疑，科技成果或学术观点被认可，本质上是自然规律和社会发展的需要，并不取决于发表在哪本期刊上。

　　作者要为论文内容的准确性及可能带来的社会影响承担责任。因论文内容失误或学术不端而造成的社会公共责任、学术责任和法律责任均由署名作者共同承担，每位作者都要相应地对自己所做工作承担直接责任。凡涉及保密项目研究的内容，作者应严格遵守工作单位和委托单位的要求，拟发表的论文不得涉及应保密内容。

作者署名通常按照对论文的贡献大小进行排序，常见的作者类型包括第一作者、通讯作者和共同作者等。第一作者通常是对文章贡献最大的作者；通讯作者是与文章相关的任何查询问题的主要联系人，主要负责与期刊和读者沟通，确保研究的整体质量和方向。科技论文的第一作者或通讯作者往往比其他作者获得更多的荣誉和承认，相对应地，他们也必须承担比其他作者更多的责任。这主要包括确认实验（试验）方法和数据的准确性；保证所有署名作者都为论文研究工作作出了实际贡献，署名顺序恰当；保证所有作者对论文最终稿的一致同意，并就编辑提出的相关事宜征得所有作者同意。

吉林大学校长张希曾指出，科技论文的署名不是荣誉，而是责任。这强调了署名的严肃性，即每一个署名作者都应该对自己的工作负责，对论文的内容和质量负责。科学研究的目的在于拓展人类认知的边界，解决重要问题，推动科技进步，回馈社会需求。因此，科技论文的撰写和发表是一个严谨的过程，需要所有参与研究的成员共同努力和负责。

8.6.2　校稿

校稿是确保稿件质量的重要环节，校稿能提高论文内容的准确性、清晰度和专业性。以下为校稿的技巧和步骤。

①审阅　从宏观角度审视文档，检查整体结构、逻辑流程和一致性，确保文档的每个部分都符合预期的目的和风格。

②内容审查　确保所有论点都得到充分的支持和证据。检查数据的准确性和引用的正确性。

③语法和拼写　使用拼写检查工具和语法检查软件来识别和纠正错误。

④格式和风格　确保文档遵循特定的格式和风格。检查字体、标题、段落间距、列表和其他格式元素是否一致。

⑤清晰性和简洁性　检查语言是否清晰、简洁，避免冗长和复杂的句子。

⑥一致性　确保文档中的术语、缩略语和单位使用一致。

⑦专业术语　确保专业术语的使用准确无误，并且对非专业读者也是可理解的。

⑧图表和图像　检查图表、图像和其他视觉元素是否清晰、准确，并且与文本内容相关。

⑨版权和引用　确保所有引用的资料都已获得适当的授权，并且引用格式正确。

⑩多轮校对　通常需要多轮校对来逐步提高文档的质量，每轮都专注于不同的方面，如内容、语法、格式等。

⑪最后审查　在提交或发布之前，作者和校稿者应共同进行最后审查，确保没有遗漏任何错误。

思考题

1. 选择投稿期刊时，如何平衡期刊影响力与论文实际水平？列举 3 个关键考量因素。
2. 如何高效回复审稿意见？试设计一份回复信模板框架。
3. 论文被拒稿后，如何制定转投策略？需优先修正哪些问题？

第 9 章　学术道德规范

【本章提要】

学术道德规范(Academic Integrity and Ethics)是指在从事科研工作和进行学术活动时所应遵守的道德规范，它具有自律和示范的特性。科技论文是学术交流的重要载体，它不仅反映了一个研究者或研究团队的学术成果，也是推动科学发展的关键。在科技论文的写作过程中，学术道德规范的遵守至关重要，它关系到学术界的健康发展和研究者个人的声誉。

遵守学术道德规范是维护学术界诚信的基础，它确保研究成果的真实性和可靠性，鼓励研究者进行原创性研究，有助于避免抄袭和剽窃，从而推动知识的创新和发展。学术道德规范还督促研究者注重研究方法的严谨性和结果的准确性，提高整体研究质量。通过明确界定如伪造数据和双重发表等不可接受的行为，学术道德规范有效预防了学术不端行为。这不仅确保了科学研究的健康发展，还推动科学技术的进步，造福社会。总之，科技论文写作中的学术道德规范是学术界健康发展的基石，它要求研究者在追求知识的同时坚守诚信和道德底线，从而确保研究成果的质量和可靠性，促进科学知识的创新和传播，最终推动社会的进步。

违反科学界通用的道德标准，或严重背离相关研究领域的常规做法被界定为科研不端行为。目前，国内外对科研不端行为的界定基本以 FFP 为核心：伪造(fabrication)、篡改(falsification)、剽窃(plagiarism)。本章内容主要以 FFP 为核心进行分类介绍学术不端行为，并且通过典型案例对以上行为进行总结和阐述。

9.1　伪造数据

9.1.1　定义

伪造数据是学术不端行为中一种极其恶劣的表现，它从主观上虚构和描述那些根本不存在的事实，或者对客观存在的事实进行不当的修饰和改动，严重扭曲了事实的原貌，使其失去了本应具有的客观真实性。这种行为不仅包括捏造实验数据、测试结果，还可能涵盖篡改研究过程中的记录、统计分析结果等，这些均可被视为对科学诚信的严重背叛，情形严重或造成重大后果的，也可能触犯刑法，构成欺诈罪。

9.1.2　动机

在学术研究中职业压力常常被视为导致伪造数据的主要原因。学术界竞争激烈，研究人员面临发表论文、争取研究资助和获得声望的巨大压力，尤其是初出茅庐或处于边缘地位的研究人员。他们迫切需要产出引人注目的成果，以在学术界站稳脚跟。顶级期刊的发表不仅是知识分享的途径，更是招聘、职称评定和晋升的重要依据。在这种压力下，一些研究人员可能会选择伪造数据以获得更易于发表的积极成果。此外，研究资金的获取也构成了极大的压力。为了在激烈的竞争中脱颖而出，研究人员可能感到有必要以夸大或篡改数据的方式呈现研究结果，以满足资助机构的期望，这对科研诚信造成严重威胁。尽管伪造数据的风险极高，但一些研究者仍可能被其带来的短期利益所吸引。成功的研究通常能增加获得资助的机会，吸引更多资金，甚至获得晋升、终身职位或来自知名机构的工作机会。在以高影响力出版物为进步关键指标的领域，研究人员可能认为伪造数据的好处大于风险。在某些领域，特别是制药、生物技术或工程，伪造数据的经济利益尤其明显，研究人员可能因此受到诱惑，以维护其赞助者的商业利益。

道德错误是数据伪造的根本原因之一，这通常表现为判断力的缺失或对道德标准的忽视。缺乏充分的伦理教育是导致这一问题的关键因素。如果研究人员未接受全面的道德教育，他们可能无法充分认识到研究诚信的重要性，也可能低估数据造假的严重后果。此外，认知偏差也会误导研究人员走向不正当行为，例如，只报告支持自己假设的数据，而忽略或排除相反的证据。在某些情况下，研究人员可能以结果论为借口，认为如果伪造数据能够带来重大益处，如治愈疾病或增进知识，那么这种行为就是可接受的。同行的影响和群体思维也可能导致道德失误。在宽容甚至鼓励不道德行为的学术环境中，研究人员可能感到压力去顺应这些不正当规范，进而进一步加剧了道德滑坡。

总之，伪造数据不仅破坏了科学研究的诚信，也对学术界和社会造成了深远的负面影响。理解这些动机有助于制定有效的策略，以防止此类行为的发生，并培养研究人员的诚信文化。

9.1.3 影响与后果

学术研究中的伪造数据严重违反了道德标准，其后果远远超出了研究人员个人的范畴。这些后果主要分为 3 个方面：科学影响、职业影响以及法律和制度后果。

伪造数据直接破坏了科学记录，导致错误的结论。有缺陷的理论和有误导性的研究成果，不仅浪费资源，还可能严重影响公共政策和专业实践。例如，在医学领域，这可能导致无效甚至有害的治疗方法被采纳，危及患者生命；在环境科学中，则可能导致错误的政策制定，无法有效应对气候变化或污染等问题。此外，伪造数据的曝光还会削弱公众对科学和科学机构的信任，使科学家更难获得资金支持和影响政策制定。

在职业方面，伪造数据对研究人员的职业生涯造成毁灭性打击，通常标志着职业道路的终结。研究人员一旦被揭露存在数据造假行为，通常会面临立即解雇、资金丧失等严重后果，撤稿也成为常规应对措施。这种公开的撤稿不仅是从科学记录中剔除了其有缺陷的研究，还会对研究人员的职业声誉和其他著作引发更严格的审查，使其职业生涯难以恢复。

伪造数据还可能引发严重的法律和制度后果，涉及个人和机构的法律责任。如果伪造数据引发经济损失、个人伤害或公共卫生问题，相关责任方可能面临法律诉讼，尤其是在生物医药领域，这可能导致不安全药物的获批，进而引发欺诈或违约的诉讼。在某些司法管辖区，学术不端甚至可能导致刑事指控。为应对这种情况，研究机构需要采取纠正措施，如更新研究诚信培训、加强监督和监测流程，制定更明确的道德行为指导方针，以及进行审计或调查，以查明额外的不当行为，并采取措施防止重演。

9.1.4　检测与判定

检测伪造数据是维护学术研究完整性的关键组成部分。随着研究变得更加复杂，检测伪造数据的方法也在不断发展，利用进步的技术、健全的举报制度和对数据透明度的重视可以进一步提高对伪造数据的检测精度。

技术的进步为识别数据操纵提供了强有力的手段。现代工具可以通过检测数据中的不一致性、异常值和特定模式来揭露潜在的伪造行为。统计方法，如本福德定律和方差分析被广泛应用于识别数据集中不太可能出现的异常分布或模式。在依赖图像的学科领域，如生物学、医学和材料科学，图像取证技术已成为关键工具，它能够通过软件分析图像是否经过复制或修改，提供潜在的篡改证据。此外，人工智能和机器学习算法也在打击数据伪造方面展现了前沿力量，它们能够分析海量数据，发现审稿人可能忽视的细微问题，甚至通过与现有数据库的交叉验证来识别不一致性、重复或剽窃行为。

有效的举报制度在处理伪造数据中也扮演着重要角色。科研人员、同行评审和科学界其他成员在发现和检举潜在的不当行为时起着关键作用。举报人往往是揭露数据伪造的关键，但这可能带来个人和职业上的风险。因此，强有力的举报人保护措施是必要的，如法律保护、匿名举报机制以及防止失业或名誉受损的制度政策。在学术出版中，同行评审是发现伪造数据的重要方法，审稿人通过批判性评估论文的方法、结果和结论来识别潜在问题。虽然他们可能无法访问原始数据，但可以通过评估研究的逻辑性和结果的合理性来发现可能的伪造行为。除了出版前的同行评审，出版后的评审也逐渐变得更加重要，科学界通过平台对已发表研究进行广泛的审查，从而进一步提高发现数据伪造的可能性。如果发现伪造数据，期刊通常会采取撤稿或更正的措施，这不仅是对问题的公开承认，也有助于防止基于错误数据的错误信息传播。

数据透明度如今已成为现代科学实践的基石，它通过让数据更容易获取和公开，增加了科学界审查研究结果的机会，进一步提高了揭露数据伪造的概率。开放数据的实践越来越多地被期刊和资助机构采纳，研究人员通常被要求将数据存放在可以公开访问的存储库中，以促进更大的问责性和数据的再分析。当数据公开时，隐藏伪造行为变得更加困难，因为其他研究人员更有可能发现数据中的不一致或异常。然而，在推动数据透明度的同时，也必须考虑到伦理问题，尤其是关于研究对象的隐私和机密。在医学或社会科学等领域，数据可能包含敏感信息，研究人员需要在透明度和保护个人隐私之间找到平衡。这要求对数据进行仔细的匿名化处理，并遵守伦理准则，以确保在提高透明度的同时不以牺牲参与者的权利或福祉为代价。

总的来说，随着技术、举报制度和数据透明度的发展，检测伪造数据的能力不断提高，这对于维护科学研究的诚信至关重要。通过这些措施，科学界可以更有效地揭露和预防伪造数据行为，保障研究的公正性和可信度。

9.1.5　预防和规范

预防和规范伪造数据的行为需要多层次的综合措施。这包括对研究人员进行科研诚信培训、制定和执行国家与国际标准，以及依靠专业团体的监督来保障研究的道德性。

科研诚信培训是预防数据造假的基础手段。通过对研究人员进行道德标准以及不当行为后果的教育，可以有效减少数据伪造的发生风险。这种培训应从研究人员职业生涯的早期开始，包括本科生和研究生阶段，强调在研究中的诚实和透明性。此外，科研诚信的培训应贯穿整个职业生涯，通过持续的专业发展活动，如研讨会、工作坊和在线课程，帮助研究人员应对新兴的伦理挑战和法规更新，从而确保他们的研究实践始终符合最新的道德标准。

然而，仅靠培训是不够的，国家和国际标准的制定与执行同样至关重要。各国通过政府机构、研究委员会和资助机构来监管研究诚信，并对违规行为进行处罚。例如，美国和英国的研究诚信办公室分别负责监督和调查研究中的不端行为。此外，许多国家设立了伦理审查委员会，负责监督涉及敏感领域的研究，确保其符合伦理标准。随着研究的全球化，国际标准的协调也变得尤为重要。国际组织如世界卫生组织（WHO）和经济合作与发展组织（OECD）制定的跨国界道德研究指导方针，有助于在全球范围内促进研究诚信，减少跨国合作项目中的不当行为风险。这样的标准和指导方针为各国提供了处理不当行为的框架，并推动了各国政策与国际标准的一致性。

与此同时，专业组织和学术团体在监督研究实践和推动道德行为方面也发挥着重要作用。这些组织通过制定行为准则，为其成员提供详细的指导，确保他们遵守高标准的职业道德。当数据伪造行为被发现时，这些组织有权对涉事个人施加纪律处分，并与雇主或资助机构合作施加进一步的制裁，从而形成对不当行为的有效威慑。此外，这些组织还在国家和国际层面积极推动研究诚信，与政府和资助机构合作，制定支持道德研究实践的政策。同时，通过与公众沟通，学术组织建立了对科学界的信任，传达了研究诚信的重要性，为维护科研的诚信与声誉贡献了力量。

9.2　剽窃抄袭

9.2.1　定义和类型

剽窃抄袭是指在学术或创作过程中，未经原作者许可，擅自使用他人的作品、思想、文字或数据，并将其作为自己的成果进行发表或展示。这种行为不仅侵犯了原作者的知识产权，也严重违背了学术诚信和版权法规。剽窃抄袭的形式多种多样，从直接复制到轻微修改后再利用，都属于未给予原作者适当认可的行为。

在学术写作中，无论其表现形式如何，抄袭对学术诚信都构成了严重威胁。直接抄袭是最为显而易见的抄袭形式，指不加修改或仅做少量改动后，复制他人的作品、文本或数据，并将其作为自己的成果发表。虽然这种行为最易识别，但抄袭并不总是如此明显。自我抄袭也是一种抄袭形式，科研人员在撰写新的学术论文时，如果未经适当引用而重复使用自己已发表的作品，尽管内容出自作者本人，仍可能误导学术界，影响研究的公正性和原创性。此外，马赛克抄袭是指将多个来源的内容拼接在一起，形成一篇看似原创的文章，却未对这些内容进行适当引用或标明出处。这种抄袭方式试图掩盖其抄袭性质，但本质上仍是对他人作品的侵占。甚至在不知情的情况下，意外抄袭也会损害学术诚信。即便作者无意中使用了他人的作品，未正确注明出处也会误导读者，造成误解。

总而言之，剽窃抄袭无论形式如何，都会损害学术公正性和研究的可信度。科研人员必须时刻警惕，严格遵循学术规范，确保其研究成果的原创性和学术贡献的真实有效。

9.2.2 影响与后果

剽窃抄袭在学术界被视为一种严重的不端行为，其影响广泛而深远，涉及个人、学术机构乃至整个科研领域。剽窃的后果主要体现在学术影响、信任危机以及法律和制度后果3个方面。

在学术领域，剽窃抄袭严重破坏了学术工作的核心价值，即贡献新颖的思想、进行严谨的研究和提供诚实的分析。对于研究人员和学者而言，抄袭不仅会导致已发表作品的撤稿，还会使他们失去专业信誉和未来参与研究的机会。这种行为对学术环境的破坏是深远的，它不仅传播错误信息，误导后续研究，还会削弱学术界的整体声誉。对研究人员而言，失去研究资金和专业职位是更直接的后果，这对于他们的职业发展无疑是致命的打击。

剽窃抄袭不仅对学术界内部造成影响，还会引发更广泛的信任危机。信任是学术合作和知识进步的基石，研究人员依赖同行的工作来推动学科的发展。然而，一旦剽窃行为被揭露，整个学术界的作品可靠性都会受到质疑，这可能拖慢创新的步伐，阻碍学术合作。而合作正是解决全球性挑战的关键，因此，剽窃抄袭对学术界外的社会信任也构成了威胁。

剽窃抄袭行为在法律上的严重性因其性质和发生地而异。在许多司法管辖区，剽窃被视为对知识产权的侵犯，可能引发法律诉讼，包括罚款、赔偿损失以及其他法律惩罚。如果剽窃作品被用于商业目的，原创者可以提起诉讼，要求赔偿收入损失和法律费用等。此外，法院可能下达禁止发布或分发剽窃作品的禁令，进一步影响剽窃者的声誉和未来发展。在更严重的情况下，如果剽窃是更大欺诈计划的一部分，剽窃者可能面临刑事指控，甚至监禁。在学术界，剽窃的法律后果还可能包括撤销通过剽窃获得的学位或荣誉，这对个人职业生涯的影响是长期且深远的。如果机构未能制定或执行有效的反剽窃政策，可能面临法律审查和诉讼，这进一步强调了在学术环境中保持诚信和透明的重要性。

通常而言，剽窃抄袭的后果不仅危害个体，它还可能导致整个学术领域的信任危机，并引发严重的法律和制度后果。因此，防止剽窃行为的发生对于保护学术诚信和维护社会信任至关重要。

9.2.3 检测与预防

检测和防止剽窃抄袭对于维护学术、专业和创意领域的完整性至关重要。

目前，抄袭检测软件已成为打击学术不端行为的重要工具。这些技术手段帮助教育工作者、研究人员和学术机构通过比对提交的作品与现有内容数据库，发现可能存在的抄袭行为。文本匹配软件是最常见的检测工具之一，它通过扫描文档内容并将其与学术论文、书籍和网站等数据库进行比较，生成相似度报告，指出文档可能抄袭的部分。Turnitin、

Grammarly 和 Copyscape 等程序能够标出与数据库高度相似或完全一致的文本段落，尤其擅长检测未经适当引用而直接复制的内容。此外，更高级的软件还能识别经过改写的抄袭行为，如同义词替换，通过分析句子结构、词汇使用和语法来辨识可能属于抄袭的内容。尽管这些工具有效，但其检测效果仍然依赖于数据库的覆盖范围和质量，故而不能完全取代研究人员的学术诚信。

正确的引用实践教育也是预防抄袭的关键。许多抄袭行为并非出于恶意，而是由于对引用规范的不熟悉所致。因此，教育工作者应从学生学术生涯的早期阶段开始，教会他们如何正确引用来源。学生应理解抄袭的定义，并学习不同引用风格的应用。同时，教师可以通过示范正确的引用方式并指导使用引用管理工具，如 Zotero 或 EndNote，帮助学生掌握如何组织和格式化引用内容。通过在教学中一贯展示良好的引用实践，教育者能够传授这些学术诚信的基本原则，减少无意抄袭的发生。

此外，制度政策的制定和实施在解决抄袭问题中起到了关键作用。这些政策既是保障学术诚信的基石，也是应对学术不端行为的重要措施。随着学术界和出版业的发展，各国乃至国际层面对抄袭的打击力度不断加大。在国家层面，教育机构普遍出台了与广泛教育标准一致的抄袭政策，以维护学术诚信。以美国为例，大多数学术机构都有明确的抄袭政策，从成绩不及格到开除不等。在英国，教育机构则遵循高等教育质量保障局（QAA）的指导方针，确保对抄袭行为的一致处理，并通过撤销学位等手段促进学术诚信。

在国际层面，全球学术和专业组织的合作同样重要。这些组织制定了跨国界的规范和指导方针，为全球学术界提供了一致的处理抄袭问题的方法。例如，出版伦理委员会（COPE）通过强调高道德标准的重要性和透明公平的处理方式，影响了全球的抄袭惩罚政策。此外，教科文组织在促进全球学术诚信方面发挥了关键作用，特别是在支持发展中国家制定符合文化和教育背景的反剽窃政策。美国计算机协会（ACM）也提出了全面的抄袭惩罚政策，覆盖书面作品的抄袭、重复发表和自我抄袭等问题，对违规者实施从撤稿到禁止投稿等不同程度处罚。

这些政策和措施共同构建了一个强有力的框架，不仅保护了学术界的诚信和原创性，也为全球学术界在处理抄袭问题时提供了一致的方法和准则。

9.3　一稿多投(有的期刊已经开放)

9.3.1　定义和类型

一稿多投，也称为多重提交或重复提交，是指作者在同一时间或很短的时间内，将同一篇学术论文或研究成果提交给多个期刊或会议进行审稿和发表的行为。这种做法违反了学术出版的基本原则和大多数期刊的投稿规定，通常被视为学术不端行为。一稿多投的主要形式包括两种类型：同时投稿和连续投稿而不退稿。同时投稿是指作者将同一篇学术论文或研究成果同时提交给两个或更多的出版机构，如学术期刊或会议，以期获得多个审稿机会并增加发表的可能性。这种行为显然违反了学术出版的独占性原则，可能会导致同一研究在多个平台上重复发表，造成学术资源的浪费。连续投稿而不退稿则是指作者在等待一篇论文的审稿结果时，将该论文或一篇内容高度相似的论文再次或多次提交给其他出版机构，而不是在收到前一个出版机构的审稿结果后再作撤稿或修改。此类行为增加了出版机构的工作负担，同时也不尊重审稿流程，严重损害了学术出版的公平性和完整性。

以上两种一稿多投行为都破坏了学术界的诚信和信任基础，因此学术出版机构对其采取严格的管控措施，确保学术研究的质量和信誉得以维护。

9.3.2 影响与后果

一稿多投在学术界被视为一种严重的学术不端行为，不仅会损害作者的个人声誉，还会对整个学术机构和科研生态系统产生负面影响。一旦被发现，期刊通常会立即拒稿，作者还可能被列入黑名单。许多期刊和出版商还建立了学术不端行为数据库，被标记后作者可能会失去在多个期刊上发表文章的机会，甚至无法参与学术会议或科研项目。这对早期的研究人员尤为不利，可能严重阻碍其后续的科研发展。对于已有声誉的研究人员，黑名单则可能导致学术地位下降、合作机会减少，甚至资助中断。

此外，一稿多投破坏了学术界的信任基础。学术出版依赖于同行评审，这一过程需要审稿人和编辑投入大量时间和精力。如果同一论文被同时提交到多个期刊，可能导致重复评审，浪费了原本可用于其他研究的有限资源。这不仅延误了其他研究的发表，还加重了期刊的运营负担。更为严重的是，一稿多投可能误导学术界。如果同一研究被多个期刊发表，读者可能误以为该研究价值更高或已多次验证，这种错误印象可能影响未来研究方向和资源配置。

9.3.3 检测与预防

检测和预防一稿多投对于维护学术研究的完整性至关重要。编辑筛选是防止一稿多投的第一道防线。当手稿提交至期刊时，编辑团队会进行初步审查，旨在捕捉任何可能表明手稿已在其他地方提交的危险信号。编辑们经过专业培训，能够识别出格式不一致、参考文献不匹配或与之前提交的作品相似的迹象。此外，期刊还可以使用如 Turnitin 或 iThenticate 的检测软件。这些工具通过将手稿与庞大的数据库进行对比，识别出手稿之间的相似性，从而检测出潜在的一稿多投行为。一些期刊和出版商通过维护投稿历史数据库或共享信息的方式进行合作，这种协作进一步增强了编辑团队的检测能力，确保了同行评审的公正性与有效性。

与此同时，教育作者了解一稿多投的严重后果是预防此类行为的关键。许多作者，尤其是初次接触学术出版或在高压环境下工作的人，可能并不能完全意识到一稿多投的违规性，往往因为想要增加发表机会或加速审稿而做出这样的行为。因此，学术机构和期刊可以通过研讨会、工作坊以及在线资源帮助作者理解为什么一次只能向一个期刊投稿，并强调多次提交可能带来的负面影响。特别是对于研究生和早期的研究人员，道德培训应纳入教育计划中，早期灌输这些伦理观念，可以有效预防不当行为。

建立清晰透明的期刊指南也是防止一稿多投的重要措施。期刊指南中要明确稿件提交的政策，禁止多次提交，并清楚说明这一规定的理由。为了强化这一点，期刊可以要求作者在投稿时签署声明，确认其手稿未在其他地方接受审查。这不仅提醒作者遵守道德出版规范，也是一种正式的承诺。一些期刊的在线投稿系统可以设置提示功能，要求作者在提交前确认手稿未被其他期刊考虑，从而进一步加强对期刊政策的遵守。需要注意的是，虽然大多数期刊禁止一稿多投，但有些期刊例外，如部分区域性期刊和 JMIR 中的部分期刊。因此，作者在投稿前应仔细阅读期刊指南，以确保遵守相关规定。

参考文献

陈浩元，1998. 科技书刊标准化 18 讲[M]. 北京：北京师范大学出版社.

初景利，解贺嘉，张冬荣，等，2022. 研究生对学术不端相关问题认知的调查与分析[J]. 研究生教育研究(4)：60-65.

戴起勋，2018. 科技创新与论文写作[M]. 3 版. 北京：机械工业出版社.

戴起勋，2018. 学术道德与学术规范[M]. 3 版. 北京：机械工业出版社.

党静萍，李朝建，2002. 非文字符号语言在医学科技论文写作中的运用[J]. 中华医学写作杂志，9(1)：1-3.

窦春蕊，同金侠，马勤，等，2021. 科技论文作者应掌握的国家标准与规范(三)——量和单位的正确使用与数字和一些特殊符号的用法[J]. 陕西林业科技(3)：20-24.

段连平，2009. 科技文献中标点符号的特殊用法[J]. 科技与出版(11)：31-32.

盖斯特尔，2012. 科技论文写作与发表教程[M]. 7 版. 北京：中国协和医科大学出版社.

高时阔，黎文丽，郭开选，等，2006. 科技论文文体结构所体现的美学特征[J]. 编辑学报，18(3)：173-175.

郭倩玲，2023. 科技论文写作[M]. 3 版. 北京：化学工业出版社.

韩景春，栗延文，游小秀，2023. 科技期刊学论文选题思路与写作技巧[J]. 编辑学报，35(1)：103-108.

何荷，贾瑞瑞，付钰，2023. 不同砧穗组合楸树嫁接苗的生理生化特性[J]. 林业科学，59(10)：99-112.

花芳，2009. 文献检索与利用[M]. 北京：清华大学出版社.

棘玉，尹显明，严恩萍，2022. 基于相机拍照的油茶果形状特征提取研究[J]. 南京林业大学学报(自然科学版)，46(2)：63-70.

李成文，2012. 科技论文写作[M]. 北京：人民卫生出版社.

李辉，2020. 高等院校学术诚信教育读本[M]. 北京：科学出版社.

李俊，2022. 油茶林地氮转化及相关微生物对不同形态氮的响应规律研究[D]. 长沙：中南林业科技大学.

李铭娜，2017. 撰写综述性科技论文常见问题[J]. 黑龙江工程学院学报，31(5)：78-80.

李小光，2012. 科技论文中数学式编排问题及规范建议[J]. 黄冈师范学院学报，32(5)：155-156.

李兴昌，2016. 科技论文的规范表达——写作与编辑[M]. 2 版. 北京：清华大学出版社.

李泽，谭晓风，卢锟，2017. 干旱胁迫对两种油桐幼苗生长、气体交换及叶绿素荧光参数的影响[J]. 生态学报，37(5)：1515-1524.

李振华，2022. 文献检索与论文写作[M]. 2 版. 北京：清华大学出版社.

梁福军，2014. 科技论文规范写作与编辑[M]. 2 版. 北京：清华大学出版社.

梁福军，2014. 英文科技论文规范写作与编辑[M]. 北京：清华大学出版社.

梁福军，2018. 科技语体标准与规范[M]. 北京：清华大学出版社.

刘玉寒，2021. 基于 Mendeley Desktop 的参考文献图书馆构建与应用探索[J]. 产业与科技论坛，20(6)：277-278.

罗伯特，2006. 科技论文写作与发表教程[M]. 北京：电子工业出版社.

罗翠兰，2011. 科技论文写作技巧[J]. 中国科技成果(17)：70-72.

马勤，2008. 林业科技论文的写作方法及要求[J]. 陕西林业科技(2)：193-195.

申艳，刘阅，马军花，等，2020. 中、英文双语同刊数字使用规范及一致性检查[J]. 湖北第二师范学院学报，37(3)：12-16.

石小华，2018. 浅谈 NoteExpress 在学位论文引文分析中的应用技术[J]. 农业图书情报学刊，30(7)：51-54.

舒童，2017.《科技论文的规范表达——写作与编辑》[J]. 2 版. 编辑学报，29(1)：4.

四川大学《学术道德与学术规范》编写组，2023. 学术道德与学术规范[M]. 成都：四川大学出版社.

孙铭媚，刘航，戎誉，2014. 常用文献管理工具的比较浅析[J]. 科技信息(5)：142-143.

孙平，2023. 2023 文献检索[M]. 3 版. 北京：清华大学出版社.

孙平，伊雪峰，2016. 科技写作与文献检索[M]. 2 版. 北京：清华大学出版社.

孙晓玲，2007. 科技论文写作旨在突出创新[J]. 西北师范大学学报：自然科学版，43(6)：111-114.

唐润钰，孙敏红，吴玲利，2023. 不同外源物质对低温胁迫下油茶花器官的缓解效应[J]. 植物生理学报，59(1)：219-230.

王春利，2015. 通过 Notefirst 文献管理软件提高护士科研能力探讨[J]. 当代医学，21(8)：161-162.

王红军，2018. 文献检索与科技论文写作入门[M]. 北京：机械工业出版社.

王路，张思琪，程翠林，等，2014. Endnote 软件教学优化高校学生论文撰写过程中的文献管理水平[J]. 黑龙江教育学院学报，33(1)：59-60.

王天祥，朱培蕾，汪名春，2024. 含壳率对油茶籽油品质特性的影响[J]. 中国粮油学报，39(5)：93-104.

王奕茹，2020. 金洞林场杉木——闽楠混交林林分结构与多功能研究[D]. 长沙：中南林业科技大学.

吴勃，2014. 科技论文写作教程[M]. 北京：中国电力出版社.

吴志根，2024. 科研选题：从零开始到精通[M]. 浙江大学出版社.

徐克生，2004. 谈科技论文的写作规范[J]. 温带林业研究，2：44-48.

闫茂德，左磊，杨盼盼，等，2021. 科技论文写作[M]. 北京：机械工业出版社.

杨雯娟，2024. 农业科技论文的英文摘要写作规范[J]. 中国农业资源与区划，45(2)：103-135.

杨志顺，2006. 科技论文写作的语言要求[J]. 重庆工学院学报(7)：206-207.

宸锁成，2010. 农业科技论文编写规范[J]. 山西农业科学，38(12)：123-129.

岳永鹏，钟仪华，王丹，2014. Zotero：一个广泛应用的文献管理工具[J]. 现代情报，34(4)：137-141，145.

曾剑芬，2010. 科技论文写作与发表教程[M]. 6 版. 北京：电子工业出版社.

张帆航，2020. 油茶 4 个主栽品种果实和种子发育比较研究[D]. 长沙：中南林业科技大学.

张赓，2023. 构建具有国际影响力的学术期刊评价体系研究[J]. 新闻研究导刊，14(7)：45-47.

张婷，李泽，李建安，2022. 插皮接改良技术在油茶高接换种中的应用[J]. 经济林研究，40(4)：239-245.

赵俊卿，2023. 科技综述和述评的写作[J]. 山东建筑工程学院学报，18(4)：94.

赵扬，姜向荣，李剑锋，2024. 学术论文写作与规范课程的思政教学融合与改革探索[J]. 高教学刊，10(25)：61-64，69.

GEORGE M WHITESIDE，2004. 复旦大学《参阅资料》[G]. 张希，林志宏，译. 218(10).

LIN P，WANG K L，WANG Y P，2022. The genome of oil-Camellia and population genomics analysis provide insights into seed oil domestication[J]. Genome Biology，23(1)：14.

LI Z，LONG H X，TAN X F，2017. The complete chloroplast genome sequence of tung tree(*Vernicia fordii*)：Organization and phylogenetic relationships with other angiosperms[J]. Scientific reports，7(1-4)：1869.

ZHANG F H, LI Z, ZHOU J Q, 2021. Comparative study on fruit development and oil synthesis in two cultivars of Camellia oleifera [J]. BMC Plant Biology, 21(1): 1-16.

ZHANG H, PENG R R, TAN X F, 2024. Establishing an efficient callus genetic transformation system for the tung tree(*Vernicia fordii*)[J]. Industrial Crops & Products, 211: 118264.